高等职业教育计算机类课程新形态一体化教材

SQL Server 2016 数据库应用与开发

黄能耿　黄致远　编著

智慧职教学习平台/微课视频/电子教案/教学课件 PPT/案例源码/实训案例

"互联网+"教材
"用微课学"系列

高等教育出版社·北京

内容简介

本书以软件项目对数据库技术人才的需求为导向，以培养应用型和创新型人才为目标，以 SQL Server 2008R2/2012/2014/2016 为平台，重点讲解数据库基础，规范化设计，数据库、数据表和数据完整性约束的创建，数据操纵和各种查询，游标、视图、函数、存储过程、触发器、事务和锁等数据库编程技术，数据库安全和维护，最后讲解一个综合性的 C/S 和 B/S 项目开发案例。

本书通过“微型联系人系统”“小型成绩管理系统”“小型商店管理系统”和“小型图书借阅系统”4 个项目，分别从入门、理论、实训和综合案例的角度讲解数据库的原理、设计、编程和实施，每个项目都具有简单的数据结构和精简的数据，由易到难、由浅入深、循序渐进地介绍各个知识点。在理论教学环节，提供了大量的在线微课资源，可以通过手机扫描二维码进行在线学习。在实验环节，采用自主研发的 Jitor 实训指导软件，指导读者一步一步地进行操作，及时反馈操作完成的情况，具有鲜明的特色。

本书配套丰富的数字化资源，与本书配套的数字化课程已在“智慧职教”（www.icve.com.cn）网站上线，学习者可登录网站进行学习并下载基本教学资源；也可通过扫描书中二维码观看教学视频，详见“智慧职教指南”。

本书内容丰富、实用性强，既涵盖了数据库课程的基础内容，又提供了拓展学习的内容（标题用*标识），因此既可作为高等职业院校的教材，也可作为应用型本科院校的教材，还可作为数据库应用开发人员的培训教材。

图书在版编目（CIP）数据

SQL Server 2016 数据库应用与开发 / 黄能耿，黄致远编著. --北京：高等教育出版社，2017.9（2021.7 重印）

ISBN 978-7-04-047756-6

Ⅰ. ①S… Ⅱ. ①黄… ②黄… Ⅲ. ①关系数据库系统–教材 Ⅳ. ①TP311.138

中国版本图书馆 CIP 数据核字（2017）第 112248 号

策划编辑 张值胜　责任编辑 张值胜　封面设计 姜 磊　版式设计 于 婕
插图绘制 杜晓丹　责任校对 胡美萍　责任印制 刘思涵

出版发行 高等教育出版社
社 址 北京市西城区德外大街 4 号
邮政编码 100120
印 刷 佳兴达印刷（天津）有限公司
开 本 787mm × 1092mm 1/16
印 张 16
字 数 340 千字
购书热线 010-58581118
咨询电话 400-810-0598
网 址 http://www.hep.edu.cn
http://www.hep.com.cn
网上订购 http://www.hepmall.com.cn
http://www.hepmall.com
http://www.hepmall.cn
版 次 2017 年 9 月第 1 版
印 次 2021 年 7 月第 3 次印刷
定 价 32.40 元

物 料 号 47756-00

智慧职教服务指南

基于“智慧职教”开发和应用的新形态一体化教材，素材丰富、资源立体，教师在备课中不断创造，学生在学习中享受过程，新旧媒体的融合生动演绎了教学内容，线上线下的平台支撑创新了教学方法，可完美打造优化教学流程、提高教学效果的“智慧课堂”。

“智慧职教”是由高等教育出版社建设和运营的职业教育数字教学资源共建共享平台和在线教学服务平台，包括职业教育数字化学习中心（www.icve.com.cn）、职教云（zjy.icve.com.cn）和云课堂（APP）三个组件。其中：

- 职业教育数字化学习中心为学习者提供了包括“职业教育专业教学资源库”项目建设成果在内的大规模在线开放课程的展示学习。
- 职教云实现学习中心资源的共享，可构建适合学校和班级的小规模专属在线课程（SPOC）教学平台。
- 云课堂是对职教云的教学应用，可开展混合式教学，是以课堂互动性、参与感为重点贯穿课前、课中、课后的移动学习 APP 工具。

“智慧课堂”具体实现路径如下：

1. 基本教学资源的便捷获取

职业教育数字化学习中心为教师提供了丰富的数字化课程教学资源，包括与本书配套的电子课件（PPT）、微课、教学案例、源代码、习题及答案等。未在 www.icve.com.cn 网站注册的用户，请先注册。用户登录后，在首页或“课程”频道搜索本书对应课程“SQL Server 2016 数据库应用与开发”，即可进入课程进行在线学习或资源下载。

2. 个性化 SPOC 的重构

教师若想开通职教云 SPOC 空间，可将院校名称、姓名、院系、手机号码、课程信息、书号等发至 1548103297@qq.com（邮件标题格式：课程名+学校+姓名+SPOC 申请），审核通过后，即可开通专属云空间。教师可根据本校的教学需求，通过示范课程调用及个性化改造，快捷构建自己的 SPOC，也可灵活调用资源库资源和自有资源新建课程。

3. 云课堂 APP 的移动应用

云课堂 APP 无缝对接职教云，是“互联网+”时代的课堂互动教学工具，支持无线投屏、手势签到、随堂测验、课堂提问、讨论答疑、头脑风暴、电子白板、课业分享等，帮助激活课堂，教学相长。

教学说明

本书支持的数据库版本包括 SQL Server 2008R2/2012/2014/2016，书中的屏幕截图均基于 SQL Server 2016，但微课中与图形界面操作有关的部分，则分别以 SQL Server 2008R2、SQL Server 2012、SQL Server 2014 和 SQL Server 2016 四个版本制作，以便读者根据自己安装的版本进行学习。书中的所有代码在所有版本上均测试运行通过，其中有些版本对部分功能不支持，在书中已经标出，不影响学习。本书网址为 http://www.ngweb.org/sql/，所有在线资源将在该网站上发布和更新。

本书适用于 32、48、64 和 80 课时的教学，其中 64 课时的授课计划见表 1。为满足应用型本科学生的求知欲望，还加入了拓展学习的内容（标题用*标识）。授课教师应该根据授课时数、教学大纲和生源情况对授课计划进行调整，灵活安排教学内容。

表 1　授课计划建议方案（64 课时）

序号	章　节	讲授内容	授课类型	课时	累计课时
1	第 1 章 数据库基础	数据库概述、数据模型	讲授	2	
2		关系模型	讲授	2	
3		规范化设计和实施方法	讲授	2	
4		体验 SQL Server 数据库	讲授+操作	2	
5	第 2 章 数据定义	数据结构设计、注意事项	讲授	2	
6		数据库的构成、数据定义——图形界面	讲授+操作	2	
7		数据定义——SQL 语言	讲授+操作	2	
8		数据定义——SQL 语言（续）	讲授+操作	2	
9	第 3 章 数据操纵	数据插入	讲授+操作	2	
10		数据更新、数据删除	讲授+操作	2	
11	第 4 章 数据查询	简单查询	讲授+操作	2	
12		简单查询（续）	讲授+操作	2	
13		连接查询	讲授+操作	2	
14		连接查询（续）	讲授+操作	2	
15		分组统计	讲授+操作	2	
16		视图	讲授+操作	2	32

续表

序号	章　节	讲授内容	授课类型	课时	累计课时
17	第 5 章 数据库编程	编程基础、游标	讲授+操作	2	
18		函数	讲授+操作	2	
19		存储过程	讲授+操作	2	
20		存储过程（续）	讲授+操作	2	
21		触发器	讲授+操作	2	
22		触发器（续）	讲授+操作	2	
23		事务	讲授+操作	2	46
24	第 6 章 数据库安全	数据库安全概述、服务器身份验证	讲授+操作	2	
25		四级安全机制	讲授	2	
26	第 7 章 数据库维护	备份与恢复的概念、类型、策略	讲授	2	
27		备份与恢复操作、日常维护	讲授+操作	2	
28	第 8 章 数据库应用开发	应用开发概述、图书借阅系统设计	讲授	2	
29		数据库实施	讲授+操作	2	
30		安装和使用 Visual Studio C#	讲授+操作	2	
31		C/S 项目的功能实现、测试运行	讲授+操作	2	
32	机动（总复习）		讲授	2	64
	合计			64	

注：该授课计划不包含拓展学习的内容（标题用*标识）。

课程设计可以采用两种方案，第一种是以第 8 章的图书管理系统为基础，修改数据结构，增加功能。第二种是以实训“小型商店管理系统”（见表 2）的要求进行课程设计。也可以采用分层教学，针对不同学生提出不同要求。

表 2　课程设计专用周建议方案（以“小型商店管理系统”为例）

序号	实训内容	指导材料	课时数
1	需求分析、功能设计、规范化设计	第 1 章 1.6 实训	4
2	数据定义、数据初始化	第 2 章 2.7 实训 第 3 章 3.4 实训	4
3	应用开发 要求： 1. 完成至少两个功能：登录、其他一项功能 2. 撰写课程设计说明书	第 4 章 4.8 实训	2
4		第 5 章 5.7 实训	4
5		第 6 章 6.4 实训 第 7 章 7.3 实训	2
6			
7		第 8 章 8.6 实训	12
	总计（一周）		28

注：教师可根据实际情况安排其他项目进行课程设计。

编　者

前　言

本书根据高等职业教育的特点，结合作者多年教学改革和应用实践经验编写而成。全书遵循项目导向的理念，以“小型成绩管理系统”项目为主线，以“微型联系人系统”项目为辅线，将数据库原理的教学与数据库项目开发实践有机结合，每个章节都配有微课、Jitor 实验指导、源码文件和大量例子，每章结尾附有“小型商店管理系统”实训项目。最后一章是“小型图书借阅系统”项目的开发，综合运用全书的知识，并用 C# 语言编写一个 C/S 应用程序，用 ASP.NET 技术编写一个 B/S 应用程序，分别展示数据库技术的两个最主要的应用领域。本书特点如下。

- 微课：所有知识点均配有微课，通过手机扫描二维码进行在线学习。
- 例子：全书包含大量的例子，这些例子都基于简单的数据，容易理解。
- 实验：所有技能点均配有实验，通过在线使用配套的 Jitor 软件，实时反馈结果。
- 实训：每章结尾都有一个实训，实训也可以安排在课程设计专用周中完成。
- 源码：每章都配有至少一个源码文件，其中第 4 ~ 7 章共用同一个源码文件。

具体安排见表 1。

表 1　学习资源一览表

章	微课	例子	Jitor 指导材料		源码文件
			实验	实训	
第 1 章　数据库基础	17	4	1	1	1
第 2 章　数据定义	20	32	7	1	1
第 3 章　数据操纵	6	18	3	1	1
第 4 章　数据查询	14	63	11	1	1
第 5 章　数据库编程	22	65	12	1	
第 6 章　数据库安全	5	8	2	1	
第 7 章　数据库维护	8	7	2	1	
第 8 章　数据库应用开发	13	27	4	1	4
合计	105	224	42	8	8

本书遵循高职学生的认知和技能形成规律，使用通俗易懂的语言，配合数量众多的微课，由易到难、由浅入深、循序渐进地介绍各个知识点，通过大量的例子和 Jitor 实验进行验证和巩固，并通过每章的实训进行

综合练习，最后一章的项目开发对知识点进行全面的综合运用，将知识融于形象的案例中，以提高学习的兴趣和效果。

对照高等教育出版社出版的《高等学校计算机科学与技术专业核心课程教学实施方案》一书中关于“数据库教学实施方案（应用型）”的知识领域要求，本书涵盖的内容见表 2。

表 2　知识领域要求

知识领域	本书相关章节	知识领域	本书相关章节
数据库系统	第 1 章	关系数据理论	第 1 和 2 章
数据模型	第 1 章	数据库设计	第 1、2、8 章
数据库系统结构	无	数据库编程	第 2～8 章
关系数据库	第 1 和 2 章	查询优化	第 5 章
关系数据库标准语言 SQL	第 2～8 章	数据库恢复技术	第 7 章
数据库安全性	第 6 章	数据库并发控制	第 5 章
数据库完整性	第 1～3 章	数据库新技术发展	第 1 章

本书由无锡职业技术学院黄能耿、无锡赛博盈科科技有限公司黄致远编著，其中第 1～5 章由黄能耿编写，第 6～8 章由黄致远编写，实验、实训内容和 Jitor 实训指导软件由黄能耿编写和研发，全书由黄能耿统稿。本书由无锡职业技术学院李萍副教授主审。

在本书的编写过程中，得到了编者所在单位领导和同事的帮助与大力支持，在此表示由衷的感谢。

由于编者水平所限，书中错误和不足之处在所难免，敬请广大读者批评指正。

编　者

2017 年 4 月

目　录

（标题文字前标注*的小节为拓展学习的内容）

第 1 章　数据库基础——体验联系人系统

软件技术的主要研究对象是程序和数据，学习如何编写程序是“程序设计”课程的目标，学习如何管理数据是“数据库技术”课程的目标。因此，“数据库技术”是计算机相关专业最为核心的两门基础课程之一。

本章讨论数据库技术的基础知识，重点讨论关系数据库技术中的关系模型和规范化设计理论，并采用微软公司的 SQL Server 关系数据库管理系统进行简单的体验。

教学导航

◎ 本章重点

1．数据、数据库、数据库管理系统、数据库系统的概念

2．数据模型常用术语：实体、实体集、属性、域、键、3 种联系（1∶1、1∶n、n∶m）

3．数据模型三要素、实体联系模型（ER 模型）的概念、ER 图的绘制

4．关系模型、关系模型的 6 个基本特征、ER 模型向关系模型的转换

5．关系中的异常：数据冗余、插入异常、删除异常、更新异常

6．范式理论（1NF、2NF、3NF）、规范化设计的实施

7．SQL Server 的安装、入门体验

◎ 本章难点

1．实体、实体集、属性、域、键、3 种联系（1∶1、1∶n、n∶m）

2．实体联系模型（ER 模型）的概念、ER 图的绘制、ER 模型向关系模型的转换

3．主键和外键的定义、实体完整性约束（主键约束）、参照完整性约束（外键约束）

4．关系中的异常和范式理论（1NF、2NF、3NF）

5．规范化设计的实施方法，通过规范化设计避免关系中的异常

◎ 教学方法

1．本章内容较为抽象，建议通过例子和分析例子中的数据来说明抽象的概念

2．主键、外键、实体完整性约束、参照完整性约束是本书的核心，要讲深讲透

3．规范化设计是本章的重点和难点，关系中的异常是理解的关键，理论基础是范式理论

◎ 学习指导

1．理解和掌握各种概念和术语，并通过例子及数据间的关系来理解这些概念和理论

2．主键和外键是关系数据库的核心和灵魂，要深刻理解和灵活运用

3．学习实体完整性约束、参照完整性约束时要通过具体的例子和数据来理解

4．学习规范化设计时要通过“关系中的异常”中的例子来理解

5．最后通过“体验 SQL Server”一节中的“联系人”例子来加深对相关概念的理解

◎ 资源

1．微课：手机扫描微课二维码，共 27 个微课，重点观看 1-6 到 1-10 共 5 个微课

2．实验实训：Jitor 实验 1 个、实训 1 个

3．数据和代码：http://www.ngweb.org/sql/ch1.html（联系人系统）

微课 1-0
第 1 章　导读

微课 1-1
数据库概述

1.1　学习任务 1：数据库概述

数据库技术诞生于 20 世纪 60 年代中期，是计算机科学的一个重要分支，目前已经发展得非常成熟，广泛应用于几乎所有的计算机应用领域。

本节介绍与数据库有关的基本概念，包括数据、数据库、数据库管理系统和数据库系统。

1.1.1　数据和数据库

数据随处可见，例如今天买一双运动鞋，花了 198 元；李丽同学在期中考试中得了 96 分的高分；又如天气预报明天的天气是局部多云，最高气温 24℃，如图 1-1 所示。

图 1-1
天气预报的数据

数据（Data）是对客观事物的描述，描述的语言可以是数字，也可以是文字、图像、音频、视频等。

将数据放在一起，就是数据库。例如，在纸质本子上用铅笔记录所有的个人收支，就是一个小小的纸质数据库；任课老师用 Excel 记录学生们的考试成绩，并加以管理，这是一个更加方便的数据库；中央气象台用大型计算机对大量的气象数据进行处理，将天气预报的结果保存在数据库中，供全国公众访问，这个数据库就更加强大。

数据库（Database，DB）是存储在计算机上的有组织的、可共享的数据的集合。这些数据以一定的方式储存在一起，能为多个用户共享，具有尽可能小的冗余度，是与应用程序彼此独立的数据集合。

如图 1-2 所示是一个简单的数据库的例子，这些数据以一定的格式储存，可以被全国的用户共享访问。

天气预报表

编号	城市编码	日期	天气状况	预报最低温度	预报最高温度	实测最低温度	实测最高温度
1	C510	2016-05-17	局部多云	13	24	13.5	
2	C510	2016-05-18	多云	12	24		
3	C510	2016-05-19	局部多云	13	26		
4	C510	2016-05-20	多云	18	22		
5	C510	2016-05-21	小雨	19	21		

图 1-2
天气预报的数据库

1.1.2 数据库管理系统

数据库是数据的集合，对数据采用不同的组织方式和不同的处理方式，将会对操作的效率和处理的结果产生不同的影响。因此，需要借助一个通用的工具来对数据进行组织和处理，这个工具就是数据库管理系统。

数据库管理系统（Database Management System，DBMS）是为管理数据库而设计的通用软件系统，其具有如下功能。

1. 数据定义功能

数据定义是指定义数据库中数据的组织方式，即数据结构（Data Structure），如定义数据库、数据表、视图和索引等，还可定义数据完整性约束。DBMS 提供数据定义语言（Data Definition Language，DDL），用于实现数据定义功能。本书第 2 章主要讨论数据定义。

2. 数据操纵功能

数据操纵是指操纵数据库中的数据，实现对数据库中数据的插入、修改与删除等操作。DBMS 提供数据操纵语言（Data Manipulation Language，DML），用于实现数据操纵功能。本书第 3 章主要讨论数据操纵。

3. 数据查询功能

数据查询是指查询数据库中的数据，实现查询、统计和分析等各种灵活的查询操作。DBMS 提供数据查询语言（Data Query Language，DQL），用于实现数据查询功能。本书第 4 章主要讨论数据查询。

4. 数据管理功能

数据管理是指确保数据库的安全性、完整性、并发性，其中安全性主要包括认证模式、认证过程、加密、审计等。本书第 6 章主要讨论数据库安全。

5. 数据维护功能

数据维护主要包括数据库中数据的备份、恢复、转换，以及性能、安全和环境的监测和分析等，确保数据库的稳定运行。本书第 7 章主要讨论数据库维护。

例如，在设计如图 1-2 所示的天气预报数据库时，需要用数据库管理系统软件来组织、管理和维护数据库。首先是定义数据库，用 DDL 语言定义数据库的结构，如定义天气预报的城市编码、日期、天气状况、预报最低温度、预报最高温度、实测最低温度和实测最高温度等属性。然后是操纵数据库，用 DML 语言插入每天的预报数据，并根据实测的气温更新当天的实测最低温度和实测最高温度等。最后是查询数据库，全国所有用户都可以查询天气预报数据库，得到当前的预报数据。数据库管理系统还需要保证数据的安全，保证数据不被黑客篡改，不会因为计算机硬件或软件的故障丢失数据，保障数据库运行的可靠和稳定。

目前数据库管理系统分为关系数据库管理系统和非关系数据库管理系统两大类。前者常常被称为 **SQL** 数据库，如 MySQL、SQL Server、Oracle、DB2 等；后者常常被称为 **NoSQL** 数据库，如 MongoDB、BigTable 等，NoSQL 数据库还可细分为多种类型。

1.1.3 数据库系统

数据库系统（Database System，DBS）由计算机软硬件系统、数据库管理系统、数据库、数据库应用程序、使用人员五部分组成，如图 1-3 所示。

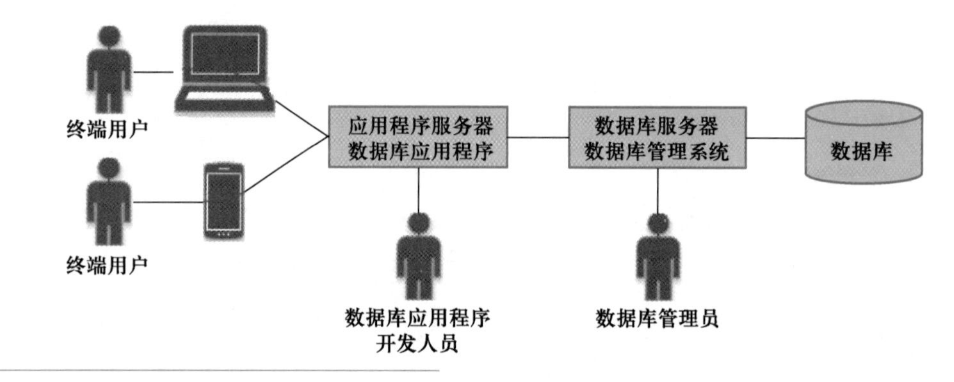

图 1-3
数据库系统的组成

1．计算机软硬件系统

计算机硬件系统是指计算机设备、网络设备等，计算机软件系统是指操作系统和软件支撑环境。图 1-3 中所用到的硬件、网络、系统软件都属于这一类。

2．数据库管理系统

数据库管理系统是管理和操纵数据库的软件系统，是数据库系统的核心。

3．数据库

数据库管理系统是通用软件，可用于各种应用需求。而数据库则是针对具体的应用需求，由开发人员采用某种数据库管理系统设计的满足应用需求的数据结构，以及保存在其中的数据，用于进一步的处理和利用。

4．数据库应用程序

数据库应用程序是为方便用户操纵和维护数据库中的数据而开发的应用程序，提供友好的界面，允许用户方便地插入、更新、删除数据，以及查询数据库中的数据，数据库应用程序通过数据库管理系统对数据库中的数据进行操作。常用的数据库应用程序开发语言有 C#、Java、Delphi 和 C++等，本书第 5 章讨论数据库编程，第 8 章讨论数据库应用开发。

5．使用人员

使用数据库的人员分为数据库管理员、数据库应用程序开发人员和终端用户三大类。

● 数据库管理员（Database Administrator，DBA）是管理数据库系统的人员，主要任务是负责数据库的日常维护和安全，保障数据库的正常运行。

- **数据库应用程序开发人员**根据数据库应用的具体需求，设计数据库的数据结构，设计和编写数据库应用程序中各功能模块的界面与程序代码。
- **终端用户**是最终使用数据库应用程序的人员，包括数据的维护人员和使用人员。

通常情况下，“数据库”一词可以用来表示数据库、数据库管理系统以及数据库系统等多种含义，需要根据应用场景进行判断。

1.2 学习任务 2：关系数据库

关系数据库管理系统是以关系代数为理论基础的一类数据库管理系统。关系数据库是数据库的主流技术，也是学习数据库技术的基础。

1.2.1 数据模型

微课 1-2
数据模型

数据模型是对现实世界数据关系的抽象，用来描述数据、组织数据和对数据进行操作。

1. 常用术语

以下是一些与数据模型相关的常用术语。

（1）实体（Entity）

现实世界中客观存在的事物称为实体，如一位学生、一本书、一门课程等。

（2）实体集（Entity Set）

相同类型实体的集合称为实体集，如一个班级的全体学生就是一个实体集。为简便起见，实体集常常简称为实体。

（3）属性（Attribute）和属性值

对实体特性的描述称为属性。例如，描述学生实体的属性有学号、姓名、出生日期、性别等；属性值是某个实体的属性的取值，如“100023”“张三”“1992-10-25”“男”是张三这个学生实体的属性值。

（4）域（Domain）

属性值的取值范围称为域。例如，学号域为“100000”～“999999”，性别域为“男”“女”。

（5）键（Key）

能够唯一标识实体集中一个实体的属性或属性集，称为实体的键。键是一个重要的概念。

（6）联系（Relationship）

两个实体之间的联系可以分为一对一、一对多和多对多 3 种类型。

- **一对一联系（1:1）**：若实体集 A 中每个实体只能与实体集 B 中的一个实体有联系，反之亦然，则称实体集 A 与实体集 B 存在一对一的联系。例如，一个班级只有一个班主任，一个班主任只能管理一个班级，这时班级实体集与班主任实体集是一对一的联系。如果一个班主任可以管理多个班级，这时就不是一对一的联系。

- 一对多联系（1:n）：若实体集 A 中每个实体与实体集 B 中的任意多个实体有联系，反过来实体集 B 中每个实体至多与实体集 A 中的一个实体有联系，则称实体集 A 与实体集 B 存在一对多的联系。例如，班级实体集与学生实体集是一对多的联系，因为一个班级有多个学生，而一个学生只能属于一个班级。
- 多对多联系（m:n）：若实体集 A 中每个实体与实体集 B 中的任意多个实体有联系，反过来实体集 B 中每个实体与实体集 A 中的任意多个实体有联系，则称实体集 A 与实体集 B 存在多对多的联系。例如，学生实体集与课程实体集是多对多的联系，因为一个学生可以选修多门课程，同样一门课程可以有多个学生选修。

还有一种联系是多对一联系，多对一和一对多是对同一个联系的不同表述，如果 A 和 B 是多对一联系，那么 B 和 A 就必定是一对多联系，因此一对多联系和多对一联系是同时考虑的。

联系可以像实体一样拥有属性。例如，学生与课程之间有一个“选修”的联系，拥有“成绩”属性。

2．数据模型三要素

数据模型的三要素是数据结构、数据操作和数据完整性约束。

- 数据结构是对各种实体和实体间联系的表达和实现，例如，将要讨论的关系模型的数据结构。
- 数据操作是对数据库中各种实体进行检索和修改（查询、插入、更新、删除）等操作，数据模型必须定义这些操作的确切含义、操作符号、操作规则（如优先级）以及实现操作的语言。
- 数据完整性约束是对数据库中各种实体及其联系的约束规定，用以保证数据库中数据的正确性、有效性和一致性。

3．ER 模型

ER 模型（Entity-Relationship Model，实体联系模型）是一种最常用的数据模型构建工具，其基本建模元素是实体、属性和联系，表现形式是 ER 图（Entity-Relationship Diagram，实体联系图），分别使用下列 3 种符号表示实体、属性和联系。

- □：用矩形表示实体。
- ○：用椭圆表示属性，并用无箭头直线标出实体与属性的关系。
- ◇：用菱形表示实体间的联系，并用无箭头直线标出实体间的联系，可选地加上联系的类型。

【例 1-1】 为下述班级、学生和课程实体画出 ER 图。

- 班级实体的属性有班级号、班级名。
- 学生实体的属性有学号、姓名、性别、班级号。

- 课程实体的属性有课程号、课程名、课时。
- 班级实体和学生实体之间具有“属于”的联系，这种联系是一对多的联系，即一个学生属于一个班级，一个班级有多个学生。
- 学生实体和课程实体之间具有“选修”的联系，这种联系是多对多的联系，“选修”联系还拥有课程号、学号、学期和成绩等属性。

解答：

根据题意，画出班级、学生和课程的 ER 图，如图 1-4 所示。

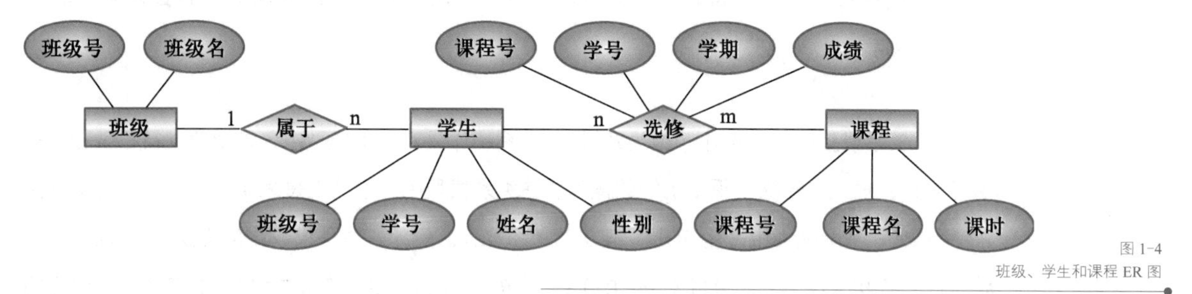

图 1-4
班级、学生和课程 ER 图

1.2.2　关系模型

微课 1-3
关系模型

典型的数据模型有网状模型（Network Model）、层次模型（Hierarchical Model）和关系模型（Relational Model）等，关系模型是最重要和最常用的一种数据模型。

关系模型是关系数据库的基础，20 世纪 70 年代由 IBM 公司的 E. F. Codd 博士等提出。Codd 博士被誉为“关系数据库之父”，由于他的杰出贡献，于 1981 年获得 ACM 图灵奖（图灵奖是计算机界的最高奖项，相当于计算机界的诺贝尔奖）。从 20 世纪 80 年代开始，关系模型取代了网状模型和层次模型，成为应用最为广泛的主流数据库技术。

关系模型的三要素是关系模型的数据结构、关系模型的数据操作和关系模型的数据完整性约束。

1. 关系模型的数据结构

关系模型的数据结构是二维数据表，如图 1-5 所示，用二维表来表示实体集，用外键来表示实体之间的联系。每一张二维表（table，简称表）称为一个关系（relation，也称为实体集 entity set），表的每一行称为行（row，也称为记录 record、元组 tuple 或实体 entity），每一列称为列（column，也称为字段 field、数据项 data item 或属性 attribute）。

表(二维表、关系或实体集)　　行(记录、元组或实体)　　列(字段、数据项或属性)

编号	城市编码	日期	天气状况	预报最低温度	预报最高温度	实测最低温度	实测最高温度
1	C510	2016-05-17	局部多云	13	24	13.5	
2	C510	2016-05-18	多云	12	24		
3	C510	2016-05-19	局部多云	13	26		
4	C510	2016-05-20	多云	18	22		
5	C510	2016-05-21	小雨	19	21		

图 1-5
关系模型的数据结构

关系由**关系名**和**属性**组成，可以用下列方式表示关系。

```
关系名（属性名 1，属性名 2，…，属性名 n）
```

例如，天气预报的关系可以表示如下。

```
天气预报（编号，城市编码，日期，天气状况，预报最低温度，预报最高温度，实测最低温度，实测最高温度）
```

对同一个概念常常有不同的名称，原因是对同一个概念由不同的人命名就有不同的名称。对于图 1-5 中涉及的元素，数学家将其命名为关系或实体集、元组或实体、数据项或属性；程序员将其命名为表、记录和字段；后来为简单起见，将其命名为表、行和列。

2．关系模型的数据操作

关系模型的数据操作叫做关系操作，关系操作是对关系模型中各种对象进行检索和修改（查询、插入、删除、更新）等的操作。在关系模型中，理论上是采用关系代数语言实现关系操作，实际编程中采用 SQL 语言进行关系操作。例如，关系代数语言有投影π、选择σ、连接 R ⋈ S、并 R∪S、交 R∩S、差 R-S、除 R÷S、笛卡尔积 R×S 等操作，对应的 SQL 语言有如下几种常用操作。

选择列（投影操作π）：Select … from …

选择行（选择操作σ）：Select * from … where …

等值内连接（连接操作 R ⋈ S）：Select * from … join …

联合（并操作 R∪S）：Select * from … union select …

3．候选键、主键和外键

为了更好地理解关系模型的数据完整性约束，需要学习下述 3 个与键有关的术语。

（1）候选键（Alternate Key 或 Candidate Key）

能够唯一标识一个元组（实体）的属性或属性集称为候选键。例如，在表示学生信息的二维表中，学号和身份证号都可以作为唯一标识学生的属性，因此这两个属性都是候选键，而学生姓名则不能唯一标识一个学生，因为可能存在同名同姓的学生。

（2）主键（Primary Key）

在候选键中指定其中一个作为主要候选键，简称为主键。例如，在上述学生表中，可以指定学号为主键。也可以添加一个无业务含义的属性作为主键，其值由程序自动生成，这样的主键可以称为唯一标识（identity，缩写为 id）。

（3）外键（Foreign Key）

关系中的某个属性或属性集虽然不是该关系的主键，但却是另外一个关系的主键，则称其为外键。换句话说，外键是在本关系中标识另外一个关系中的实体的属性或属性集。

为了理解主键和外键的概念，这里举一个例子，本例补充说明图 1-2 所示天气预报表中“城市编码”的含义，如图 1-6 所示。

主键

城市表

城市编码	城市名称	面积	人口	气候条件
C510	无锡	4628 平方公里	651 万人	亚热带季风气候
C511	镇江	3843 平方公里	317 万人	北亚热带季风气候

外键

参照

天气预报表

编号	城市编码	日期	天气状况	预报最低温度	预报最高温度	实测最低温度	实测最高温度
1	C510	2016-05-17	局部多云	13	24	13.5	
2	C510	2016-05-18	多云	12	24		
3	C510	2016-05-19	局部多云	13	26		
4	C510	2016-05-20	多云	18	22		
5	C510	2016-05-21	小雨	19	21		

图 1-6
主键和外键的例子

图 1-6 中，天气预报表中“城市编码”的值 C510 是城市表的主键“城市编码”的一个值，对应的城市名称是无锡，城市表中还保存了城市的有关数据。在该例中，天气预报表中的“城市编码”不是该表的主键，而是另一张表城市表的主键，所以天气预报表中的“城市编码”是外键。用关系代数的语言来说，天气预报表的“城市编码”属性参照（reference，也翻译为引用）城市表的主键，天气预报表是参照表（引用表），城市表是被参照表（被引用表）。

用通俗一点的语言来说，被参照表是父表，参照表是子表，子表参照父表。在本例中，天气预报表是子表，子表参照父表城市表，子表的外键参照父表的主键。

4. 关系模型的数据完整性约束

关系模型的数据完整性约束分为三类，即实体完整性约束、参照完整性约束和用户定义完整性约束。

- 实体完整性约束：也称为主键约束，是指任何一个关系必须有且只有一个主键，并且主键的值不能重复，也不能为空。通俗一点说，就是不允许存在一个缺少唯一标识的实体。
- 参照完整性约束：也称为外键约束，是指外键的值可以为空或不能为空，但其值必须是所参照的表的主键的值。通俗一点说，就是不允许参照一个不存在的实体。
- 用户定义完整性约束：这类约束反映了具体应用中的业务需求，例如，学生的姓名不能为空（非空约束），学生的身份证号不允许重复（唯一性约束），百分制成绩的值必须是 0～100 之间的值（检查约束）。百分制成绩取值的约束也是关系模型对于域的另一种表述。

1.2.3 关系模型的基本特征

微课 1-4
关系模型的基本特征

关系模型中的二维表应该满足一定的要求，这些要求就是关系模型的基本特征。

（1）元组的唯一性

二维表中不能有完全相同的元组（记录、行）。

（2）元组的次序无关性

二维表中元组的次序是无关的，可以任意交换，也就是说，元组次序交换以后的二维表同原来的表是相同的。例如，在学生实体集中，不论学生之间如何排序，都还是由这些学生组成的实体集。在实践中，可能会需要以特定的元组次序来显示表中的数据，但它们的数据来源是同一张二维表。

（3）属性名称的唯一性

二维表中不能有完全相同的属性（字段、列）名称。

（4）属性的次序无关性

二维表中属性的次序是无关的，可以任意交换，也就是说，属性次序交换以后的二维表同原来的表是相同的。在实践中，可能会需要以特定的属性次序来显示表中的数据，但它们的数据来源是同一张二维表。

（5）属性值域的统一性

二维表中同一属性的值必须来自同一个值域。例如，性别的值只能来自于由“男”“女”所组成的值域；又如，天气预报中气温的值只能取-60℃～+60℃之间的实数值。

（6）属性的原子性

二维表中的属性（字段、列）是不可分的原子项。例如图 1-7 中的预报温度和实测温度这两个属性就不是原子性的，因为可以再细分为最高温度和最低温度两个子属性，这意味着该表是三维表，而不是二维表。解决的办法是直接为每个属性取一个唯一的名称，这就是如图 1-2 所示的二维表。

属性不是原子项

编号	城市编码	日期	天气状况	预报温度		实测温度	
				最低温度	最高温度	最低温度	最高温度
1	C510	2016-05-17	局部多云	13	24	13.5	
2	C510	2016-05-18	多云	12	24		
3	C510	2016-05-19	局部多云	13	26		
4	C510	2016-05-20	多云	18	22		
5	C510	2016-05-21	小雨	19	21		

图 1-7
违反“属性原子性”的例子

微课 1-5
E-R 模型向关系模型的转换

1.2.4　E-R 模型向关系模型的转换

E-R 模型由实体、实体的属性、实体之间的联系 3 个建模元素组成，将 E-R 模型转换成关系模型就是将实体、属性和联系转换为关系和属性。以下是转换的方法。

- 实体转换为关系：实体名转换为关系名，实体的属性转换为关系的属性，实体的键转换为关系的键。
- 一对多联系的转换：一对多联系在关系模型中表现为两个关系之间主键和外键的参照，多的一方的外键参照一的一方的主键。如果联系还拥有属性，可以将联系的属性合并到多的一方，成为多的一方的属性。

- 一对一联系的转换：一对一联系同样表现为两个关系之间主键和外键的参照，从属的一方的外键参照另一方的主键，并且要对外键加上唯一性约束。如果联系还拥有属性，可以将联系的属性合并到任何一方，成为这一方的属性。
- 多对多联系转换为关系：联系名转换为关系名，如果联系还拥有属性，则将联系的属性转换为新关系的属性。新关系与原来两个关系形成两个多对一联系，如同上述一对多联系的转换，新关系中有两个外键，这两个外键分别参照原来的两个关系的主键。
- 合并具有相同键的关系：具有相同键的关系表示的是同一个实体，因此可以合并，合并后可以减少关系的数量。

【例 1-2】 将【例 1-1】的 E-R 模型转换为关系模型，并标出关系中的主键和外键。

解答：

① 班级、学生和课程实体可以直接转换为关系，拥有各自原来的属性，原来的键成为关系的键。

② 学生与班级实体的“属于”联系是一对多的联系，并且没有属性。多的一方“学生”的外键“班级号”参照一的一方“班级”的主键“班级号”。

③ 学生与课程实体的“选修”联系是多对多的联系，可以转换为一个关系，“选修”联系的属性转换为新关系的属性，键成为新关系的键。多对多联系成为两个多对一联系，“选修”是多的一方，它的外键“学号”参照“学生”的主键“学号”，它的另一个外键“课程号”参照“课程”的主键“课程号”。

转换后的关系模型如下。

班级（班级号，班级名）
学生（学号，姓名，性别，***班级号***）
课程（课程号，课程名，课时）
选修（***学号***，***课程号***，学期，成绩）

其中主键用下画线表示，外键用粗斜体表示。

> 注意：
>
> ①“选修”关系的“学号”和“课程号”既是主键的一部分，同时也是外键。
>
> ②“选修”关系的主键是 3 个属性“学号+课程号+学期”组成的属性集，下一小节将讨论如何处理这种主键。

1.2.5　规范化设计

规范化设计的好坏直接影响到数据库应用系统开发的成败。规范化设计的理论基础是范式理论，它是关系数据库的一个极其重要的理论。下面用关系中的异常来引入范式理论。

微课 1-6
规范化设计——关系中的异常

1. 关系中的异常

下面通过一个例子来分析一个设计得不好的关系（二维表）所存在的问题。考虑如

图 1-8 所示的关系。

学生表

班级名称	班主任	班主任电话	学号	姓名	性别
软件 31431	李进中	12387654321	3143101	张三	男
软件 31431	李进中	12387654321	3143102	李四	男
软件 31431	李进中	12387654321	3143103	王五	女
软件 31432	汪一萍	12312345678	3143201	赵六	男

图 1-8
设计得不好的学生关系

图 1-8 中的学生关系存在下述 4 个严重问题。

（1）数据冗余

在图 1-8 中，班主任“李进中”的名字和电话在数据中多次出现，这种现象称为数据冗余，如图 1-9 所示。冗余的数据会浪费大量的存储空间，并且也会降低数据库的运行效率，并导致各种异常的出现。

（2）插入异常

如果学校新来了一位教师“张明亮”，由于他还没有担任班主任，当插入这位教师的信息后，会引起班级名称为空，以及主键（学号）为空的情况，这时就出现了插入异常，如图 1-9 所示。

（3）删除异常

在图 1-8 中，如果删除了学生“赵六”，由于赵六是班上的最后一名学生，这时班级“软件 31432”和班主任“汪一萍”的信息就会随之消失，即由于删除学生而导致意外地删除了班级和教师，这时就出现了删除异常，如图 1-9 所示。

（4）更新异常

在图 1-8 中，当班主任“李进中”更换了电话号码时，必须更新软件 31431 班所有学生的班主任电话，如果由于某种原因只更新了一部分，这时就出现了更新异常，如图 1-9 所示。

图 1-9 通过数据来说明上述 4 个问题，表明设计上的缺陷会导致数据库应用系统出现数据紊乱，最终使数据库应用开发陷入失败的境地。

插入异常　删除异常　数据冗余　更新异常

班级名称	班主任	班主任电话	学号	姓名	性别
软件 31431	李进中	12387656666	3143101	张三	男
软件 31431	李进中	12387656666	3143102	李四	男
软件 31431	李进中	12387654321	3143103	王五	女
~~软件 31432~~	~~汪一萍~~	~~12312345678~~	~~3143201~~	~~赵六~~	男
	张明亮	12322222222			

图 1-9
学生关系中的异常

一个好的关系模型应该具备以下条件：

① 尽可能少的数据冗余。

② 没有插入异常、删除异常和更新异常。

范式理论的目标就是指导人们设计出一个好的关系模型。

2. 范式理论

数据库设计的范式是数据库设计所需要满足的规范，满足这些规范的数据库是简洁的、结构明晰的，并且不会发生插入异常、删除异常和更新异常，具有较低的数据冗余度。反之，数据库则是难以理解的，将给数据库的开发和维护带来无尽的麻烦。

微课 1-7
规范化设计——范式理论

常见的数据库范式（Normal Form，NF）有 1NF、2NF、3NF、BCNF、4NF 和 5NF 等，共计六级，范式级别越高，要求越严格。通常的规范化设计达到 3NF 的要求即可，更高的范式级别可能造成效率的降低，因此仅在需要时使用。

（1）第一范式（1NF）

如果一个关系满足关系模型的基本特征，并且属性的值只包含域中的一个单一的值，则称该关系属于第一范式（1NF）。也就是说，属性值必须满足原子性的要求。

关系模型的基本特征中有一项是“属性的原子性”，而 1NF 的要求是“属性值的原子性”，要注意二者的区别。

如图 1-10 所示的关系，李四的电话号码保存了两个值，违反了属性值原子性的要求，达不到 1NF 的要求。

联系人表

编号	姓名	性别	出生日期	电话号码
1	张三	男	1992-03-06	12312341234
2	李四	女	1991-07-19	12312341245，0510-87654321
3	王五	男	1992-012-21	12312341256

属性值不是原子性的

图 1-10 违反“属性值原子性”的例子

解决的方案有如下两种。

- 拆分属性：可以将“电话号码”拆分为两个属性“手机号码”和“固定电话”，用于分别保存两个值，如图 1-11 所示。

联系人表

编号	姓名	性别	出生日期	手机号码	固定电话
1	张三	男	1992-03-06	12312341234	
2	李四	女	1991-07-19	12312341245	0510-87654321
3	王五	男	1992-012-21	12312341256	

拆分为两个属性

图 1-11 违反属性值原子性的解决方案之一（拆分属性）

- 拆分关系：可以将“电话号码”从“联系人表”中拆分出来，作为一个新的关系，命名为“联系号码表”，一个联系人可以有多个联系号码，因此联系人和联系号码是一对多的联系，多的一方（联系号码）的外键参照一的一方（联系人）的主键，如图 1-12 所示。联系号码表还可以保存多种号码，如 QQ 号、微信号等。

联系人表

编号	姓名	性别	出生日期
1	张三	男	1992-03-06
2	李四	女	1991-07-19
3	王五	男	1992-012-21

联系号码表

编号	外键	类型	电话号码
1	1	手机号码	12312341234
2	2	手机号码	12312341245
3	2	固定电话	0510-87654321
4	3	手机号码	12312341256

拆分为两张表，联系号码表参照联系人表

图 1-12
违反属性值原子性的解决方案之二（拆分关系）

（2）第二范式（2NF）

如果一个关系已经属于 1NF，另外再满足一个条件，即每个非主属性（不构成主键的属性）都必须完全依赖于主键，不能部分依赖于主键，则称该关系属于第二范式（2NF）。也就是说，不能存在某个非主属性只依赖于主键的一部分的情况。

通过拆分一个不属于 2NF 的关系为多个关系，可以使拆分后的关系属于 2NF。例如下述关系。

订单明细（订单编号，产品编号，单价，数量，产品名称）

订单明细关系的主键是订单编号和产品编号两个属性的集合，单价和产品名称部分依赖于主键，即依赖于主键的一部分（产品编号）。所以这个关系不符合 2NF 的要求。

解决的办法是将订单明细关系拆分为两个关系，拆分后的两个关系都是属于 2NF 的。

产品（产品编号，单价，产品名称）
订单明细（订单编号，*产品编号*，数量）

下面通过数据来说明问题，如图 1-13 所示。

存在部分依赖的订单明细表

订单编号	产品编号	单价	数量	产品名称
1	1	118	1	U 盘（64GB）
1	2	96	2	无线鼠标
1	3	156	1	无线路由器（4 口）
2	1	118	2	U 盘（64GB）
2	3	156	1	无线路由器（4 口）

订单明细表

订单编号	产品编号	数量
1	1	1
1	2	2
1	3	1
2	1	2
2	3	1

产品表

产品编号	单价	产品名称
1	118	U 盘（64GB）
2	96	无线鼠标
3	156	无线路由器（4 口）

拆分为两张表，消除部分依赖，订单明细表参照产品表

图 1-13
订单明细关系拆分前后的比较

从图 1-13 中可以看到，拆分订单明细关系的过程是将具有重复值的属性（产品编号、单价和产品名称）拆分出来，作为一个新的关系。原表的产品编号作为外键，参照新关系的主键。拆分前存在着数据冗余（产品名称和单价两个属性），这时也可能出现更新异常、插入异常和删除异常，而拆分成两个关系则可以避免这些问题。

（3）第三范式（3NF）

如果一个关系已经属于 2NF，另外再满足一个条件，即每个非主属性都必须直接依赖于主键，不能传递依赖于主键，则称该关系属于第三范式（3NF）。即不能存在非主属性 A 依赖于非主属性 B，非主属性 B 再依赖于主键的情况，也就是说，不能存在非主属性 A 通过另一个非主属性 B 传递依赖于主键。

同样的，通过拆分一个不属于 3NF 的关系为多个关系，可以使拆分后的关系属于 3NF。例如下述关系。

订单（订单编号，订单日期，客户编号，客户姓名，客户地址）

在该关系中，所有非主属性（订单日期、客户编号、客户姓名、客户地址）都完全依赖于主键（订单编号），所以是 2NF 的。但是有两个非主属性（客户姓名、客户地址）直接依赖的是非主属性（客户编号），而不是直接依赖于主键（订单编号）。客户姓名和客户地址通过客户编号的传递才依赖于主键，所以不符合 3NF 的要求。

解决的办法是将订单关系拆分为两个关系，拆分后的两个关系都是属于 3NF 的。

客户（客户编号，客户姓名，客户地址）
订单（订单编号，订单日期，*客户编号*）

下面通过数据来说明问题，如图 1-14 所示。

存在传递依赖的订单表

订单编号	订单日期	客户编号	客户姓名	客户地址
1	2016/8/12	1	练德生	福建省龙海县旧镇
2	2016/8/12	2	刘凯健	江苏省兴化市中山路 25 号
3	2016/8/12	2	刘凯健	江苏省兴化市中山路 25 号
4	2016/8/12	1	练德生	福建省龙海县旧镇

订单表

订单编号	订单日期	客户编号
1	2016/8/12	1
2	2016/8/12	2
3	2016/8/12	2
4	2016/8/12	1

客户表

客户编号	客户姓名	客户地址
1	练德生	福建省龙海县旧镇
2	刘凯健	江苏省兴化市中山路 25 号

拆分为两张表，消除传递依赖，订单表参照客户表

图 1-14
订单关系拆分前后的比较

与前述订单明细关系的情况相似，从图 1-14 中可以看到，拆分订单关系的过程是将具有重复值的属性（客户编号、客户姓名和客户地址）拆分出来，作为一个新的关系。原表的客户编号作为外键，参照新关系的主键。订单关系拆分前存在着数据冗余（客户姓名和客户地址两个属性），这时也可能出现更新异常、插入异常和删除异常，而拆分成两个关系则可以避免这些问题。

3. 关系中异常的消除

微课 1-8
规范化设计——关系中异常的消除

下面对本节开始提出的关系模型的异常例子进行分析，图 1-8 对应的关系如下。

学生（班级名称，班主任，班主任电话，学号，姓名，性别）

在该关系中，班主任和班主任电话通过班级名称传递依赖于学号，根据规范化设计的要求，可以拆分为如下关系。

班主任（班主任编号，班主任姓名，班主任电话）
班级（班级编号，班级名称，*班主任编号*）
学生（学生编号，学号，姓名，性别，*班级编号*）

拆分的过程是将具有重复值的属性（班级名称）拆分出来作为一个新的关系，并将班主任和班主任电话拆分出来作为另一个新的关系，并为新关系添加主键，原来的属性替换为外键，参照新关系的主键。

规范化后的关系中不存在部分依赖和传递依赖，因此符合 3NF 的要求。同时，图 1-8 中的数据经过转换，成为如图 1-15 所示的形式，可以避免关系中异常的出现。

班主任表

班主任编号	班主任姓名	班主任电话
1	李进中	12387654321
2	汪一萍	12312345678

班级表

班级编号	班级名称	班主任编号
1	软件 31431	1
2	软件 31432	2

学生表

学生编号	学号	姓名	性别	班级编号
1	3143101	张三	男	1
2	3143102	李四	男	1
3	3143103	王五	女	1
4	3143201	赵六	男	2

图 1-15
规范化后的学生关系及数据

1.2.6 规范化设计的实施

规范化设计的基础是关系模型，因此完整的规范化设计要求包括下述 3 个部分。

- 满足关系模型的基本特征：见第 1.2.3 节。
- 满足关系模型的数据完整性约束：主要是主键约束和外键约束。
- 满足 1NF、2NF 和 3NF 的要求：1NF、2NF 和 3NF 的要求总结见表 1-1。

表 1-1 1NF、2NF 和 3NF 总结

范式	范式要求	解决方法
1NF	属性值应该是原子性的	拆分为多个属性，或拆分为多个关系
2NF	关系中不存在部分依赖	拆分为多个关系
3NF	关系中不存在传递依赖	拆分为多个关系

表 1-1 中的范式要求理论性比较强，幸运的是，解决方法比较简单：将包含多个实体的表拆分为多个关系，使每个关系只包含一个实体，就能达到 3NF 的要求。概括的说，就是一个实体集一张表。

1. 实施步骤

微课 1-9
规范化设计的实施——实施步骤

可以采用以下步骤进行规范化设计。

（1）列出所有二维表

从需求分析中收集将要存入数据库的所有典型数据，按照关系模型基本特征的要求列出所有二维表，不能有任何遗漏。每张表不仅有表名和列名，还应该包含测试数据，以便加深对数据之间联系的理解，更好地进行规范化。

每张表包含一个或多个实体集，从设计的开始，就要关注实体之间的联系，尽可能不要在一张表中包含多个实体集。在这一步，虽然允许在一张表中包含多个实体集，但要在后面的步骤中进行拆分。

完成后，满足关系模型的基本特征。

（2）设置主键和外键参照

关系模型的数据完整性约束有下述两个基本要求。

- 主键约束：每张表必须有且只有一个主键，主键可以是单属性的也可以是多属性的。但在实践中，通常使用单属性主键，方法是强制性地为每张表添加一个无业务含义的单属性主键，主键值由程序自动赋值。如果需要的话，为原来的主键添加唯一性约束。
- 外键约束：每张表与至少一张表有参照完整性约束联系，子表的外键参照父表的主键。只有极少情况下会出现没有参照完整性约束的表（即不参照，也不被参照的表）。

主键和外键的设置同样适用于下述几个步骤中对表的拆分，新独立出来的表需要添加主键，原来表的相关属性通常替换为外键，参照新表的主键。

完成后，可以满足关系模型的数据完整性约束的要求。

（3）检查属性值的原子性

检查所有表，找出属性值中包含多个值的属性，如图 1-10 中包含两个电话号码的属性。可以根据业务需求采用下述方式中的一种进行处理。

- 拆分属性：将一个属性拆分为多个属性，分别保存多个值。这种方式的缺点是只能保存有限个值。
- 拆分表：将属性独立出来成为一张表。原表和新表之间是一对多的联系，新表中添加一个外键，参照原表的主键。

完成后，可以达到 1NF 的要求。

（4）检查属性值是否重复

检查所有表，找出含有重复值的属性，具有重复值的属性常常是属于另外的实体。要注意有些重复值是假性重复，如成绩列会有许多相同的值，但不能认为是重复值，因为相同的成绩在本质上不是重复，只是碰巧出现了相同的值。也可能存在隐性重复，没有在测试数据中反映出来，当数据量足够大时，某些属性的值可能会出现重复，这种情况也应该加以考虑。可以采用下述方式中的一种进行处理。

- 简单的值：不需要拆分和处理，还是作为属性。例如接下来要讨论的【例 1-3】中的“课时”属性。又如“性别”属性的值只有“男”和“女”两个，属于简单的值，可以不加处理，也可以采用下述内部编码方法。
- 内部编码：如果重复值的数量是有限和较少的，并且是固定不变的，这时可以采用内部编码来替代重复的值。例如，“性别”属性的值只有“男”和“女”两个，这时采用内部编码 M 替代“男”，用 F 替代“女”。又如，用户的“状态”属性只有“待激活”“激活”和“禁用”3 种时，可以用内部编码 0、1、2 分别代表“待激活”“激活”和“禁用”。

- 拆分表：将属性独立出来成为一张表，同时将与该属性有直接依赖的属性也并入新表。原表和新表之间是多对一的联系，原来的属性转换为外键，参照新表的主键。例如，【例 1-3】中对“学期”属性的处理。

完成后，可以将表中的多数实体拆分出来，但不能保证达到 2NF 或 3NF 的要求，因为还可能有一些实体没有拆分出来。

（5）检查表是否包含多个实体

继续检查每一张表，分析表中是否含有多个实体，如果有就要将其拆分出来，这时原表和新表间的联系有可能是一对一联系，也有可能是一对多联系。检查的方法是依次检查每一个非主属性，如果不属于所在表的同一个实体，就应该将其拆分出来作为一个实体。可以采用下述方式进行处理。

- 一对一联系：将表拆分为两个实体，从属的一方添加一个外键（添加唯一性约束），参照另一方的主键。
- 一对多联系：将表拆分为两个实体，多的一方的属性转换为外键，参照一的一方的主键。这种情况应该在前一步骤中检查出来，由于是隐性重复，导致疏漏。

完成后，就能够达到 3NF 的要求。

（6）合并相同的实体

前述步骤拆分出来的实体可能存在相同的实体，相同的实体一般具有相同的属性，属性可能全部相同，也可能部分相同。相同的实体必须合并。

2．实施实例

采用这种方法进行规范化设计，比较容易设计出符合 3NF 要求的数据结构，可以避免更新异常、插入异常和删除异常，降低数据冗余的程度。

微课 1-10
规范化设计的实施——实施实例

【例 1-3】 利用范式理论，优化【例 1-2】的关系模型。

解答：

① 列出所有二维表（将“选修”关系的名称改为“成绩”），并输入测试数据，如图 1-16 所示。

班级表

班级号	班级名
sw1031	软件 1031
net1031	网络 1031

课程表

课程号	课程名	课时
c01	C++程序设计	64
c02	计算机网络技术	64

学生表

学号	姓名	性别	班级号
sw103101	蔡日	女	sw1031
sw103102	陈琳	男	sw1031
net103101	程恒坤	女	net1031

成绩表

学号	课程号	学期	成绩
sw103101	c01	2016-2017(II)	82
sw103102	c01	2016-2017(II)	91
net103101	c01	2016-2017(II)	86
sw103101	c02	2016-2017(II)	90
sw103102	c02	2016-2017(II)	67
net103101	c02	2016-2017(II)	82

图 1-16
【例 1-3】中所有二维表

② 设置主键和外键：为每张表添加一个无含义的主键，并修改相应的外键。为成绩表的“学号+课程号+学期”组合添加唯一性约束。

③ 检查属性值的原子性：本例中没有违反属性值原子性的情况。

④ 检查属性值是否重复：成绩表的“学期”具有重复值，可以拆分为一个“学期”实体。

⑤ 检查表是否包含多个实体：经过前述两个步骤，已经将实体拆分完毕。

⑥ 合并相同的实体：本例中拆分后不存在相同的实体。

经过上述步骤，图 1-16 中的表和数据可以转换为如图 1-17 所示。

学期表

学期 id	学期
1	2016-2017(II)

课程表

课程 id	课程号	课程名	课时
1	c01	C++程序设计	64
2	c02	计算机网络技术	64

班级表

班级 id	班级号	班级名
1	sw1031	软件 1031
2	net1031	网络 1031

学生表

学生 id	学号	姓名	性别	班级 id
1	sw103101	蔡日	女	1
2	sw103102	陈琳	男	1
3	net103101	程恒坤	女	2

成绩表

成绩 id	学生 id	课程 id	学期 id	成绩
1	1	1	1	82
2	2	1	1	91
3	3	1	1	86
4	1	2	1	90
5	2	2	1	67
6	3	2	1	82

图 1-17
【例 1-3】中规范化后的表和数据

最后得到优化后的关系模型如下（波浪底下画线表示唯一性约束）。

学期（学期 id，学期）
课程（课程 id，课程号，课程名，课时）
班级（班级 id，班级号，班级名）
学生（学生 id，学号，姓名，性别，*班级 id*）
成绩（成绩 id，*学生 id*，*课程 id*，*学期 id*，成绩）

1.3　实操任务 1：安装 SQL Server

1.3.1　SQL 概述

微课 1-11
安装 SQL Server——概述

SQL（结构化查询语言，Structured Query Language）是一种实现关系操作的语言，20 世纪 70 年代随着关系数据库的出现而产生，1986 年 ANSI 将其作为标准，称为 SQL-86，随后 ISO 组织也采用这个标准，称其为 SQL-87。SQL 经过多次修订，发展过程见表 1-2。

表 1-2　SQL 的标准化历程

年份	ANSI 标准	别　名	说　明
1986	SQL-86	SQL-87	ANSI SQL 的最初版本
1989	SQL-89	FIPS 127-1	少量修订
1992	SQL-92	SQL2	重要修订，是一个标志性的标准
1999	SQL:1999	SQL3	增加了正则表达式、递归查询、触发器、过程控制流等
2003	SQL:2003	SQL 2003	引入 XML 支持、标准化序列、自动生成 ID
2006	SQL:2006	SQL 2006	提供了对 XML 更多的支持
2008	SQL:2008	SQL 2008	

SQL 是一种非常成熟的语言，一般所说的支持 SQL 标准通常是指 SQL-92 或 SQL-99 标准，所有关系数据库管理系统都是基于 SQL 语言的。

1.3.2 SQL Server 概述

SQL Server 是一种基于 SQL 标准的关系数据库管理系统，起源于 1987 年的 Sybase SQL Server，最初由微软、Sybase 和 Ashton-Tate 三家公司共同开发。1994 年微软公司与 Sybase 中止合作关系，1995 年的 SQL Server 6.0 版才是第一个完全由微软公司开发的版本，见表 1-3。

表 1-3 SQL Server 的时间版本（Version）

版本号	发行时间/年	版本（Version）	说 明
1	1989	SQL Server 1.0	微软、Sybase 和 Ashton-Tate 公司共同开发
6	1995	SQL Server 6.0	第一个完全由微软公司开发的版本
9	2005	SQL Server 2005	2016 年 4 月 12 日停止支持
10	2008	SQL Server 2008	
11	2012	SQL Server 2012	
12	2014	SQL Server 2014	
13	2016	SQL Server 2016	2016 年 6 月 1 日发布

每个 SQL Server 时间版本都有多种不同的用途版本，见表 1-4。

表 1-4 SQL Server 2016 的用途版本（Edittion）

版本（Edittion）	用途说明	最大数据量
Enterprise 企业版	企业级应用，完全的商业智能，高级分析功能，数据仓库	524 PB
Standard 标准版	基本功能，商业智能	524 PB
Express 快捷版	免费版本，小规模应用	10 GB
Developer 开发版	免费使用，具有全部功能，不允许在生产性环境下使用	524 PB

从 SQL Server 2005 开始，SQL Server 的管理工具采用 SQL Server Management Studio（SSMS，SQL Server 管理器），它是一个集成环境，用于访问、配置、控制、管理和开发 SQL Server 的组件。

1.3.3 SQL Server 安装

为加强软件版权保护意识，本书采用的软件都是免费的，即选择免费的 Express Edition 和 SQL Server Management Studio。Express 版本的功能完全可以满足课程学习的需要，并且软件体积比较小，对计算机硬件的要求也比较低，是比较适合学习的版本。

1．软件下载

根据需要从微软公司的网站上下载合适的软件版本，下载时会发现有多个下载文件，如图 1-18 所示，应该下载文件名中含有 EXPRWT 的文件，这是 EXPRess With Tools 的缩写，表示包含数据库引擎和相应的管理工具 SQL Server Management Studio Express。另外还要注意操作系统是 32 位还是 64 位的，在 32 位操作系统下只能安装 32 位的 SQL Server。表 1-5 列出了各个时间版本的中文版（快捷版）下载文件的文件名和下载文件的大小。

图 1-18　SQL Server 2014 Express Edition 的下载文件

表 1-5　SQL Server 不同时间版本的 Express Edition 文件名和大小

版本（Version）	下载文件名	文件大小	操作系统版本要求
SQL Server 2008R2	SQLEXPRWT_x64_CHS.exe SQLEXPRWT_x86_CHS.exe	374.8 MB 349.9 MB	Windows 7、Windows Server 2003/2008、Windows XP
SQL Server 2012	SQLEXPRWT_x64_CHS.exe SQLEXPRWT_x86_CHS.exe	723.7 MB 757.9 MB	Windows 7、Windows Server 2008
SQL Server 2014	SQLEXPRWT_x64_CHS.exe SQLEXPRWT_x86_CHS.exe	891.2 MB 894.5 MB	Windows 7/8、Windows Server 2008/2012
SQL Server 2016	SQLEXPRADV_x64_CHS.exe	743 MB	Windows 8/10、Windows Server 2012
	SSMS-Setup-CHS.exe（管理器）	807 MB	Windows 7/8/10、Windows Server 2008/2012

注：① SQL Server 2016 只有 64 位版本，其他版本有 32 位和 64 位版本。

② 从 SQL Server Express 2016 版本开始，SQL Server 管理器是一个独立的软件，需要单独安装。SQL Server 管理器支持 SQL Server 2008R2/2012/2014/2016，但是只有 64 位版本。

微课 1-12
安装 SQL Server 2008R2

微课 1-13
安装 SQL Server 2012

2．安装 SQL Server

安装 SQL Server Express 2008R2/2012/2014/2016 的过程比较简单，采用默认安装选项，不需要在安装过程中作任何配置。

微课 1-14
安装 SQL Server 2014

- 安装 SQL Server Express 2008R2/2012/2014：安装文件是一个离线的可执行安装文件，双击该文件开始安装。安装时采用默认安装选项，整个安装过程大约 8～10 分钟。
- 安装 SQL Server Express 2016：需要安装两个软件，一个是 SQL Server Express 2016 本身；另一个是 SQL Server 管理器，需要单独下载安装。安装时采用默认安装选项，两个软件的安装过程大约 12～20 分钟。

微课 1-15
安装 SQL Server 2016

在一台计算机上通常不能同时安装多个 SQL Server，如不能同时安装 SQL Server 2014

和 SQL Server 2016。解决的办法是，一是先卸载原来的安装，然后安装新的；二是在安装时选择不同的安装实例，并且指定不同的端口，对初学者不建议这样做。

微课 1-16
SQL Server 2008R2 入门

1.4　实操任务 2：体验 SQL Server

本节通过一个小例子来体验 SQL Server 的基本使用方法。可以对照微课和 Jitor 实验指导中讲解的步骤进行操作。

1.4.1　SQL Server 入门

微课 1-17
SQL Server 2012 入门

微课 1-18
SQL Server 2014 入门

微课 1-19
SQL Server 2016 入门

SQL Server Express 中包括了多个组件，其中最主要的两个组件是数据库引擎和 SQL Server 管理器（SQL Server Management Studio），其他的组件还有 SQL Server 配置管理器、SQL Server 安装中心、SQL Server 导入和导出数据、SQL Server 部署向导、SQL Server 数据配置文件查看器和 SQL Server 项目转换向导等，如图 1-19 所示。

图 1-19
SQL Server Express 2016 的开始菜单项（Windows 10 平台）

- 数据库引擎：这是 SQL Server 数据库管理系统的核心。它是一个后台服务，如图 1-20 所示，随操作系统的启动而自动启动，无需人工干预。

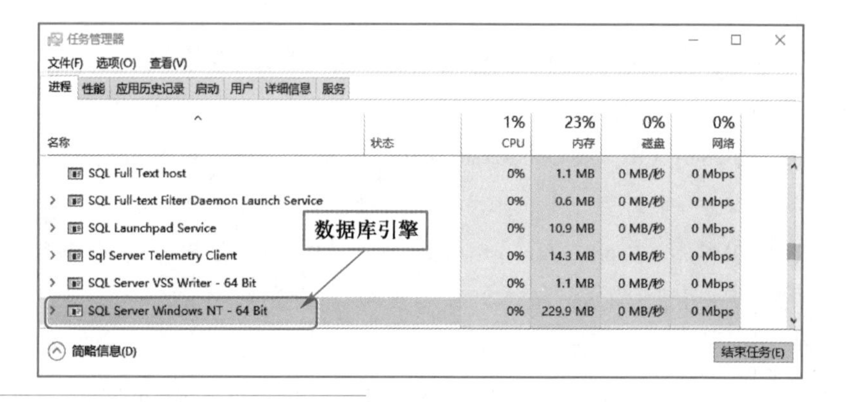

图 1-20
运行中的 SQL Server 数据库引擎

- SQL Server 管理器：这是一个管理工具，提供对数据库进行操作和管理的图形界面。

从操作系统的“开始”菜单中选择运行 SQL Server Management Studio，将弹出一个“连接到服务器”窗口，如图 1-21 所示，选择一个数据库引擎后（即本地的 SQL Server 数据库引擎），单击“连接”按钮，即可打开 SQL Server 管理器。

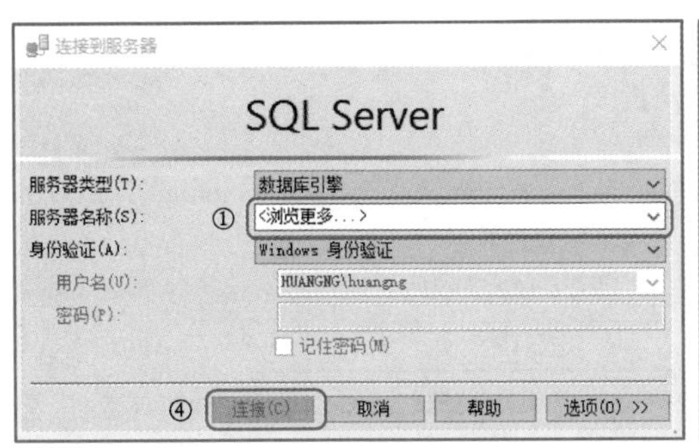

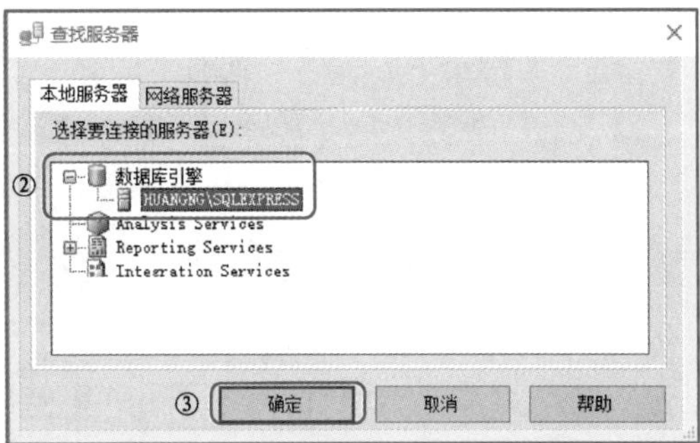

图 1-21 “连接到服务器”窗口

SQL Server 管理器的主界面分为 3 个部分，如图 1-22 所示，左侧是对象资源管理器，中部是工作区，右侧是属性区。

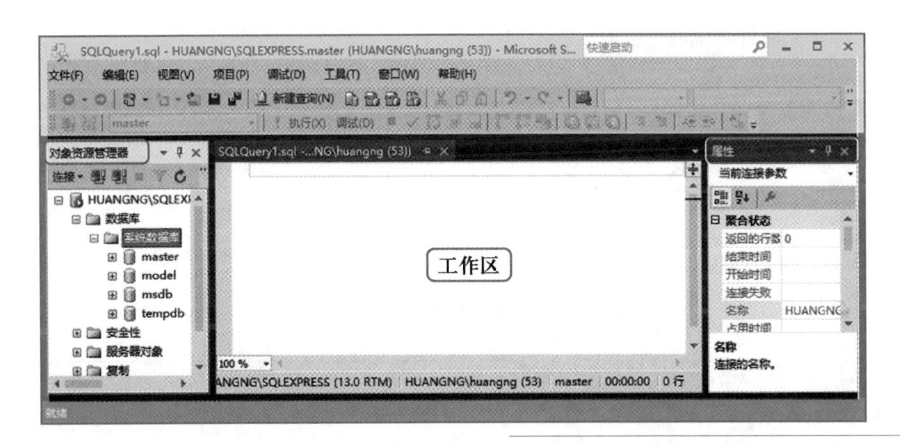

图 1-22 SQL Server 管理器的主界面

对象资源管理器由一个节点树组成，节点中包含了数据库中的各种对象。打开节点树的“数据库”→“系统数据库”，可以看到 4 个系统数据库，其数据库名称是 master、model、msdb 和 tempdb，这 4 个数据库是供系统使用的，普通用户拥有只读权限，不能丢弃（删除）、变更或修改。

1.4.2 联系人数据库的设计

这里用一个联系人的手机号码例子来体验 SQL Server 的使用。手机号码数据如图 1-23 所示，现在的需求是用 SQL Server 数据库管理系统来组织、存储和管理这些数据。

如果直接在 SQL Server 数据库管理系统中创建如图 1-23 所示的手机号码表，并输入数据，这样的数据结构会出现数据冗余，导致插入异常、删除异常和更新异常，使应用程序的开发受到影响。

手机号码表

姓名	电话号码	说明
张三	13712345678	移动号
李四	13912345678	
张三	18612345678	联通号

图 1-23 手机号码数据

微课 1-20
联系人数据库的设计

因此，需要对图 1-23 中的关系进行规范化设计。本例比较简单，仅需要检查属性值是否重复，从数据中可以看到，姓名属性具有重复值，因此将其拆分出来作为一个实体，将新的实体命名为联系人，原来的表改名为电话表，分别为两张表添加主键，原表（电话表）的姓名属性替换为外键，参照新表（联系人表）的主键。于是，图 1-23 所示的实体可拆分为如下两个实体。

联系人（联系人 id，姓名）
电话（电话 id，电话号码，说明，*联系人 id*）

这两个实体分别用两张表来表示，即联系人表（contact）和电话表（mobile），对应的列名（翻译成英文）和数据如图 1-24 所示。

联系人表

id	name
1	张三
2	李四

电话表

id	phone_number	description	contact_id
1	13712345678	移动号	1
2	13912345678		2
3	18612345678	联通号	1

图 1-24
联系人表（contact）和电话表（mobile）及其数据

1.4.3　数据库和表的创建

微课 1-21
体验 SQL Server 2008R2

微课 1-22
体验 SQL Server 2012

微课 1-23
体验 SQL Server 2014

微课 1-24
体验 SQL Server 2016

本步骤分为两个小步骤：第 1 步是创建数据库，在数据库管理系统中，创建一个名为 Friend 的数据库；第 2 步是创建表，在 Friend 数据库内，分别创建名为 contact 和 mobile 的两张表。

1. 创建数据库

参考图 1-25，按下列步骤完成数据库（Friend）的创建。

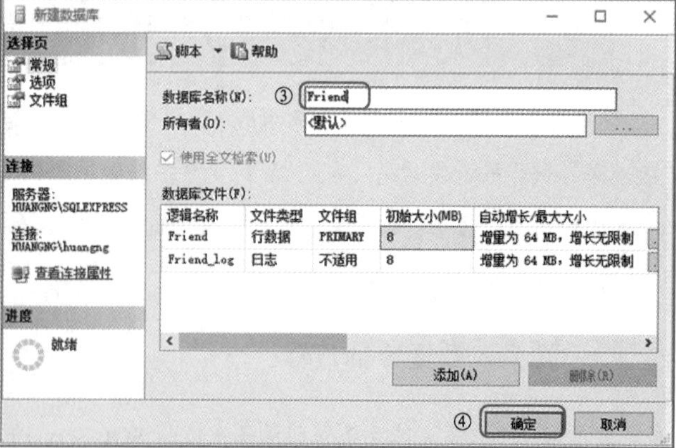

图 1-25
创建数据库（Friend）

① 在 SQL Server 管理器的对象资源管理器中选择“数据库”节点。

② 从其右键菜单中选择“新建数据库”命令。

③ 在弹出的“新建数据库”窗口中，输入“数据库名称”为 Friend。

④ 单击“确定”按钮完成数据库的创建。

2. 创建表

（1）创建联系人表（contact）

参考图 1-26，按下列步骤完成联系人表（contact）的创建。

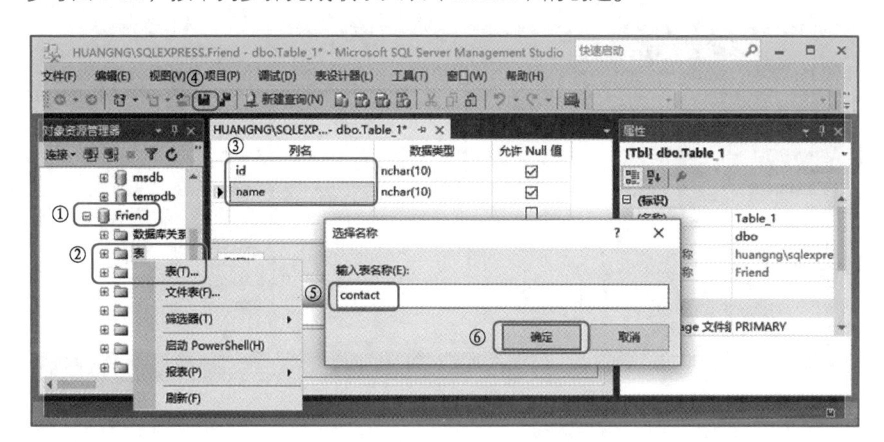

图 1-26
创建联系人表（contact）

① 展开所创建的 Friend 数据库节点（不能是其他的数据库）。

② 选择下一级节点中的“表”节点，从其右键菜单中选择“表”命令。

③ 在中部工作区中显示的表结构编辑区中按如图 1-26 所示输入两列的列名（id 和 name），本例中暂时不考虑数据类型等其他部分。

④ 完成后单击工具栏中的“保存”按钮。

⑤ 在弹出的对话框中输入表的名称 contact。

⑥ 单击“确定”按钮完成表的创建。

（2）创建电话表（mobile）

按上述同样的步骤创建电话表（mobile），不同的是有 4 列，列名分别为 id、phone_number、description 和 contact_id，同样不考虑数据类型等其他部分，最后输入表名称 mobile，完成表的创建。

1.4.4 数据输入

（1）输入联系人表（contact）的数据

参考图 1-27，按下列步骤将如图 1-24 所示的数据输入 contact 表中。

① 展开 Friend 数据库子节点中的“表”节点，选择上一步骤创建的表 dbo.contact。

② 从 dbo.contact 的右键菜单中选择“编辑前 200 行”命令。

③ 在中部的数据编辑区中按图 1-27 所示输入相应的数据。

输入数据时可能遇到下列问题。

- 出现红色标识：表示数据未保存，当光标离开当前行时，数据将自动保存。按 Esc 键可以放弃未保存的数据。
- 弹出错误提示框：通常表示数据不符合要求，这时应该按要求修改数据，直到满足要求。

- 无法保存：不需要也不可能单击“保存”按钮（“保存”按钮是灰色的），因为数据是自动保存的。

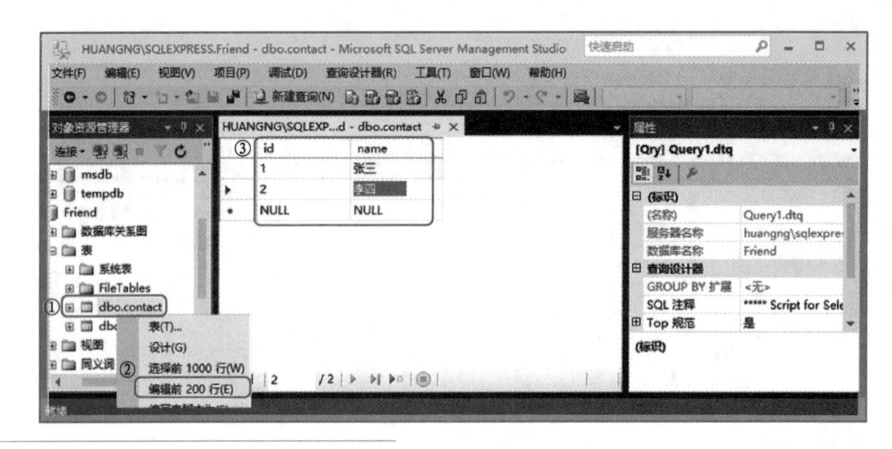

图 1-27
输入联系人表（contact）的数据

（2）输入电话表（mobile）的数据

参考图 1-28，按同样的方式输入如图 1-24 所示电话表（mobile）的数据，其中电话号码的长度不能超过 10 个数字，这是因为电话号码的数据类型是默认的 nchar(10)，只能保存 10 个字符，因此只能输入截短了的电话号码。

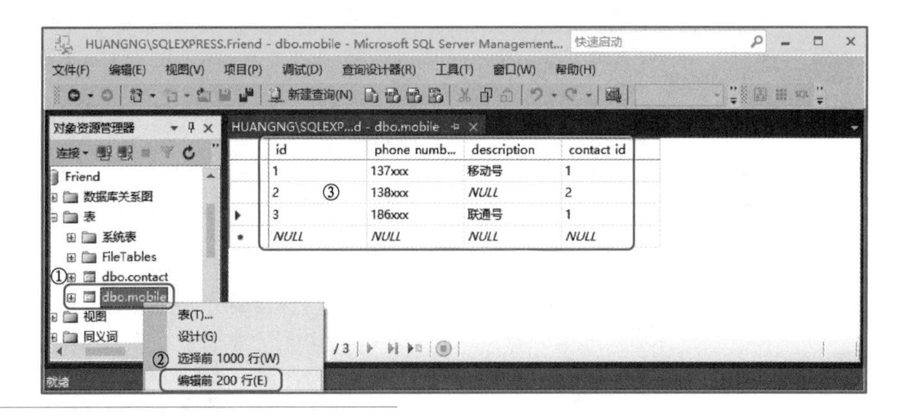

图 1-28
输入电话表（mobile）的数据

1.4.5　数据查询

在本步骤中，将从数据库中查询数据，得到与图 1-23 相同的数据。

参照图 1-29，完成对数据的查询及结果显示。步骤如下。

① 选择 Friend 数据库。

② 从 Friend 数据库的右键菜单中选择“新建查询”命令。

③ 在中部的 SQL 查询编辑区，输入【例 1-4】中的查询语句。

【例 1-4】 SQL 查询语句。

```
Select name as 姓名, phone_number as 电话, description as 说明 -- Select 在第 4 章讲解
from contact
    join mobile on contact.id = mobile.contact_id;
```

④ 单击工具栏中的“执行”按钮，光标应该事先定位在 SQL 查询编辑区，否则该按钮不可使用。

⑤ 在中下部的结果窗口中显示查询结果。

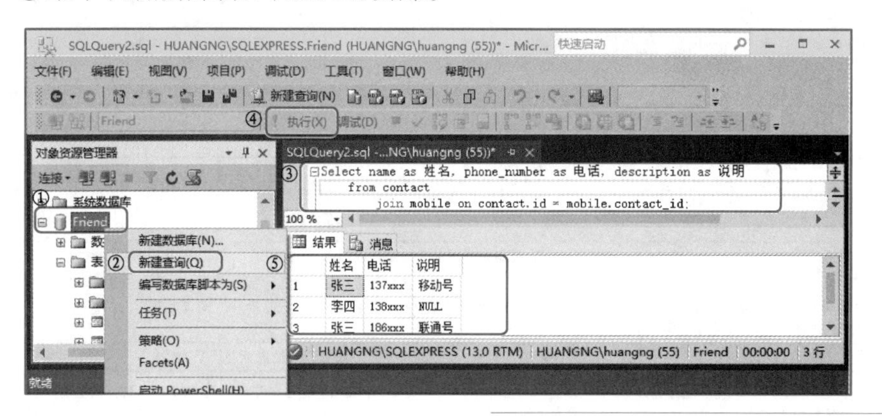

微课 1-25
用 Jitor 软件做实验

图 1-29
联系人查询结果

从查询结果可以看到，虽然数据分别保存在两张表中，但在查询时可以把这些数据以一定的方式呈现在一起，就像是所有数据都在一张表中一样。

提示： 根据附录 D 的说明，安装 Jitor 实训指导软件客户端；登录后按〔实验 1-1〕的要求进行操作。

上述例子中演示了 SQL Server 最基本的用法。本例非常简单，因此存在很多缺陷，主要有两条：一是没有指定列的正确数据类型，导致电话号码不能正确输入；二是没有指定表的主键和外键，因而可能输入错误的数据。

1.4.2 节 ~ 1.4.5 节的内容是本书第 1 章 ~ 4 章中详细讲解的功能，分别是规范化设计、数据定义、数据操纵和数据查询。

1.5 学习任务 3：数据库的发展

从 20 世纪 60 年代数据库技术诞生到现在，在半个多世纪的时间里，关系模型因为其坚实的理论基础，拥有成熟的商业产品和广泛的应用领域，成为了数据库中的主流技术。近年来，为满足海量数据的高效处理等需求，非关系数据库技术（NoSQL）也得到了很大的发展。

微课 1-26
数据库的发展

1.6 实训任务：商店管理系统的规范化设计

本书每章的末尾都有一个实训，以小型商店管理系统为例，分阶段地将每章讲解的知识和技能应用到该系统的开发过程中。

本小型商店管理系统用于管理户外用品的销售，如登山鞋、帐篷以及登山装备。经过调查，收集了该公司的销售单据样张，如图 1-30 和图 1-31 所示，其中价格为固定价格（价格不会随订单而变化），送货地址为购货人（客户）的固定地址。

优恩户外用品公司销售单

购　货　人：风行户外俱乐部　　编　　号：10001

购货人电话：13912344321　　购货人邮件：12345678@qq.com　　订货日期：2016-10-25

送 货 地址：无锡市东林广场 26 号

货物名称	品牌	单位	单价	数量	金额
铝杆单人登山帐篷	雪狼	顶	2350.00	5	11750.00
登山防护动力绳	探路者	米	27.00	200	5400.00
总计（人民币）	百　十　壹　万　柒　千　壹　百　伍　十　零　元　零　角　零　分整				¥17150.00
订货要求：工作日送货上门					

审　核　人：张　明　　审核日期：2016-10-25　　发　货　人：李　倩　　发货日期：2016-10-26

图 1-30
销售单据样张之一

优恩户外用品公司销售单

购　货　人：开拓者户外俱乐部　　编　　号：10002

购货人电话：13912341234　　购货人邮件：12346666@qq.com　　订货日期：2016-10-26

送 货 地址：无锡市体育场路 12 号

货物名称	品牌	单位	单价	数量	金额
铝杆单人登山帐篷	雪狼	顶	2350.00	5	11750.00
梨形丝扣登山主锁	奥索卡	只	128.00	20	2560.00
总计（人民币）	百　十　壹　万　肆　千　叁　百　壹　十　零　元　零　角　零　分整				¥14310.00
订货要求：二日内送达					

审　核　人：张　明　　审核日期：2016-10-26　　发　货　人：李　倩　　发货日期：2016-10-26

图 1-31
销售单据样张之二

本章实训的内容是以销售单据为线索，分析其中的实体，画出 ER 图，然后转换为关系模型，并通过规范化设计对其进行优化，最后以图 1-30 和图 1-31 所示的样例数据向规范化设计后的表中输入初始数据（采用 Excel 完成，不需要用 SQL Server 实现）。

1.7　习题

1．数据库管理系统的功能主要有哪些?

2．数据库系统有哪些组成部分?

3．解释实体、实体集、属性、域、键等概念。

4．实体之间的联系有哪几种？各举一个生活中的例子加以说明。

5．什么是键、候选键、主键和外键？它们之间有什么联系和区别?

6．数据模型的三要素是什么？以关系模型为例对这三个要素加以说明。

7．什么是 ER 模型？ER 模型的表现形式是什么？如何绘制 ER 图?

8．什么是实体完整性约束？什么是参照完整性约束？它们有什么区别?

9．关系模型的基本特征是什么?

10．规范化设计能够解决什么问题？试举例说明。

11．什么是 1NF、2NF、3NF?

12．如何设计一个满足 3NF 要求的关系模型?

13．SQL 是什么？列出至少 4 种实现了 SQL 标准的数据库管理系统。

第 2 章　数据定义——成绩管理系统的设计和数据定义

数据库管理系统的主要功能有数据定义、数据操纵、数据查询、数据管理和数据维护等，其中数据定义是所有这些功能的基础。

本章讨论数据定义，包括定义数据库、数据表、数据完整性约束和索引等，并在 SQL Server 管理器中分别采用图形界面和 SQL 语言两种方式实现。

教学导航

◎ 本章重点

1．数据结构设计，扩展 ER 图和表结构文档
2．规范化设计、6 种完整性约束、主键和外键、数据类型、命名规范
3．SQL Server 数据库的构成：数据库文件、数据库对象
4．通过图形界面实现数据定义
5．SQL 语言基础：SQL 语句、命令关键字、关键字、标识符
6．通过 SQL 语句实现数据定义，创建数据库、创建表、实现数据完整性约束
7．索引的概念、创建和使用

◎ 本章难点

1．数据结构设计，扩展 ER 图和表结构文档
2．规范化设计、完整性约束、主键和外键、数据类型、命名规范
3．通过 SQL 语句实现数据定义，创建数据库、创建表、实现数据完整性约束

◎ 教学方法

1．本章的核心是数据结构的设计和实施，建议通过例子来深入讲解
2．下列两个例子形成两条主线
① 联系人系统的设计（第 2.1.3 节）、实施（图形界面方式在第 2.4 节，SQL 语言方式在第 2.6.1 节）
② 成绩管理系统的设计（第 2.1.4 节）、实施（仅有 SQL 语言方式，在第 2.6.2 和第 2.6.3 节）
3．通过数据结构设计注意事项（第 2.2 节），加深对规范化设计和数据完整性约束的理解
4．通过成绩管理系统的实施，进一步巩固数据完整性约束的概念（第 2.6.3 节）

◎ 学习指导

1．通过下列两个例子来理解数据结构的设计和实施
① 联系人系统的设计（第 2.1.3 节）、实施（图形界面方式在第 2.4 节，SQL 语言方式在第 2.6.1 节）
② 成绩管理系统的设计（第 2.1.4 节）、实施（仅有 SQL 语言方式，在第 2.6.2 和第 2.6.3 节）
2．通过数据结构设计注意事项（第 2.2 节），加深对规范化设计和数据完整性约束的理解
3．通过成绩管理系统的表的创建过程，进一步巩固数据完整性约束的概念（第 2.6.3 节）

◎ 资源

1．微课：手机扫描微课二维码，共 23 个微课，重点观看 2-4 到 2-8、2-17 到 2-19 共 8 个微课
2．实验实训：Jitor 实验 7 个、实训 1 个
3．数据结构和数据：http://www.ngweb.org/sql/ch2.html（联系人系统和成绩管理系统）

2.1　学习任务 1：数据结构设计

微课 2-0
第 2 章　导读

2.1.1　数据结构设计概述

数据定义的前提条件是有一个良好的数据结构，第 1.2 节讨论过数据模型、关系模型和规范化设计，数据结构设计一定要在这些理论的指导下进行。

微课 2-1
数据结构设计概述

1. 数据结构设计的 3 个阶段

数据结构设计是在需求分析结果的基础上进行的。数据结构设计分为概念结构设计、逻辑结构设计、物理结构设计 3 个阶段。

- **概念结构设计**：概念结构设计是将需求分析得到的用户需求抽象为概念模型的过程。概念结构设计的主要工具是 ER 图，概念结构设计的成果通常就是 ER 图。
- **逻辑结构设计**：逻辑结构设计是将概念模型转化为特定数据库管理系统支持下的数据模型，并通过规范化设计对数据模型进行优化。逻辑结构设计的成果通常是优化的关系模型。
- **物理结构设计**：物理结构设计的主要内容是选择存储结构和存取方法，设计索引等。物理结构设计的成果通常是数据库的表结构。

2. 大型项目的设计

对于大型项目，数据结构设计的步骤通常是先进行概念结构设计，得到一个 ER 模型，然后进行逻辑结构设计，就是将 ER 模型转换为关系模型，再在范式理论的指导下，优化关系模型，得到一个设计良好的关系模型，最后根据目标数据库管理系统的要求，设计物理数据模型。如 PowerDesinger 等设计软件提供了概念数据模型、逻辑数据模型和物理数据模型等多种设计工具，适用于大型项目的设计。

3. 小型项目的设计

对于小型项目，可以不分为多个步骤，而是根据关系模型的要求和范式理论的原理，直接设计关系模型，也不需要先规范化到 1NF，然后 2NF，再到 3NF，而是尽量一步到位，直接设计为 3NF。如 MySQL Workbench 等小型软件提供了一站式的数据结构设计工具，是设计小型项目的好帮手。SQL Server 提供的数据库关系图也是一个很好的设计工具。

对于小型项目，通常可以采用第 1.2.6 节提出的方法进行数据结构设计。

微课 2-2
扩展 ER 图和表结构文档

2.1.2　扩展 ER 图和表结构文档

数据结构设计的主要成果是扩展 ER 图和表结构文档，它们包含了规范化设计的成果，针对特定数据库管理系统对数据结构进行优化，如列的数据类型和索引等。

扩展 ER 图和表结构文档是数据库应用开发中的重要文档，用于指导后续的数据定义、数据操纵、数据查询和数据库编程等。

1. 扩展 ER 图

扩展 ER 图（Extended Entity-Relationship Diagram，也称为数据库关系图）与 ER 图相似，但增加了更多的信息，特别是增加了特定数据库管理系统的相关信息，如列的数据类型和索引等。

按下列方法可以画出扩展 ER 图，如图 2-1 所示。

- 用矩形表示表，内含 3 个部分，第一行是表名，中间是列名以及列的数据类型等信息，第三部分是索引信息。
- 用直线或折线表示表与表之间的联系，用不同的线端类型区分一对多联系中的一方和多方。
- 用不同的图标和颜色标识主键、外键等与列相关的信息。

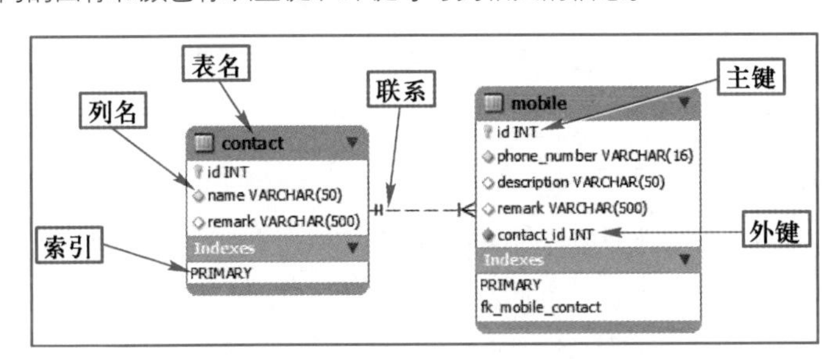

图 2-1
扩展 ER 图举例

索引的设计是根据用户的业务需求进行的，包括索引的类型、索引涉及的列等，这些信息包含在扩展 ER 图的内部设计中，扩展 ER 图仅列出索引名称。索引将在第 2.6.4 节讨论。

同时还可根据一定的命名规范对表名和列名进行命名，表名和列名全部用英文命名，表名加前缀模块名或 tbl_，列名加前缀 col_，主键的命名是前缀 id_加上表名，外键与主键同名。第 2.1.3 节的例子没有采用这种命名规范，第 2.1.4 节的例子则采用了这种命名规范。

不同设计工具画出的扩展 ER 图有些不同。图 2-1、图 2-2 和图 2-6 所示的扩展 ER 图采用 MySQL Workbench 5.1 软件进行设计，其中普通列、主键、外键都用不同的图标或不同的颜色加以区别，表之间联系的一方和多方也通过不同的线端图标加以区别，用三分叉的图标表示多的一方。

2. 表结构文档

扩展 ER 图非常直观地展示了关系数据库的数据结构，而表结构文档则非常详细地列出关系数据库数据结构的完整信息，包括数据库中所有数据元素和结构的含义、类型、数据大小、格式、精度以及允许取值的范围，每张表一个文档。表结构文档可以用来完整地构建一个数据库中的所有表和索引。表 2-1 是表结构文档的一种格式。

表 2-1 XXX 表（tbl_xxx）

序号	列　名	类　型	完整性约束	中文列名（说明）
1	id_tbl_xxx	int	非空，主键，自增量	主键
2	col_name	varchar(50)	非空，唯一	XXX 名称
3	…	…	…	…

更多例子见下一小节和附录 C。

微课 2-3
联系人系统的设计

2.1.3　联系人系统的设计

本书的项目都是小型项目，因此采用第 2.1.1 节的“小型项目的设计”和第 1.2.6 节“规范化设计的实施”进行设计。

数据结构设计的好坏关系到数据库应用项目的成败，因此本小节以联系人系统为例，讨论基于关系模型的数据结构设计；下一小节以一个小型成绩管理系统为例，再次讨论基于关系模型的数据结构设计。

1．需求分析

本节对第 1 章的联系人 Friend 数据库进行重新设计，该项目的需求非常简单，就是将联系人及其电话号码保存到数据库，能够方便地进行查询，如图 1-23 所示。

2．规范化设计

该例特别简单，将图 1-23 中具有重复值的属性（姓名）拆分为实体，因此有两个实体：联系人（姓名）实体和电话（电话号码）实体，将实体转换为关系，为每个关系添加一个无含义的属性为主键，并为一对多联系的多的一方添加外键，参照一的一方的主键，得到如下的关系模型。

联系人（联系人 id，姓名，备注）
电话（电话 id，电话号码，说明，备注，*联系人 id*）

这两个关系分别用两张表来表示，分别命名为联系人表和电话表，并为这两张表都设置“备注”列。

3．扩展 ER 图

对表名和列名进行适当的命名，画出 Friend 数据库的扩展 ER 图，如图 2-2 所示。从图中可以看到，两张表都有名为 id 的主键，mobile 表还有一个名为 contact_id 的外键，该外键参照 contact 表的主键 id，其值必须是 contact 表主键 id 值中的某一个，也就是说，每一个电话号码都必须属于某个联系人，不允许存在没有参照具体联系人的电话号码。

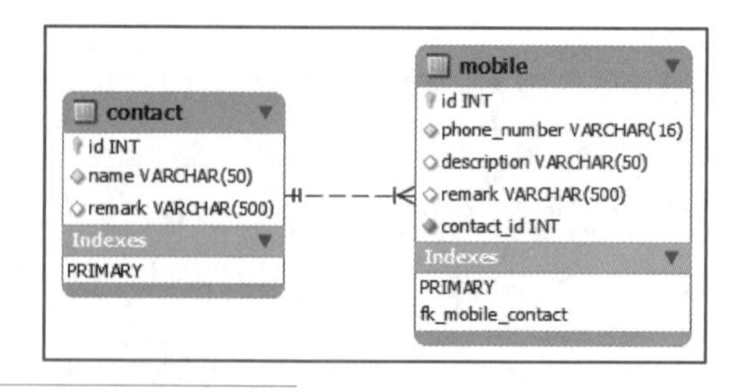

图 2-2
Friend 数据库的扩展 ER 图

4．表结构文档

Friend 数据库的表结构文档见表 2-2 和表 2-3，从表中可以看到，每列都有详细的信息，包括列类型、是否允许为空、是否是主键或外键。如果是外键，还需要指明所参照的表等。

其中，注意 phone_number 列的长度是 16，而不是默认值 10，因此这个长度限制就可以满足手机号码的要求。

表 2-2 联系人表（contact）

序号	列 名	类 型	完整性约束	中文列名（说明）
1	id	int	非空，主键（自增量）	主键
2	name	varchar(50)	非空	姓名
3	remark	varchar(500)	允许空	备注

表 2-3 电话表（mobile）

序号	列 名	类 型	完整性约束	中文列名（说明）
1	id	int	主键，非空	主键
2	phone_number	varchar(16)	非空	电话号码
3	description	varchar(50)	允许空	说明
4	remark	varchar(500)	允许空	备注
5	contact_id	int	非空，外键	外键（参照联系人表）

2.1.4 成绩管理系统的设计

微课 2-4
成绩管理系统的设计（规范化设计）

本书会以小型成绩管理系统为例，讨论该系统的需求分析、数据结构设计、数据库和表的创建、数据初始化、数据查询、数据库编程、安全以及维护等。因此本书从现在开始，直到第 7 章，都将使用这个成绩管理数据库为例进行讲解，本节先讨论需求分析和数据结构设计。

1. 需求分析

该小型成绩管理系统用于一个系的教师对学生成绩的管理，功能包括成绩录入、修改、查询和统计分析。在没有采用数据库管理系统之前，所有数据是用 Excel 来管理的，数据全部保存在两个 Excel 工作表中，如图 2-3 和图 2-4 所示。

学号	姓名	性别	学籍	出生日期	身份证号码	手机号	班级
SW103101	蔡日	F	在学	1990/5/7	372822199005076102	13987654321	软件1031
SW103102	陈琳	M	在学	1990/2/20	420922199002201021	13987654322	软件1031
SW103103	程恒坤	F	在学	1989/9/29	320283198909296002	13987654323	软件1031
SW103104	范烨	F	在学	1989/8/12	320201198908122010	13987654324	软件1031
SW103105	顾建芳	M	在学	1989/7/13	320322198907130102	13987654325	软件1031
SW103106	侯学亮	M	在学	1989/3/18	340822198903180203	13987654326	软件1031
SW103107	霍勇	M	在学	1989/9/5	32022219890905322X	13987654327	软件1031
SW103108	季建龙	M	在学	1990/2/9	370881199002091006	13987654328	软件1031
SW103109	鞠迪	M	在学	1990/[illegible]	342623199005058001	13987654329	软件1031
NW102101	王俊峰	M	在学	1989/4/22	362424198904222008	13987654341	网络1031
NW102102	王明星	F	在学	1989/4/9	320283198904095017	13987654342	网络1031
NW102103	王秋静	M	在学	1990/9/15	320222199009150026	13987654343	网络1031
NW102104	王一军	F	在学	1989/4/1	320212198904010110	13987654344	网络1031
NW102105	王志超	M	休学	1989/7/1	320283198907014032	13987654345	网络1031
NW102106	王希	M	在学	1990/9/15	32022219900915057x	13987654346	网络1031

图 2-3
Excel 中的学生工作表

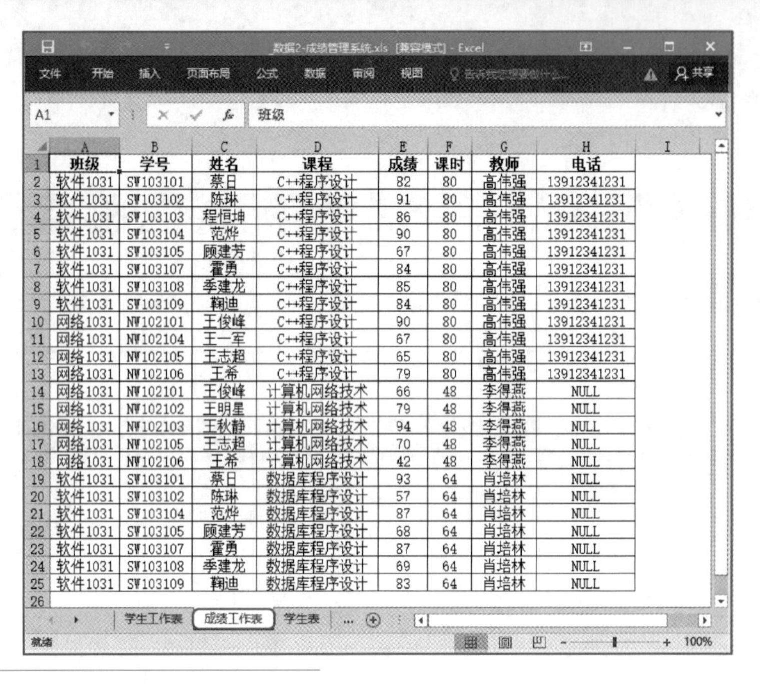

班级	学号	姓名	课程	成绩	课时	教师	电话
软件1031	SW103101	蔡日	C++程序设计	82	80	高伟强	13912341231
软件1031	SW103102	陈琳	C++程序设计	91	80	高伟强	13912341231
软件1031	SW103103	程恒坤	C++程序设计	86	80	高伟强	13912341231
软件1031	SW103104	范烨	C++程序设计	90	80	高伟强	13912341231
软件1031	SW103105	顾建芳	C++程序设计	67	80	高伟强	13912341231
软件1031	SW103107	霍勇	C++程序设计	84	80	高伟强	13912341231
软件1031	SW103108	季建龙	C++程序设计	85	80	高伟强	13912341231
软件1031	SW103109	鞠迪	C++程序设计	84	80	高伟强	13912341231
网络1031	NW102101	王俊峰	C++程序设计	90	80	高伟强	13912341231
网络1031	NW102104	王一军	C++程序设计	67	80	高伟强	13912341231
网络1031	NW102105	王志超	C++程序设计	65	80	高伟强	13912341231
网络1031	NW102106	王希	C++程序设计	79	80	高伟强	13912341231
网络1031	NW102101	王俊峰	计算机网络技术	66	48	李得燕	NULL
网络1031	NW102102	王明星	计算机网络技术	79	48	李得燕	NULL
网络1031	NW102103	王秋静	计算机网络技术	94	48	李得燕	NULL
网络1031	NW102105	王志超	计算机网络技术	70	48	李得燕	NULL
网络1031	NW102106	王希	计算机网络技术	42	48	李得燕	NULL
软件1031	SW103101	蔡日	数据库程序设计	93	64	肖培林	NULL
软件1031	SW103102	陈琳	数据库程序设计	57	64	肖培林	NULL
软件1031	SW103104	范烨	数据库程序设计	87	64	肖培林	NULL
软件1031	SW103105	顾建芳	数据库程序设计	68	64	肖培林	NULL
软件1031	SW103107	霍勇	数据库程序设计	87	64	肖培林	NULL
软件1031	SW103108	季建龙	数据库程序设计	69	64	肖培林	NULL
软件1031	SW103109	鞠迪	数据库程序设计	83	64	肖培林	NULL

图 2-4
Excel 中的成绩工作表

该小型项目的需求是，将 Excel 工作表转换到 SQL Server 数据库中，按照规范化的要求设计数据结构，并将数据导入到数据库中，便于管理和使用。

2．规范化设计

按照第 1.2.6 节介绍的规范化设计的实施方法，分析如图 2-3 所示的学生工作表和如图 2-4 所示的成绩工作表，步骤如下。

① 列出所有二维表，并输入测试数据，如图 2-3 和图 2-4 所示。

② 设置主键和外键：为每张表添加一个无含义的主键。本例中目前不需要设置外键，但在以下的步骤中要及时添加主键和设置外键。

③ 检查属性值的原子性：本例中没有违反属性值原子性的情况。

④ 检查属性值是否重复：学生工作表的“性别”“学籍”“班级”具有重复值，成绩工作表的“班级”“学号”“姓名”“课程”“课时”“教师”和“电话”具有重复值。其中“性别”和“学籍”因为具有固定的重复值，不拆分为实体。因此，从学生工作表中拆分出“班级”实体，从成绩工作表中拆分出“班级”“学生（学号、姓名）”“课程（课程、课时）”“教师（教师、电话）”，一共 7 个实体。

⑤ 检查表是否包含多个实体：经过以上两个步骤，已经将实体拆分完毕。

⑥ 合并相同的实体：拆分出的实体中存在相同的“班级”和“学生”实体，合并后得到 5 个实体：“班级”“学生”“课程”“教师”和“成绩”。

最后的结果是，原有的学生工作表和成绩工作表拆分为 5 个实体，分别是班级、学生、教师、课程和成绩，得到如下关系模型。

```
班级（班级id，班级名）
教师（教师id，姓名，电话）
课程（课程id，课程名，课时，教师id）
```

学生（学生 id，学号，姓名，性别，学籍，出生日期，身份证号，手机号，***班级 id***）
成绩（成绩 id，***学生 id，课程 id***，成绩）

这 5 个关系分别用 5 张表来表示，分别命名为班级表、教师表、课程表、学生表和成绩表。图 2-3 和图 2-4 中的数据可以转换为对应于规范化后数据结构的数据，如图 2-5 所示。

班级表

班级 id	班级名
1	软件 1031
2	网络 1031

教师表

教师 id	姓名	电话
1	高伟强	13912341231
2	李得燕	
3	肖培林	

课程表

课程 id	课程名	课时	教师 id
1	C++程序设计	80	1
2	计算机网络技术	48	2
3	数据库程序设计	64	3

成绩表

成绩 id	成绩	课程 id	学生 id
1	82	1	1
2	91	1	2
3	86	1	3
4	90	1	4
5	67	1	5
6	84	1	7
7	85	1	8
8	84	1	9
9	90	1	10
10	67	1	13
11	65	1	14
12	79	1	15
13	66	2	10
14	79	2	11
15	94	2	12
16	70	2	14
17	42	2	15
18	93	3	1
19	57	3	2
20	87	3	4
21	68	3	5
22	87	3	7
23	69	3	8
24	83	3	9

学生表

学生 id	学号	姓名	性别	学籍	出生日期	身份证号	手机号	班级 id
1	SW103101	蔡日	女	在学	1990-5-7	372822199005076102	13987654321	1
2	SW103102	陈琳	男	在学	1990-2-20	420922199002201021	13987654322	1
3	SW103103	程恒坤	女	在学	1989-9-29	320283198909296002	13987654323	1
4	SW103104	范烨	女	在学	1989-8-12	320201198908122010	13987654324	1
5	SW103105	顾建芳	男	在学	1989-7-13	320322198907130102	13987654325	1
6	SW103106	侯学亮	男	在学	1989-3-18	340822198903180203	13987654326	1
7	SW103107	霍勇	男	在学	1989-9-5	32022219890905322X	13987654327	1
8	SW103108	季建龙	男	在学	1990-2-9	370881199002091006	13987654328	1
9	SW103109	鞠迪	男	在学	1990-5-5	342623199005058001	13987654329	1
10	NW102101	王俊峰	男	在学	1989-4-22	362424198904222008	13987654341	2
11	NW102102	王明星	女	在学	1989-4-9	320283198904095017	13987654342	2
12	NW102103	王秋静	男	在学	1990-9-15	320222199009150026	13987654343	2
13	NW102104	王一军	女	在学	1989-4-1	320212198904010110	13987654344	2
14	NW102105	王志超	男	休学	1989-7-1	320283198907014032	13987654345	2
15	NW102106	王希	男	在学	1990-9-15	32022219900915057x	13987654346	2

图 2-5
规范化后的成绩管理系统及其数据

成绩管理系统以及如图 2-5 所示的数据将用于本书第 2 章～第 7 章的讲解中，特别是第 4 章的查询主要是基于图 2-5 中的数据。

3. 扩展 ER 图

微课 2-5
成绩管理系统的设计（扩展 ER 图）

在前述关系模型的基础上，按照命名规范对表名和列名进行适当的命名，并根据业务需求，设计合适的索引，画出小型成绩管理系统的扩展 ER 图，如图 2-6 所示。

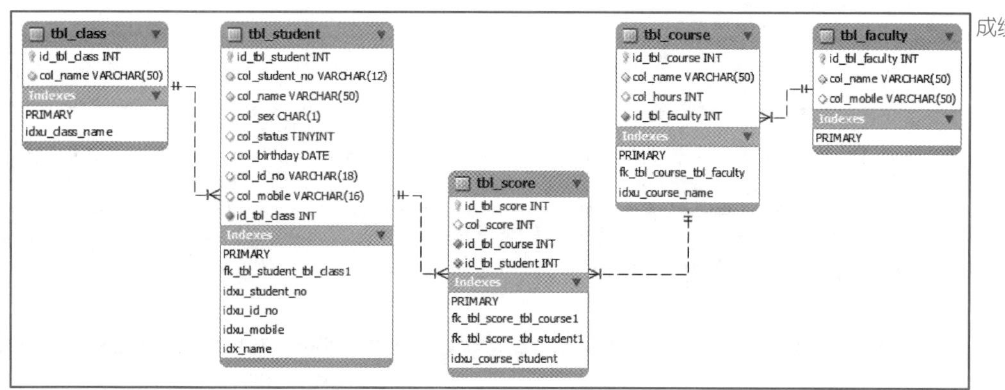

图 2-6
小型成绩管理系统的扩展 ER 图

从图 2-6 可以看到，班级表的表名是 tbl_class，它有两列，其中主键是一个没有业务含义的列，其列名为 id_tbl_class，即 id_加上表名 tbl_class，班级名称的列名为 col_name。班级表有一个名为 idxu_class_name 的索引，图中无法显示索引的具体定义。

学生表 tbl_student 也有一个以相同规则命名的主键 id_tbl_student，除了学号 col_student_no、姓名 col_name 等普通列外，还有一个外键，外键的列名 id_tbl_class 与它所参照的班级表的主键的列名 id_tbl_class 相同。学生表也有几个索引，索引名分别以 idxu_和 idx_起头。

注意：图中学生表、成绩表和课程表都有以 fk_起头的索引，这是与外键相关的索引，这类索引在 SQL Server 中是不需要的。

4．表结构文档

小型成绩管理系统的表结构文档见附录 C。将表结构文档安排在书的末尾，是为了方便阅读本书各个章节时可以随时查阅。

从附录 C 中的表结构文档可以看到，5 个实体对应 5 个表结构文档。表结构文档与扩展 ER 图所表现的内容是一致的，不同的是扩展 ER 图非常直观，但信息量少，而表结构文档则包含了数据结构设计的完整信息。

小型成绩管理系统的表结构文档中包括了各种用户定义完整性约束，以及为提高查询速度而对学生姓名建立的普通索引。

2.2　学习任务 2：数据结构设计注意事项

在数据结构设计过程中，除了满足规范化设计的要求之外，还需要考虑许多细节。在实施时，要注意以下几方面的内容。

- 表中包含哪些数据列，就是说，表有多少列，每列的含义和作用。
- 定义每一列的名称，名称应该有具体的含义。
- 根据列所保存的数据的性质，指定每一列的数据类型。
- 指定哪些列可以取空值（null），哪些列不能取空值（not null）。
- 指定数据完整性约束，即实体完整性约束、参照完整性约束和用户自定义完整性约束。
- 指定索引以及索引的类型。

2.2.1　严格满足规范化要求

微课 2-6
数据结构设计注意事项（规范化、完整性约束）

第 1.2 节讨论过关系模型的规范化，这是数据结构设计的一个最为重要的原则。规范化的要求是达到 3NF，这时数据库在性能、扩展性和数据完整性方面达到最好的平衡。

2.2.2　制定数据完整性约束

除了规范化，另外一个重要的原则是数据完整性约束，按照关系模型的数据完整性约束要求，必须设计下列 3 类数据完整性约束。

1．实体完整性约束（主键约束）

每个实体都必须有且只有一个主键，且主键值不能重复，也不能为空。如第 1.2.6 节所述，主键应该是无业务含义的单属性主键，并设置为由程序自动赋值，通常是一个自增量的整数。

2．参照完整性约束（外键约束）

外键的值只能取被参照的表的主键的值，并根据业务的需求，定义外键是否可以取空值，有些业务不允许外键取空值，而有些业务允许外键取空值。

3．用户定义完整性约束

在 SQL Server 中，用户定义完整性约束有以下几种。

（1）唯一性约束

具有唯一性约束的属性不允许出现重复的值。唯一性约束可以是单属性的，也可以是多属性的属性组。唯一性约束与主键的区别如下。

- 唯一性约束根据业务需求，不允许出现空值或允许出现一次空值，主键则不允许出现空值。
- 一张表允许有多个唯一性约束，但只能有一个主键约束。

（2）非空约束

非空约束是一种最容易理解的约束，即指定该列的值是否允许取空值。

需要指出的是，取空值和值为 0 或值为空字符串是不同的。例如，成绩列的值为 0 表示该学生考过试了，成绩为 0 分；而成绩列的值为空，表示该学生还没有参加考试，或考试的成绩还没有录入。

（3）检查约束

检查约束对属性的取值范围作进一步的限制，不论是插入数据还是更新数据都要满足检查约束的条件才能成功执行，如百分制成绩的有效范围是 0 ~ 100 分。

（4）默认约束

默认约束用于当插入行时，如果没有为某列提供值，该列的值将被赋给默认约束指定的值。更新数据时，默认约束不起作用。

正确地设置主键约束、外键约束以及用户定义完整性约束后，数据库管理系统能够自动地保证数据完整性约束的实现，而不需要人为的干预。

2.2.3　选择合适的主键形式

微课 2-7
数据结构设计注意事项（主键形式、数据类型）

从原理上讲，可以从候选键中任意指定一个作为主键。但是主键通常是单属性主键，可以采用下列 3 种键中的一种作为主键。

- 业务用的唯一标识：这是用户数据中的唯一标识，如学号、身份证号码等，通常不建议采用这种方式。
- 自动增量的数字：一般是长整型或整型的整数，由数据库系统自动维护，不需要手工输入，通常也不允许手工输入。

- uniqueidentifier 类型：即全球唯一标识符（GUID，Global Unique Identifier，也称为 UUID，Universal Unique Identifier），这是一个全球唯一的 128 位的值，可以转换为字符串表示，如 6FA81B27-45D3-4864-98FF-37A321B44D03。该值可由系统函数 newId()生成，也可由 C#或 Java 等程序生成。

以上 3 种主键的选择应该根据业务需求来确定，主键的值最好自动生成，并且永远不需要修改，因此尽量不要用业务唯一标识作为主键。其中 uniqueidentifier 具有较大的优势，原因是它的全球唯一性，即使是合并两个数据库的数据时也绝对不会出现重复的主键。

设计主键时一定要避免使用多属性组成的复合主键，在需要这种主键的情况时，可以在采用无含义单属性主键后，为原来的复合主键添加唯一性约束。例如，成绩表 tbl_score 中原来的主键是 id_tbl_student + id_tbl_course，为其增加无含义单属性主键 id_tbl_score 后，可以为原来的 id_tbl_student + id_tbl_course 组合添加唯一性约束，以防止出现重复的“学生+课程”组合，因为在不考虑学生补考不及格时重修某门课程的情况下，同一学生只能选修一次同一门课程，而不能多次选修相同的课程。

2.2.4　选择合适的数据类型

选择合适的数据类型也是数据库设计中的重要一环，数据类型的选择会影响数据存储和查询时的方式和效率。

SQL Server 的常用数据类型见表 2-4。SQL Server 的数据类型可以分为精确数字、近似数字、日期和时间、字符串、二进制数据等类别，更多的数据类型见附录 A。

表 2-4　常用数据类型

数据类型	名　称	描　述	字节数/B
char(n)	定长字符串	固定长度的字符串，参数 n 表示固定长度(n<=8000)	n
varchar(n)	变长字符串	可变长度的字符串，参数 n 表示最大长度(n<=8000)	n
tinyint	微整型	0～255 的所有数字	1
int	整型	介于-2^{31}～2^{31}之间的整数	4
bigint	长整型	介于-2^{63}～2^{63}之间的整数	8
decimal(p,s)	固定精度数	固定精度的数字。范围是-10^{38}～10^{38}之间的数字。参数 p 表示精度，是小数点左侧和右侧位数的合计，p 的范围是 1～38 之间的值，默认是 18。参数 s 表示小数点位数，是小数点右侧的位数，s 的范围是 0～p 之间的值，默认是 0	5～17
real	单精度数	-3.4×10^{38}～3.4×10^{38}的浮动精度数字	4
datetime	日期时间	从 1753 年 1 月 1 日到 9999 年 12 月 31 日，精度为 3.33 ms	8

以下是选择数据类型时的一些考虑。

- 字符串类型或数字类型的考虑：对于邮政编码、电话号码、数字型密码等，虽然是纯数字，也应该作为字符串类型处理，否则可能造成丢失前导 0 的问题。例如，河北省石家庄市的邮政编码是 050000，采用数字类型时将丢失前面的 0，变成 50000。

- 整数或小数的考虑：例如，对于购货单上的数量，通常为件，可以用整数，但可能出现重量单位，如3.5公斤，因此数量列通常应该采用浮点数。
- 数据宽度的考虑：如tinyint只有8位，无法表示大的数字。又如，中文姓名一般用8B（4个汉字），但对少数民族或外国人，则可能超过4个汉字，因此要有足够的宽度。
- 各种日期类型：日期类型有datetime、date、time等多种，应该根据需要选用，如出生日期通常用date，而不是datetime。但是，SQL Server 2005不支持date数据类型，这时只能用datetime。

2.2.5 遵守命名规范

微课2-8
数据结构设计注意事项（其他）

原则上应该用完整的、具有明确含义的英文单词，全部小写，尽量不要用缩写，如果是缩写，也要用小写字母，有两个或多个单词时，单词之间一律用下画线分隔。名称中尽量不要带有数字，不要用汉语拼音，更不要用拼音缩写或数字编号。

在实践中，各软件公司均有自己的命名规范，应该严格遵守公司的命名规范。以下是本书使用的命名规范。

1. 表名

表名一般由两个或多个单词组成，全部小写，单词之间用下画线分隔。第1个单词表示该表所属的模块（有利于模块化设计，模块名可使用缩写，小写字母），第2个单词开始表示表本身的含义，如图书馆（library）项目的表名lib_user、lib_book和lib_copy等。

2. 列名

全部使用小写，当有两个或多个单词时用下画线分隔。列名尽量简洁，例如，直接用name，而不要用user_name，更不要用userName。本书在命名列名时一律加前缀col_，如col_name，其目的是避免与SQL关键字冲突。

3. 主键名

由表名加前缀id_组成，如lib_user表的主键列名是id_lib_user，与普通列名的命名规范不同。

4. 外键名

与被参照的主键同名，因此非常容易辨识参照的是哪张表。

如果一张表中存在两个外键参照了同一张表的主键，这时可以用后缀加以区别，如图书借阅系统中的借还表中有2个经手人：id_lib_user_lent（借出经手人）、id_lib_user_returned（归还经手人）。

5. 索引名

普通索引的前缀常用idx_，唯一性索引的前缀可以用idxu_，主键对应的索引名的前缀是pk_。因此从前缀就能理解索引的类别和用途。

2.2.6　考虑可扩充性

考虑到设计和编程的需求，以及今后功能扩充的需求，可以考虑如下几点。

① 考虑一些通用的列：如可以为每张表增加下述列。

- created_date：该行的创建时间。
- created_by：该行的创建人，通常是一个外键，参照用户表的主键。
- deleted：标识该行是否为删除，而不是实际删除该行。
- timestamp：时间戳列，用于防止更新丢失，详见第 5.6.4 节。

② 考虑将来的变化：在设计数据库时要考虑用户需求将来可能发生的变更，要有一定的预见性，还要留有一定的冗余，如可以为每张表增加一个备注列，即使客户没有这样的明确需求。

2.2.7　合理使用索引

索引有两种用途，一是提高查询的效率，二是利用唯一性索引（即唯一性约束）避免出现重复的值。因此对于一些不允许出现重复值的列，如账号、身份证、手机号码等列，以及原来作为主键（单属性或多属性主键）的列，都应该建立唯一性索引。有关索引的讨论，详见第 2.6.4 节。

2.2.8　充分利用视图

可以建立视图，在数据库和应用程序之间提供另一层抽象。有关视图的讨论，详见第 4.7 节。

2.3　学习任务 3：数据库的构成

2.3.1　数据库文件

微课 2-9
数据库的构成

SQL Server 采用文件来保存数据库及所有的数据，这些文件称为数据库文件，默认保存在安装目录下，安装目录通常是 C:\Program Files\Microsoft SQL Server。创建数据库时可以指定数据库文件保存在其他目录，以保障数据库文件的安全。数据库文件可分为数据文件和事务日志文件两类。

1. 数据文件

数据文件保存数据库的数据结构和所有数据，分为主数据文件和次数据文件两类。

- **主数据文件**（Primary Data File）：主数据文件用于存放数据结构和数据，每个数据库有且只有一个主数据文件。主数据文件的默认扩展名为 mdf。
- **次数据文件**（Secondary Data File）：为防止主数据文件变得过于庞大，可以使用次数据文件来分散存放数据，每个数据库可以有零到多个次数据文件，默认是零个。次数据文件的默认扩展名为 ndf。

2．事务日志文件

事务日志文件（Transaction Log File，简称日志文件）保存的是事务日志，每个数据库都必须至少有一个日志文件，也可以有多个日志文件。日志文件的默认扩展名为 ldf。

日志文件相当于是数据库的一种备份，如果由于某种不可预料的原因使得数据库系统崩溃，由于保留有完整的日志文件，数据库管理员就可以通过日志文件完成数据库的恢复与重建。

数据文件和日志文件都用于保存数据，但以不同的格式保存。一般来说，这两种文件不应该保存在同一个硬盘上，如可以分别保存在 D 盘和 E 盘，这样，万一某个硬盘遭到损坏，还有可能从另一个硬盘上的文件中恢复。

2.3.2 数据库对象

数据库中存放着各种数据库对象，数据库对象是具体储存数据或对数据进行操作的实体，这些数据库对象都是保存在数据文件中的。数据库实际上是一个存放数据库对象的容器，数据库对象有数据库关系图、表、视图、函数、存储过程和触发器等，如图 2-7 所示。其中常用的数据库对象有如下几种。

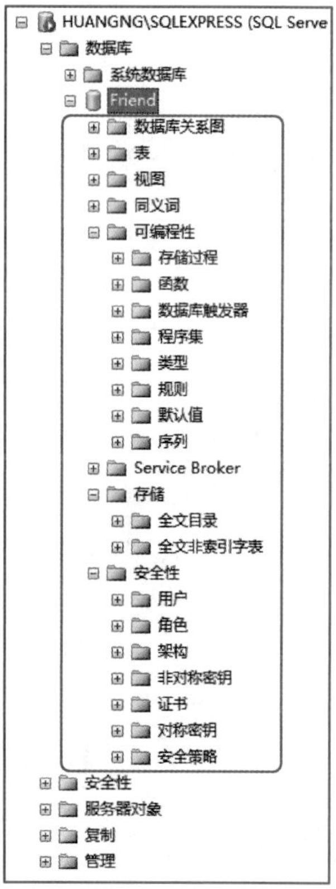

图 2-7
数据库对象

1．表

数据库中存放数据的“容器”就是表，表是一种重要的数据库对象。在定义数据库结构时，首先应定义数据表的结构，如列名称、列类型、取值范围等，而且还要定义数据表之间的联系、数据表的完整性约束等。

2．索引

索引是对数据表中一列或多列的值进行排序的一种结构，使用索引可快速访问数据表中的特定信息。另外，索引还可以防止列中出现重复的数据。索引见第 2.6.4 节。

3．视图

视图是一种虚拟的表，其数据列和数据行都是来自于基表并由定义视图的查询而产生的。视图见第 4.7 节。

4．存储过程

存储过程是利用 SQL 语句和流程控制语句编写的预编译程序，存储在数据库内，可以被客户端应用程序调用，并允许数据以参数的形式在存储过程和应用程序间来回传递。存储过程见第 5.4 节。

5．触发器

触发器也是利用 SQL 语句和流程控制语句编写的预编译程序，存储在数据库内，但触发器不能被直接调用，而是由事件触发的，所以也没有参数。触发器见第 5.5 节。

6．用户与角色

用户和角色的作用是进行用户身份认证和授权，从而保障数据库的安全。用户和角色见第 6 章。

2.4　实操任务 1：数据定义——图形界面方式

微课 2-10
数据定义——图形界面
(SQL Server 2008R2)

微课 2-11
数据定义——图形界面
(SQL Server 2012)

微课 2-12
数据定义——图形界面
(SQL Server 2014)

微课 2-13
数据定义——图形界面
(SQL Server 2016)

SQL Server 提供了两种方式来操作数据库，一是通过图形界面间接对数据库进行操作，二是通过 SQL 语句直接对数据库进行操作。前一种方式操作方便，入门容易；后一种方式功能强大，可以通过编程实现。

本章分别采用两种方式进行讲解，本节通过图形界面对数据库进行操作，目的是熟悉数据库的功能和操作，然后在第 2.6 节学习使用 SQL 语句实现对数据库的操作，完成相同的甚至是更强大的功能。

图形界面的优点是容易入门，但是当数据表的数量比较多时，操作起来非常繁琐，容易出错。因此本节采用图形界面对第 2.1.3 节设计的联系人系统（只有 2 张表）进行操作，在第 2.6 节中先用 SQL 语句对联系人系统再次进行相同的操作，然后对第 2.1.4 节设计的小型成绩管理系统（共有 5 张表）进行操作。

2.4.1　创建数据库

创建一个名为 Friend 的数据库，要求主数据文件保存在 E:\SQL_data 目录下，日志文件保存在 D:\SQL_log 目录下。如果当前服务器上存在 1.4 节创建的数据库 Friend，需要先删除它，然后才能重新创建这个数据库。

在第 1 章已经学习过如何创建数据库，但不同的是，这一次要指定数据库的保存位置分别为 E:\SQL_data 目录和 D:\SQL_log 目录，以增加数据库文件的安全性。按照以下步骤创建数据库。

① 首先创建 E:\SQL_data 目录和 D:\SQL_log 目录，用于保存数据和日志文件。

② 打开 SQL Server 管理器，从对象资源管理器的节点树中找到第 1 章创建的数据库 Friend，并丢弃（删除）它（如果不存在 Friend 数据库，则跳过该步骤）。

③ 从“数据库”节点的右键菜单中选择“新建数据库”命令，弹出“新建数据库”窗口。

④ 在“数据库名称”处输入数据库名称 Friend，这时可以看到数据库文件的列表中，数据文件的逻辑名称自动更改为所输入的数据库名称，日志文件的逻辑名称自动更改为数据库名称加后缀_log。

实验 2-1
数据定义——图形界面

⑤ 指定数据文件的路径为 E:\SQL_data。

⑥ 指定日志文件的路径为 D:\SQL_log。

⑦ 单击“确定”按钮，如图 2-8 所示。

⑧ 查看 E:\SQL_data 目录，数据文件 Friend.mdf 保存在这里。

⑨ 查看 D:\SQL_log 目录，日志文件 Friend_log.ldf 保存在这里。

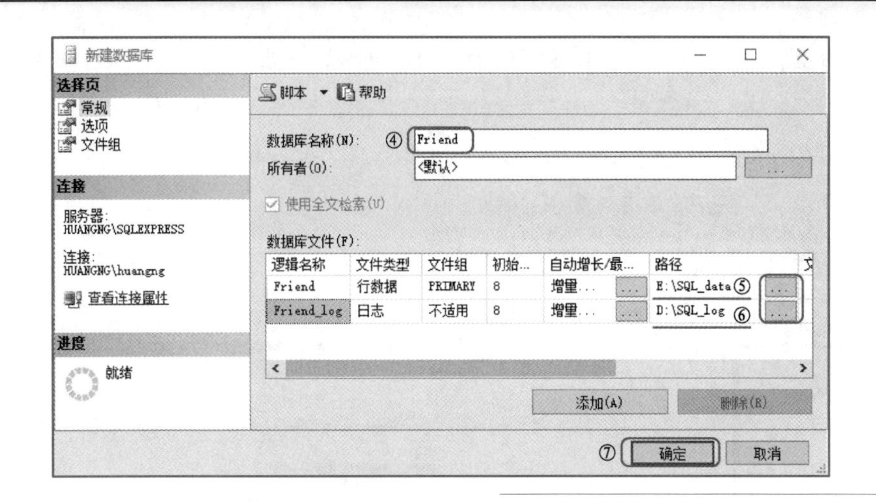

图 2-8
创建数据库，同时指定数据库文件的目录

2.4.2 创建数据表

在 Friend 数据库中，按表 2-2 和表 2-3 的表结构要求分别创建 contact 表和 mobile 表。

在第 1 章已经学习过如何创建表，但本节创建的表有更多的要求。在 Friend 数据库中创建 contact 表时，需要注意以下几项设置，如图 2-9 所示。

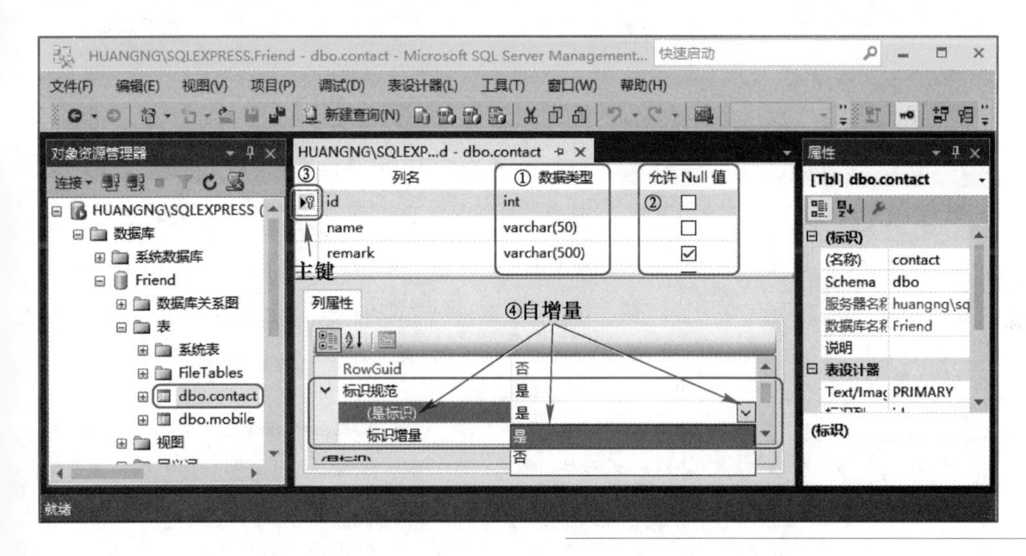

图 2-9
列参数的设置

① 数据类型的设置：按表 2-2 的要求，直接在相应位置输入或通过下拉菜单选择。

② 非空和允许空的设置：按表 2-2 的要求，选中或取消选中相应位置的复选框。

③ 主键的设置：设置 id 为主键，从其右键菜单中选择“设置主键”命令，成功后，主键用钥匙符号表示。

④ 主键自增量的设置：先选中主键列 id，然后在“列属性”区域找到“标识规范”并展开它，将“(是标识)”的值改为“是”。

按表 2-3 的要求创建 mobile 表，还需要注意外键的设置。

- 主键自增量：为比较主键的自增量效果，mobile 表的主键不设置为自增量，用来演示与 contact 表的自增量主键的比较。

- 外键的设置：设置外键前，必须先保存新创建的表，① 展开外键所在的表，找到“键”节点，从其右键菜单中选择“新建外键”命令；② 在弹出的对话框中，单击“表和列规范”右侧的“…”按钮；③ 在新弹出的对话框中选择相关的值，使结果如图 2-10 所示；④ 完成后单击“关闭”按钮。

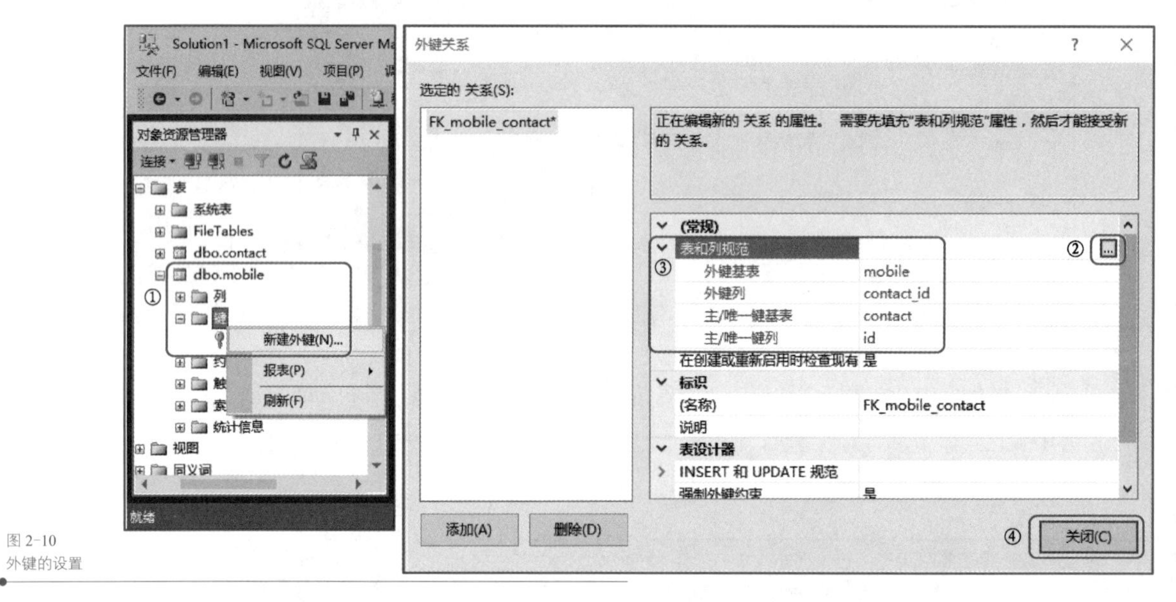

图 2-10
外键的设置

完成后，再次单击工具栏中的“保存”按钮保存所作的更改。

默认情况下，关闭了表结构编辑窗口后，再次打开，表结构是不允许更改的，这时可以通过修改默认配置来取消这个限制，方法是：① 选择“工具”菜单；② 从下拉菜单中选择“选项”菜单命令；③ 在打开的“选项”对话框中，展开“设计器”→“表设计器和数据库设计器”节点；④ 取消选中右侧的“阻止保存要求重新创建表的更改”复选框，如图 2-11 所示。

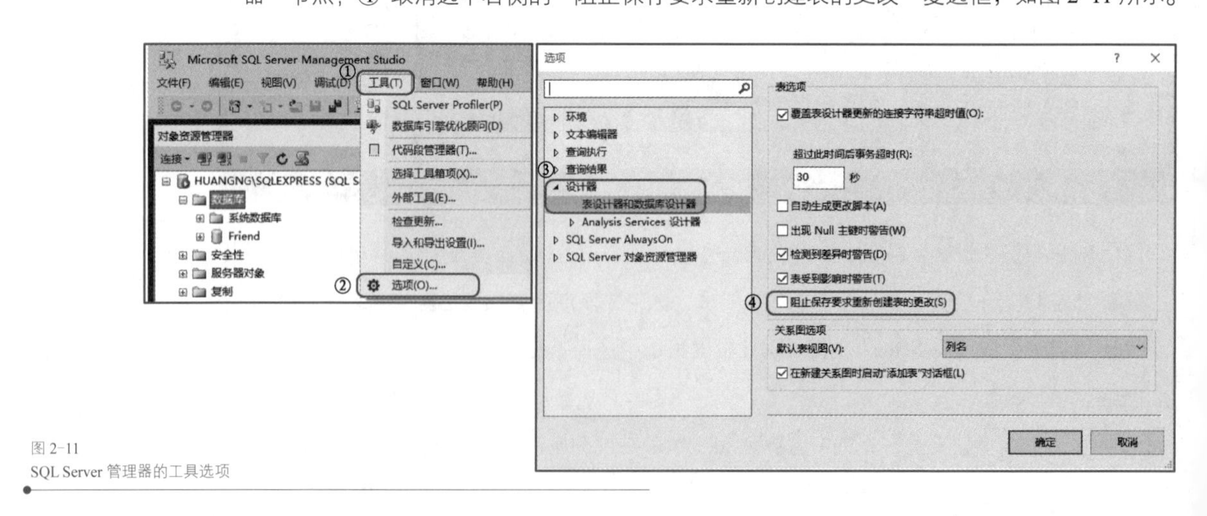

图 2-11
SQL Server 管理器的工具选项

2.4.3　数据输入

在第 1.4 节已经体验过数据输入，所使用的数据结构也基本相同，但是本节所使用的数据结构更加严谨，在数据输入时体现在如下几个方面。

- 数据输入的顺序：必须先向 contact 表插入“张三”这一行，然后才能向 mobile 表插入张三的电话号码，该顺序不能颠倒，否则在输入电话号码时，就找不到该号码的主人。
- 自增量的主键值自动生成：contact 表的主键是自增量的，它的值不允许手工输入，只能根据规则自动生成，并且生成后的值不能修改。
- 主键值不能重复：mobile 表的主键不是自增量的，它的值需要手工输入，但是不能输入与同一表中其他行的主键值相同的值，即不允许出现重复的值。
- 数据类型：只能接受指定数据类型的数据，如 mobile 表的主键是整数类型，就只能输入整数。
- 非空列必须有值：如 contact 表的姓名列不能为空，mobile 表的电话号码列不能为空。
- 外键的值必须与主键的值一致：体现在 mobile 表的 contact_id 列，它的值必须是 contact 表的主键 id 的值，也不能为空。该规则很好理解，就是不能存在一个电话号码是属于未知的主人，或没有主人的。

该例充分体现了关系模型的数据完整性约束，即实体完整性约束、参照完整性约束和用户定义完整性约束。

- 实体完整性约束：任何一个关系必须有且只有一个主键，主键的值不能重复，也不能为空。本例中就是两张表的主键列 id 的值不能为空，也不允许有重复的值出现。contact 表的主键是自增量的，不需要人工维护，这样可以提高效率。
- 参照完整性约束：外键的值可以为空或不能为空（在本例中不能为空），但其值必须是所参照的表的主键的值。本例中就是 mobile 表的外键列 contact_id，它的值必须是 contact 表的主键值，在本例中就是只能为 1 或 2。
- 用户定义完整性约束：有 4 种自定义完整性约束，在本例中，电话号码不能为空就是其中的一个约束。

2.4.4　数据查询

在 SQL 管理器的查询窗口中使用与【例 1-4】相同的查询语句，可以得到相同的结果。

【例 2-1】 SQL 查询语句（Select 语句在第 4 章讲解）。

```
Select name as 姓名, phone_number as 电话, description as 说明
    from contact
        join mobile on contact.id = mobile.contact_id;
```

提示：根据附录 D 的说明，安装 Jitor 实训指导软件客户端，登录后按〔实验 2-1〕的要求进行操作。

2.5 学习任务 4：SQL 语言基础

SQL 语言是学习关系数据库管理系统的基础，学好 SQL 语言是本书的主要目标，本书从现在开始，直到全书结束，基本上不再使用图形界面，而是尽量使用 SQL 语言实现所有功能。

2.5.1 SQL 语句

微课 2-14
SQL 语言基础

一条 SQL 语句由一个 SQL 命令关键字开始，后接该语句要求的关键字和标识符。例如，【例 2-1】中的 Select 语句，其中 Select 是命令关键字，as、from、join 和 on 是关键字，其余是标识符。

SQL 的命令关键字、关键字和标识符是大小写无关的，一条 SQL 语句应该以分号结束，但 SQL Server 对此没有强制要求，结束时可以没有分号。

2.5.2 SQL 命令关键字

SQL 命令关键字的数量不多，不同命令关键字的具体语法格式要求差别相当大。本书学习的命令关键字主要有 11 条，见表 2-5。

表 2-5　常用的 SQL 命令关键字

分　类	命令关键字	说　明	相关章节
数据定义	Create, Alter, Drop	数据结构的创建、变更和丢弃（删除）	第 2 章
数据操纵	Insert, Update, Delete	数据的插入、更新和删除	第 3 章
数据查询	Select	数据的查询	第 4 章
数据库编程	所有上述命令关键字	SQL 语句的综合运用和编程	第 5 章
数据安全	Grant, Revoke	权限的授予、撤回	第 6 章
数据维护	Backup, Restore	数据的备份、恢复	第 7 章

2.5.3 SQL 关键字

SQL 关键字的数量非常多，SQL 关键字也包括了 SQL 命令关键字。不同的数据库管理系统定义的关键字不完全相同，例如 SQL 92 标准有 277 个关键字，SQL 99 标准有 439 个关键字，SQL Server 的关键字有 add、all、alter、and、any、as、asc、authorization、backup、begin、between、break、browse、bulk、by、cascade、case、check、…、user、values、varying、view、waitfor、when、where、while、with、within group、writetext 等 185 个以及 270 个将来可能使用的关键字。

2.5.4 标识符

标识符用于命名数据库、表、列（字段）、视图、函数、存储过程、触发器和变量等。标识符是以字母起头且由字母、数字和下画线组成的字符串。标识符是大小写无关的，当标识符由两个或多个英文单词组成时，通常用下画线作为分隔符。

标识符不应该使用 SQL 命令关键字、关键字或将来可能使用的关键字，如 select、order、date 等。如果确实需要使用，则在引用该名称时，要用方括号或双引号括起来，例如，[order] 表示表名或列名，order 表示 SQL 的关键字。这种方式对编程或阅读来说都不方便，应该尽量避免。

由于 SQL 关键字的数量非常多，不同版本间也有差异，并且还有将来可能使用的关键字，因此为了避免标识符与关键字的冲突，对标识符的命名可以采用匈牙利命名法。例如，在表名前加上模块名的缩写作为前缀，列名加上前缀 col_，主键和外键名加前缀 id_，视图名加前缀 v_，函数名加前缀 f_，存储过程名加前缀 p_，触发器名加前缀 t_等。

2.5.5　注释

SQL Server 的注释有两种。单行注释如下。

```
-- 单行注释
```

多行注释如下。

```
/*
    多行注释
    多行注释
*/
```

2.5.6　Transact-SQL

微软公司将 SQL Server 的 SQL 语言称为 Transact-SQL 语言，简写为 T-SQL，因此在搜索引擎中可以用 Transact-SQL 作为关键字进行检索。如图 2-12 所示是 SQL Server 在线资源，由于访问速度较慢，可以下载“SQL Server 2008 R2 联机丛书”并在本机安装，如图 2-13 所示，其中“Transact-SQL 引用/参考”部分就是有关 SQL 语言的详细手册。

图 2-12
SQL Server 在线资源

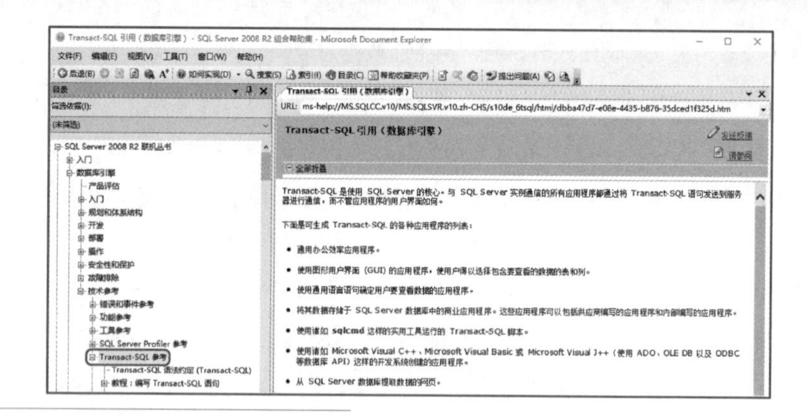

图 2-13
安装在本机上的“SQL Server 2008 R2 联机丛书”

2.6　实操任务 2：数据定义——SQL 语言方式

第 2.4 节用图形界面完成了 Friend 数据库和数据表的创建，以及数据输入和查询，在实际开发过程中，最常用的方法是直接编写 SQL 语句，通过在 SQL Server 中执行这些 SQL 语句来完成相同的任务。

本节分为两个部分：第一部分是用 SQL 语句实现与第 2.4 节相同的功能，即 Friend 数据库和数据表的创建，以及数据输入和查询；第二部分是用 SQL 语句实现小型成绩管理系统的数据库和数据表的创建。

微课 2-15
体验 SQL

实验 2-2
体验 SQL

2.6.1　体验 SQL

本小节用 SQL 语句实现第 2.4 节的全部功能，首先丢弃（删除）第 2.4 节创建的数据库 Friend，然后重新用 SQL 语句创建数据库和表，输入数据并查询。

单击工具栏上的“新建查询”按钮，这时将会打开一个 SQL 查询编辑区，在这里可编写、调试和执行 SQL 语句，如图 2-14 所示。

图 2-14
SQL 查询编辑区

打开 SQL 查询编辑区后，在工具栏上有一个当前数据库指示框，可以通过其下拉菜单选择其他数据库，选中的数据库为当前打开状态。

也可以在 SQL 查询编辑区中用 use 命令选择数据库，执行的结果与图形界面上的选择是相同的。语法格式如下。

```
use <数据库名>;
go
```

其中的 go 命令不是 SQL 语句，后面不能带有分号。go 是 SQL Server 专用的命令，可以初步理解为是代码段落之间的分隔符，详细讲解见第 5.1.1 节。

1. 创建数据库

在 SQL 查询编辑区输入下述 SQL 语句，用于创建一个与第 2.4 节完全相同的数据库。

【例 2-2】 创建 Friend 数据库的 SQL 语句。

```
-- 创建数据库 Friend（E:\SQL_data 和 D:\SQL_log 目录已在第 2.4 节中创建）
use master;                          -- 选择 master 数据库
go

-- 先删除第 2.4 节创建的 Friend 数据库
Drop database if exists Friend;      --SQL Server 2014 及之前版本不能有 if exists 选项
go

Create database Friend       --创建数据库 Friend，并提供合适的选项（下一小节详细讲解）
    on ( name = 'Friend',
        fileName = 'E:\SQL_data\Friend.mdf'
    )
    log on ( name = 'Friend_log',
        fileName = 'D:\SQL_log\Friend_log.ldf'
    );
Go
```

单击工具栏上的“执行”按钮，执行 SQL 查询编辑区中的代码。成功执行后，在消息区显示“命令已成功完成”，如图 2-15 所示。上述 SQL 语句创建了 Friend 数据库，在 SQL Server 管理器中刷新节点树后，就能看到新建的数据库。

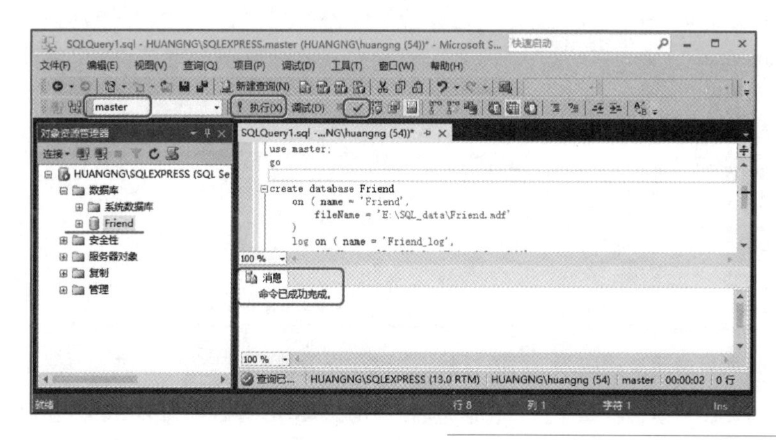

图 2-15
执行 SQL 语句的效果

有时不能确定编写的 SQL 语句是否符合 SQL 的语法要求，这时可以先对 SQL 语句进行语法分析，如果通过了再执行。“语法分析”按钮位于“执行”按钮和“调试”按钮的右侧，图标是一个绿色的勾号，如图 2-15 所示。

2. 创建数据表

上述 SQL 命令完成后，当前选择的数据库仍然是 master 数据库，这可以从工具栏上的当前数据库指示框上看出来。

然后在上述 SQL 语句的后面，输入下列 SQL 语句创建 contact 表。

【例 2-3】 创建 contact 表的 SQL 语句。

```
-- 在 Friend 数据库中创建 contact 表
use Friend;                    -- 打开 Friend 数据库，与在工具栏上选择的效果相同
go

Create table contact (         -- 创建表的 SQL 语句在第 2.6.3 节讲解
    id int not null primary key identity,
    name varchar(50) not null,
    remark varchar(500)
    );
```

执行这一段代码的方法与前一段有些不同，区别在于目前 SQL 查询编辑区中有两段代码（【例 2-2】和【例 2-3】的代码在同一个查询编辑区中），【例 2-2】的代码是创建数据库的，【例 2-3】的代码是创建表的，这时如果直接单击工具栏上的“执行”按钮，将会从头开始连续执行这两段代码，这样就再次执行了创建数据库的代码，而这种再次执行是没有必要的，有时还会带来不良的副作用。

现在换一种方法来执行，用鼠标选择需要执行的那一部分代码，就是【例 2-3】中的代码。选择时必须选择能够正常执行的完整的一段代码，不能选得太多，也不能选得太少。然后单击工具栏上的“执行”按钮，这时执行的就是选中的那部分代码。

接下来是创建 mobile 表的 SQL 语句，代码如下。

【例 2-4】 创建 mobile 表的 SQL 语句。

```
-- 在 Friend 数据库中创建 mobile 表
Create table mobile (                    -- 创建表的 SQL 语句在第 2.6.3 节讲解
    id int not null primary key,
    phone_number varchar(16) not null,
    description varchar(50),
    remark varchar(500),
    contact_id int not null references contact (id)
    );
```

【例 2-3】和【例 2-4】的 SQL 语句创建了与第 2.4 节完全相同的两张表。成功执行后，刷新节点树即可显示新建的表。可以看到，主键和外键都同时建好了。这种方法比使用图形界面更加方便，可以多次重复执行，这是因为可以将 SQL 查询编辑区中的内容保存到文件中，需要时打开，再次执行，也可以复制到另外一台计算机上执行。

这两张表的创建顺序是先创建 contact 表（父表），然后再创建 mobile 表（子表），原因

是子表的外键要参照父表的主键。如果先建 mobile 表，则会由于无法参照 contact 表的主键而导致建表失败。

3. 数据输入

数据输入也同样可以用 SQL 语句（插入数据）实现。下列 SQL 语句完成输入如图 1-24 所示的数据。

【例 2-5】 数据输入的 SQL 语句。

```
-- 在 Friend 数据库中输入数据
Insert into contact (name)                    -- Insert 语句在第 3 章讲解
    values ('张三');
Insert into contact (name)
    values ('李四');
Insert into mobile
    values (1, '13712345678','移动号', null, 1);
Insert into mobile
    values (2, '13912345678', null, null, 2);
Insert into mobile
    values (3, '18612345678', '联通号', null, 1);
```

同样要注意的是，必须先向 contact 表插入“张三”这一行，然后才能向 mobile 表插入张三的电话号码，这个顺序不能颠倒。

4. 数据查询

在 SQL 管理器的查询窗口中使用与【例 2-1】相同的查询语句，可以得到相同的结果。

【例 2-6】 SQL 查询语句。

```
-- 在 Friend 数据库中查询数据
use Friend;                 -- 打开 Friend 数据库
go

Select name as 姓名, phone_number as 电话, description as 说明
    from contact
        join mobile on contact.id = mobile.contact_id;
```

2.6.2　数据库操作

微课 2-16
数据库操作——创建、变更和丢弃

前一小节以 Friend 数据库为例，初步了解了使用 SQL 语句进行数据库操作的过程。本节接下来的部分将以小型成绩管理系统为例进行深入讲解，该例将贯穿于本书第 2 章～第 7 章的内容中。

数据库操作有 3 种：创建数据库、变更数据库、丢弃（删除）数据库。

实验 2-3
数据库操作——创建、变更和丢弃

1. 创建数据库

创建数据库使用 Create 语句。基本语法格式如下。

```
Create database <数据库名>
    [on(name = '数据文件的逻辑文件名',
        fileName = '数据文件的物理文件名'
    )]
    [log on ( name = '日志文件的逻辑文件名',
        fileName = '日志文件的物理文件名'
    )];
```

语法格式中方括号中的内容是可选的。关于 Create database 语句更复杂的用法，例如设置文件的初始大小、最大容量、增长率等，读者可查阅相关手册。

下面是创建小型成绩管理系统数据库的 SQL 语句。

【例 2-7】 创建小型成绩管理系统数据库的 SQL 语句。

```
-- 创建 Score 数据库
use master;
go

Drop database if exists Score;  -- SQL Server 2014 及之前版本不能用 if exists 选项
go

-- 创建数据库
Create database Score
    on ( name = 'Score',
        fileName = 'E:\SQL_data\Score.mdf'
    )
    log on ( name = 'Score_log',
        fileName = 'D:\SQL_log\Score_log.ldf'
    );
Go
```

成功创建数据库后，要刷新 SQL Server 管理器的节点树，才能看见新建的数据库，从其右键菜单中选择“属性”命令，可以查看数据库的详细信息。

创建数据库失败的可能原因有如下几种。

- 指定的数据库已存在，这也是本例代码中加上删除 Score 数据库的原因。
- 指定的数据库逻辑文件名已存在。
- 物理文件所在的目录不存在（本例中 D 盘和 E 盘的目录已在 2.4 节中创建）。
- 指定的数据库物理文件已存在。

2．变更数据库

在创建数据库之后，可以变更数据库的一些属性，但不能变更主数据文件、日志文件的名字或路径等。

变更数据库使用 Alter 语句，如变更数据库名称。基本语法格式如下。

```
Alter database <旧的数据库名称>
    modify name = <新的数据库名称>;
```

例如，将数据库 Friend 改名为 Contact，语句如下。

【例 2-8】 将数据库 Friend 改名为 Contact。

```
-- 数据库改名
use master;    -- 将当前数据库改为另外一个任意的数据库，通常用系统数据库 master
go

Alter database Friend
    modify name = Contact;
go
```

成功变更数据库后，要刷新 SQL Server 管理器的节点树，才能看见变更后的数据库名称。变更数据库失败的主要原因是该数据库正在被使用。

变更数据库的名称后，数据库的数据文件名和日志文件名并不会改变。更名后，应该使用新的数据库名，旧的数据库名将不再有效。

3．丢弃（删除）数据库

丢弃（删除）数据库使用 Drop 语句，该语句执行后，数据库将彻底被丢弃，不可能恢复，因此要特别慎用。语法格式如下。

```
Drop database [if exists] <数据库名称>;
```

if exists 选项是 SQL Server 2012 新增的，是指当数据库存在时才丢弃，以避免出现错误提示信息。

【例 2-9】 删除 Contact 数据库，即原来的 Friend 数据库。

```
use master;    -- 将当前数据库改为另外一个任意的数据库，通常用系统数据库 master
go

Drop database Contact;
```

- 当数据库正在被使用时，将无法丢弃。这种情况主要出现在：一是用户正在使用这个数据库，如有一个 SQL 查询窗口正在使用这个数据库；二是系统正在使用该数据库（恢复或复制）。
- 不应该丢弃系统数据库，如 master、model、msdb 和 tempdb 数据库。
- 丢弃数据库将彻底丢弃数据库中的所有数据以及数据库对象，如表、视图、存储过程、触发器、用户、角色等，丢弃后无法恢复。

成功丢弃数据库后，也需要刷新 SQL Server 管理器的节点树，更新当前状态。

微课 2-17
数据表操作——创建表

2.6.3 数据表操作

数据表操作有 3 种：创建表、变更表、丢弃（删除）表，特别要注意表与数据完整性约束的关系。

实验 2-4
数据表操作——创建表

1．创建表

创建数据表同样使用 Create 语句。基本语法格式如下。

```
Create table <表名> (
    列名 1 <数据类型 1> [列级约束 1],          -- 每个定义加逗号（,）作为分隔
    …
    列名 n <数据类型 n> [列级约束 n],
     [表级约束 1,],
    …
     [表级约束 m]      -- 最后一个定义不能加逗号（,）
    );
```

创建数据表的语句中要注意逗号的使用，除了最后一个定义之外，每个列名定义和表级约束定义之后都应该有一个逗号作为该定义的结束，不论是多了一个逗号还是少了一个逗号都会引起语法错误。

列级约束有主键约束、外键约束、唯一性约束等。语法格式如下。

```
[primary key][identity[(初始值, 增量)]]  -- 主键约束（identity 表示标识列，即自增量）
[references 被参照的表名(被参照的键)]     -- 外键约束
[unique]                                  -- 唯一性约束
[null|not null]                           -- 非空约束（空或非空）
[check (检查约束逻辑表达式)]               -- 检查约束
[default (默认约束表达式)]                 -- 默认约束
```

表级约束语法格式如下。

```
[constraint 主键约束名 primary key (列名列表)]
[constraint 外键约束名 foreign key (外键) references 被参照的表名(被参照的键)]
[constraint 唯一性约束名 unique (列名列表)]
[constraint 检查约束名 check (检查约束逻辑表达式)]
[constraint 默认约束名 default (默认约束表达式)]
```

从以上语法可以看到，列级约束不需要指定约束名，这时约束名由系统自动命名，而表级约束需要指定约束名。

【例 2-10】 根据附录 C 小型成绩管理系统表结构，编写创建表的 SQL 语句。

```
-- 创建小型成绩管理系统的 5 张表
use Score;
go

-- 班级表
Create table tbl_class (
    id_tbl_class int not null primary key identity,     -- 自增量主键
    col_name varchar(50) not null unique
    );

-- 学生表
Create table tbl_student (
    id_tbl_student int not null primary key identity,
    col_student_no varchar(12) not null unique,          -- 学号，唯一性约束
    col_name varchar(50) not null,
```

```
    col_sex char(1) null,
    col_status tinyint null,
    col_birthday date null,   -- SQL Server 2005 不支持 date 类型，可以改为 datetime
    col_id_no varchar(18) null unique,
    col_mobile varchar(16) null unique,
    id_tbl_class int not null references tbl_class (id_tbl_class)
       -- 外键，参照学生表 tbl_class
    );

-- 教师表
Create table tbl_faculty (
    id_tbl_faculty int not null primary key identity,
    col_name varchar(50) not null,                    -- 姓名，不允许空
    col_mobile varchar(50) null                       -- 电话号码，允许空
    );

-- 课程表
Create table tbl_course (
    id_tbl_course int not null primary key identity,
    col_name varchar(50) not null unique,
    col_hours int null default 64,                    -- 课时数的默认值是 64
    id_tbl_faculty int not null references tbl_faculty (id_tbl_faculty)
    );

-- 成绩表
Create table tbl_score (
    id_tbl_score int not null primary key identity,
    col_score int null check (col_score>=0 and col_score<=100),
      -- 检查约束
    id_tbl_course int not null references tbl_course (id_tbl_course),
    id_tbl_student int not null references tbl_student (id_tbl_student) ,
    constraint idxu_course_student unique (id_tbl_student, id_tbl_course)
      -- 两个字段的唯一性约束
    );
```

2. 数据完整性约束

数据完整性约束在关系数据库中是非常重要的，SQL Server 支持的数据完整性约束有 6 种。在 SQL 语句的语法上分别有如下 3 种完整性约束的实现方法。

- 列级约束定义：在创建表时，在定义列的同时定义列级约束。
- 表级约束定义：在创建表的同时定义表级约束。
- 变更表时添加：在创建表后，使用 Alter table 语句单独添加约束。

（1）实体完整性约束

实体完整性约束即主键约束。创建主键约束的方式有如下 3 种。

微课 2-18
数据表的操作——主键和外键约束

实验 2-5
数据表的操作——数据完整性约束

① 方式 1：列级主键约束，只能创建单属性的主键，这也是最简单的用法。实例如下。

【例 2-11】 列级主键约束。

```
-- 先删除表，然后才能创建同名的表。因为这是演示，所以用一个新的表名 tbl_class1
Drop table if exists tbl_class1;    --SQL Server 2014 及之前版本不能用 if exists 选项

Create table tbl_class1 (
    id_tbl_class int not null PRIMARY KEY identity, -- 主键，自增量（identity）
    col_name varchar(50) not null unique
    );
```

② 方式 2：表级主键约束，可以创建单属性或多属性的主键。实例如下。

【例 2-12】 表级主键约束。

```
Drop table if exists tbl_class1;
Create table tbl_class1 (
    id_tbl_class int not null identity,
    col_name varchar(50) not null unique,
    CONSTRAINT pk_tabl_class PRIMARY KEY (id_tbl_class)     -- 表级主键约束
    );
```

③ 方式 3：用 Alter 语句变更表的数据完整性约束，可以创建单属性或多属性的主键，通常不建议使用这种方式。

建立了主键约束以后，对该表的操作有下列约束。

- 插入行：不允许主键值为空，也不允许出现重复的主键值，否则将引起出错，插入失败。
- 更新行：不允许将主键值更新为空，或一个重复的值，否则同样引起出错，更新失败。
- 删除行：主键约束对删除操作不具有约束能力。

主键约束机制保证了数据的一致性，从而体现了实体完整性的要求。主键作为一个数据行的唯一标识，在数据的更新、删除和查询方面起到了不可替代的作用。

（2）参照完整性约束

参照完整性约束即外键约束。创建外键约束的方式有如下 3 种。

① 方式 1：列级外键约束。实例如下。

【例 2-13】 列级外键约束。

```
-- 用一个新的表名 tbl_course1
Drop table if exists tbl_course1;

Create table tbl_course1 (
    id_tbl_course int not null primary key identity,
    col_name varchar(50) not null unique,
    col_hours int null default 64,
```

```
    id_tbl_faculty int not null REFERENCES tbl_faculty (id_tbl_faculty)
 -- 列级外键约束
    );
```

② 方式 2：表级外键约束。实例如下。

【例 2-14】 表级外键约束。

```
Drop table if exists tbl_course1;

Create table tbl_course1 (
    id_tbl_course int not null primary key,
    col_name varchar(50) not null unique,
    col_hours int null default 64,
    id_tbl_faculty int not null,
    CONSTRAINT fk_tbl_course FOREIGN KEY (id_tbl_faculty)  -- 表级外键约束
      REFERENCES tbl_faculty(id_tbl_faculty)
    );
```

③ 方式 3：用 Alter 语句变更表的数据完整性约束，这种方式最为灵活，在有些情况下，只能使用这种方式创建外键约束。

创建外键约束时要注意外键的数据类型必须与所参照的主键的数据类型严格一致，例如，不能一个是 varchar(50)，另一个是 char(50)或者 varchar(51)。

建立了外键约束以后，对子表和父表的操作有下列约束。

- 插入行：必须严格保证子表的外键参照父表的主键。如果外键同时具有非空约束，则应先向父表插入将被子表参照的行，后向子表插入行，这样子表才能正确参照父表的主键值。如果外键没有非空约束，则在向子表插入行时可以缺少外键值，在需要更新时再修改为父表中已有的主键值。
- 更新行：对于更新操作，通常不应该更新父表主键的值。更新子表的外键值时，新值必须是父表中已有的主键值。
- 删除行：外键约束对删除子表的行没有约束能力，而在删除父表的行时，则要求该行的主键值没有被子表任何行的外键参照。因此通常是先删除子表的行，后删除父表的行。

因此，子表的外键值与父表的主键值之间建立了一种联系，保证了数据的一致性，从而体现了参照完整性的要求。

创建外键约束时要特别注意，创建表的顺序是先创建父表，然后创建子表，再创建子表的子表（如果有的话）。如果先创建子表，则子表的外键无法找到被参照的父表，会引起出错，表创建失败。

创建外键时还可以加上级联更新和级联删除选项，这部分比较复杂，读者可自行查阅相关资料。

微课 2-19
数据表的操作——用户定义约束

（3）唯一性约束

唯一性约束是由于业务需求的需要而创建的。创建唯一性约束的方式有如下 3 种。

① 方式 1：列级唯一性约束，只能创建针对一列的唯一性约束。实例如下。

【例 2-15】 列级唯一性约束（单列的唯一性约束）。

```
Drop table if exists tbl_course1;

Create table tbl_course1 (
    id_tbl_course int not null primary key identity,
    col_name varchar(50) not null UNIQUE,          -- 单属性唯一性约束
    col_hours int null default 64,
    id_tbl_faculty int not null references tbl_faculty (id_tbl_faculty)
    );
```

【例 2-15】的作用是防止出现相同的课程名，以免引起混淆。

② 方式 2：表级唯一性约束，可创建针对一列或多列的唯一性约束。实例如下。

【例 2-16】 表级唯一性约束（两列组合的唯一性约束）。

```
Drop table if exists tbl_score1;

Create table tbl_score1 (
    id_tbl_score int not null primary key identity,
    col_score int null check (col_score>=0 and col_score<=100),
    id_tbl_course int not null references tbl_course (id_tbl_course),
    id_tbl_student int not null references tbl_student (id_tbl_student) ,
    CONSTRAINT idxu_course_student1
      UNIQUE (id_tbl_student, id_tbl_course)        -- 两列构成的唯一性约束
    );
```

【例 2-16】的作用是防止同一位学生重复选修了同一门课程（没有考虑不及格后的重修）。

③ 方式 3：用 Alter 语句变更表的数据完整性约束，可添加针对一列或多列的唯一性约束。

另外，用 Create index 语句，可创建针对一列或多列的唯一性索引，唯一性索引与唯一性约束具有相同的功能。

建立了唯一性约束以后，对该表的操作有下列约束。

- 插入或更新数据时，有唯一性约束的列不能有重复的值，否则插入或更新失败。
- 多列构成的唯一性约束，是指唯一性约束中多个列的值的组合不允许重复。

（4）非空约束

非空约束一般是以列级约束的形式进行定义，也可以通过 Alter 语句实现。

① 方式 1：列级非空约束。实例如下。

【例 2-17】 列级非空约束。

```
Drop table if exists tbl_class1;
```

```
Create table tbl_class1 (
    id_tbl_class int not null primary key identity,
    col_name varchar(50) NOT NULL unique      -- 非空约束
    );
```

② 方式 2：用 Alter 语句变更表结构（变更列定义）。

（5）检查约束

创建检查约束的方式有如下 3 种。

① 方式 1：列级检查约束。实例如下。

【例 2-18】 列级检查约束。

```
Drop table if exists tbl_score1;

Create table tbl_score1 (
    id_tbl_score int not null primary key identity,
    col_score int null CHECK (col_score>=0 and col_score<=100),
      -- 列级检查约束
    id_tbl_course int not null references tbl_course (id_tbl_course),
    id_tbl_student int not null references tbl_student (id_tbl_student) ,
    constraint idxu_course_student2 unique (id_tbl_student, id_tbl_course)
    );
```

② 方式 2：表级检查约束。实例如下。

【例 2-19】 表级检查约束。

```
Drop table if exists tbl_score1;

Create table tbl_score1 (
    id_tbl_score int not null primary key identity,
    col_score int null,
    id_tbl_course int not null references tbl_course (id_tbl_course),
    id_tbl_student int not null references tbl_student (id_tbl_student),
    constraint idxu_course_student2 unique (id_tbl_student, id_tbl_course),
    CONSTRAINT chk_score CHECK (col_score>=0 and col_score<=100)
      -- 表级检查约束
    );
```

列级检查约束和表级检查约束的区别是，前者在检查约束表达式中只能引用本列，而后者则可以引用本表的任意列。

③ 方式 3：用 Alter 语句变更表的完整性约束。

（6）默认约束

默认约束一般是以列级约束的形式进行定义，也可以通过 Alter 语句实现。

① 方式 1：列级默认约束。实例如下。

【例 2-20】 列级默认约束。

```
Drop table if exists tbl_course1;

Create table tbl_course1 (
    id_tbl_course int not null primary key identity,
    col_name varchar(50) not null unique,
    col_hours int null DEFAULT 64,              -- 列级默认约束
    id_tbl_faculty int not null references tbl_faculty (id_tbl_faculty)
    );
```

② 方式 2：用 Alter 语句变更表的完整性约束。

微课 2-20
数据表操作——变更表

3. 变更表

变更数据表是通过 Alter 语句实现的。语法格式如下。

```
Alter table <表名>
    [alter column 列名 列定义
    |add column 列名 列定义
    |drop column 列名
    |add constraint 约束名 约束定义
    |drop constraint 约束名];
```

实验 2-6
数据表操作——变更表和丢弃表

（1）变更表结构

通过 Alter table 语句可以为表增加列。实例如下。

【例 2-21】 变更表，增加列。

```
Alter table tbl_student
    ADD col_remark varchar(20) null;       -- 增加 remark 列，需要列定义
```

可以变更列。实例如下。

【例 2-22】 变更表，变更列。

```
Alter table tbl_student
    ALTER column col_remark varchar(1000) null;
      -- 变更 remark 列，此处变更列的长度
```

可以丢弃（删除）列。实例如下。

【例 2-23】 变更表，丢弃列。

```
Alter table tbl_student
    DROP column col_remark;                   -- 丢弃（删除）remark 列
```

变更列时，不能与已有数据冲突。例如将类型为字符串的列变更为整数类型，这时只要表中某行该列有一个数据不是整数，无法实现类型的转换，就会导致列类型的变更失败。

增加、变更或丢弃（删除）列时，也不能与已有的数据完整性约束冲突。例如表中已有行，这时如果要增加一个非空的列，就会引起现有行该列的值为空，因此无法增加这样的列。

（2）变更完整性约束

通过 Alter table 语句可以为表增加或丢弃（删除）各种约束，以下代码用于丢弃（删除）

一个外键约束。

【例 2-24】 变更表，丢弃约束。

```
Alter table tbl_student
    DROP constraint fk_student_class;      -- 丢弃外键约束，必须有正确的约束名
```

丢弃一个约束时，必须知道约束的名称，如果约束名是由系统自动命名的，可以用【例 2-25】中的语句查询指定表的约束名，然后根据约束名删除该约束。

【例 2-25】 查询 tbl_student 表所拥有的全部约束名。

```
Exec sp_helpconstraint tbl_student;
```

查询结果如图 2-16 所示，其中外键约束名 FK__tbl_stude__id_tb__286302EC 由系统自动生成，可以根据约束名删除该约束。Exec 语句将在第 5 章讨论，sp_helpconstraint 是一个系统存储过程（参见第 5.4.2 节）。

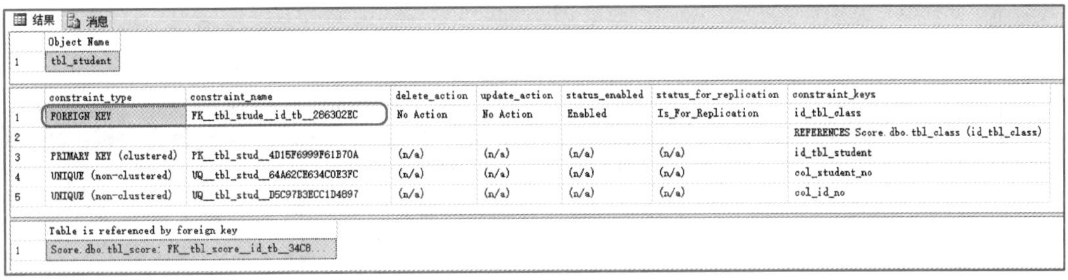

结果 消息

	Object Name
1	tbl_student

	constraint_type	constraint_name	delete_action	update_action	status_enabled	status_for_replication	constraint_keys
1	FOREIGN KEY	FK__tbl_stude__id_tb__286302EC	No Action	No Action	Enabled	Is_For_Replication	id_tbl_class
2							REFERENCES Score.dbo.tbl_class (id_tbl_class)
3	PRIMARY KEY (clustered)	PK__tbl_stud__4D15F6999F61B70A	(n/a)	(n/a)	(n/a)	(n/a)	id_tbl_student
4	UNIQUE (non-clustered)	UQ__tbl_stud__64A62CE634C0E3FC	(n/a)	(n/a)	(n/a)	(n/a)	col_student_no
5	UNIQUE (non-clustered)	UQ__tbl_stud__D5C97B3ECC1D4897	(n/a)	(n/a)	(n/a)	(n/a)	col_id_no

	Table is referenced by foreign key
1	Score.dbo.tbl_score: FK__tbl_score__id_tb__34C8...

图 2-16
查询约束名

删除上述外键约束后，还可以重新增加外键约束。如同定义表级约束，用 Alter 语句增加约束时必须提供约束名称。实例如下。

【例 2-26】 变更表，增加外键约束。

```
Alter table tbl_student
    ADD constraint fk_student_class foreign key (id_tbl_class)
      references tbl_class(id_tbl_class);                -- 增加外键约束
```

通过 Alter table 语句增加的约束可以是主键约束、外键约束、唯一性约束和检查约束等，其语法格式与表级约束相同，不再详细讨论。

非空约束的变更可以通过变更列定义来实现。而增加默认约束的语法有些不同。实例如下。

【例 2-27】 变更表，增加默认约束。

```
Drop table if exists tbl_course1;

Create table tbl_course1 (
    id_tbl_course int not null primary key identity,
    col_name varchar(50) not null unique,
    col_hours int null,
    id_tbl_faculty int not null references tbl_faculty (id_tbl_faculty)
    );
```

```
Alter table tbl_course1
   add constraint default_hours DEFAULT 64 FOR col_hours;
```

增加约束时，同样需要注意新约束不能与已有数据冲突。

（3）采用 Alter table 添加外键约束

特别要指出的是，通过 Alter table 语句添加外键约束有特殊的意义。当一个数据库的数据结构比较复杂时，如果要满足用先创建父表、后创建子表的原则来创建所有的表，那么就要找出所有的父子（主外键参照）关系，这会比较困难。这时可以采用下述方法避开这个问题：先创建全部表（不创建外键），在创建完所有表后，再用 Alter table 语句为各个子表添加外键约束。

为演示复杂的参照关系，设计两张互为参照的表（见表 2-6 和表 2-7），男人表参照女人表，同时女人表又参照男人表。这时无论先创建哪一张表，都无法正确参照另一张表，因此只能在分别创建两张表后，再通过 Alter table 语句添加外键约束。

表 2-6 男人表（man）

序号	列　名	类　型	完整性约束	中文列名（说明）
1	id	varchar(6)	非空，主键	主键
2	name	varchar(8)	非空	姓名
3	wife_id	varchar(6)	外键	妻子，外键，参照女人表

表 2-7 女人表（woman）

序号	列　名	类　型	完整性约束	中文列名（说明）
1	id	varchar(6)	非空，主键	主键
2	name	varchar(8)	非空	姓名
3	husband_id	varchar(6)	外键	丈夫，外键，参照男人表

【例 2-28】 采用 Alter table 添加外键约束。

```
create table man(                          -- 男人表
   id varchar(6) not null primary key,
   name varchar(8) not null,
   wife_id varchar(6) null                 -- 妻子 id
);

create table woman(                        -- 女人表
   id varchar(6) not null primary key,
   name varchar(8) not null,
   husband_id varchar(6) null              -- 丈夫 id
);

alter table man
   add constraint fk_man_woman foreign key (wife_id)
     references woman(id);
```

```
alter table woman
    add constraint fk_woman_man foreign key (husband_id)
      references man(id);
```

如果要丢弃（删除）男人表或女人表，都必须先丢弃另一张表，从而使丢弃操作失败。这时要先通过 Alter table 语句丢弃外键约束后，才能丢弃相应的表。

4. 丢弃（删除）表

丢弃数据表的语法非常简单。语法格式如下。

```
Drop table[if exists]<数据表名>;    --SQL Server 2014 及之前版本不能用 if exists 选项
```

微课 2-21
数据表操作——
丢弃表

丢弃数据表的例子在前面的讨论中已多次出现。

丢弃数据表时要注意以下几点。

- 当数据表正在被使用时，将无法丢弃。
- 当数据表是一个父表，且子表存在时，父表不能丢弃。
- 丢弃表将丢弃与该表有关的所有数据、结构定义、约束、索引等。丢弃后无法恢复。

2.6.4 索引操作

微课 2-22
索引

实验 2-7
索引

索引操作有 2 种：创建索引、丢弃（删除）索引。

1. 索引的概念

索引可以提高检索表中数据的速度，提高查询性能。索引就像汉语字典中的偏旁部首索引，通过索引可以方便地找到需要的字，而不需要从头到尾检索一遍整部字典，从而成千上万倍地提高了效率。曾有一个早期的试验（硬件速度很低），在一个具有 200 万条记录的无索引数据表中，查询一条记录的平均时间为 20 分钟，而建立索引后的查询时间为 0.5 秒。

索引还有另外一个重要的用途，就是利用索引建立唯一性约束。

（1）索引的特点

- 索引的优点：可以极大地加快数据库的检索速度，包括分组、排序、连接操作等的速度。
- 索引的缺点：创建索引和维护索引需要消耗资源，占用物理存储空间，也会降低数据库插入、更新、删除等操作的性能。

（2）索引的种类

① 唯一性索引和普通索引。

- 唯一性索引：能够保证索引列中的值在该列的所有行中是唯一的，唯一性约束就是通过唯一性索引来实现的。
- 普通索引：仅仅用于提高查询速度。

② 单属性索引和复合索引

- 单属性索引：只对单个属性的值进行索引。

- 复合索引：对多个属性组成的属性组的值进行索引，通常用于唯一性索引。

（3）索引的应用场景

① 在下列情况下需要建立索引，应该根据业务需求来决定哪些列需要建立索引，以及索引的类型。

- 主键必须建立索引，这是默认的和强制性的，这种索引是唯一性索引。
- 不允许出现重复值的列，这时需要建立唯一性索引。
- 经常查询的列应该建立索引，这时需要建立普通索引。

② 在下列情况下不应该建立索引，主要考虑的因素是在这种情况下建立索引并不能有效地提高效率。

- 从来或很少查询的列不应建立索引，如备注列。
- 对于行数少的表不需要建立索引，如全国省份表，只有 34 行。
- 对于取值范围很小的列不应建立索引，如性别列。

（4）创建索引的方式

① 直接创建索引：通过 Create index 语句创建。

② 间接创建索引：通过定义主键、唯一性约束等创建索引。

2. 创建索引

创建索引的语法格式如下。

```
Create [unique] index <索引名> on <表名|视图名 (列名 1, 列名 2, …)>;
```

索引可以在表或视图上创建，视图见第 4.7 节。

例如为学生表的姓名列建立索引，这个索引可以提高按姓名查询学生的效率。

【例 2-29】 为学生表的姓名列建立索引。

```
use Score;
go

Create index idx_student on tbl_student (col_name);
```

创建索引时注意如下几点。

- 不能在 Text、Ntext、Image、Binary 类型的列上建立索引。
- SQL Server 的限制是每张表上最多能创建 249 个索引。
- SQL Server 的限制是一个索引中最多包含 16 列组成的属性组。
- SQL Server 的限制是索引列总长度不能超过 900B。

3. 索引的使用

索引不能被显式地使用，索引是在后台中起作用的，其作用表现在以下两个方面。

- 提高了与索引列有关的查询、连接、分组统计等的速度。
- 如果是唯一性索引，则实现了相关列的唯一性约束，不允许出现重复的值。

4. 查看索引

可以使用下述代码查看索引。

```
Exec sp_helpindex <表名|视图名>;
```

Exec 语句将在第 5 章讨论，sp_helpindex 是一个系统存储过程（参见 5.4.2 节）。

【例 2-30】 查看 tbl_student 表的索引信息。

```
use Score;
go

Exec sp_helpindex tbl_student
```

5．丢弃（删除）索引

丢弃索引的语法非常简单。语法格式如下。

```
Drop index <表名.索引名>;
```

【例 2-31】 丢弃【例 2-29】创建的索引。

```
use Score;
go

DROP INDEX tbl_student.idx_student;
```

2.7 实训任务：商店管理系统的数据定义

根据第 1.6 节实训的结果，即优化后的关系模型，完成下列两项任务。

1．设计：对表和列进行适当的命名，指定列的数据类型，设计合适的索引等，画出扩展 ER 图，写出数据库的表结构文档。

2．实施：根据表结构文档，写出创建数据库和数据表的 SQL 语句，并在 SQL Server 上实施。

2.8 习题

1．什么是 ER 图？什么是扩展 ER 图？它们有什么联系和区别？举一个例子加以说明。

2．数据结构设计中需要注意哪些方面？对每个注意事项用一句话概括说明。

3．SQL Server 支持哪 6 种数据完整性约束？对每种约束用一句话概括说明。

4．主键的形式有单属性主键和多属性主键，而单属性主键又可以分为业务型主键、自增量整数主键和 uniqueidentifier 主键，试分析各种主键形式的优缺点和适用范围。

5．一个数据库的数据文件和事务日志文件分别保存了什么内容？

6．为什么说通过图形界面是间接对数据库进行操作，而通过 SQL 语句是直接对数据库进行操作？

7．创建主键约束有 3 种方式，各用一句话概述这 3 种方式，哪种方式最方便？

8．创建外键约束有 3 种方式，各用一句话概述这 3 种方式，哪种方式最灵活？

9．什么是索引？索引有哪几种类型？索引的用途是什么？

10．简述对数据库操作时，从创建数据库到数据查询的完整流程。

第3章　数据操纵——成绩管理系统的数据录入

第2章讨论了数据库管理系统中的数据定义功能，包括对数据库、表和索引的创建、变更和丢弃（删除），实现了对数据结构的定义，相应的SQL语句是Create、Alter和Drop。

本章讨论数据库管理系统中的数据操纵功能，包括插入新数据、更新原有数据、删除数据，相应的SQL语句是Insert、Update和Delete。

在第1.4节已经体验过在SQL Server管理器的图形界面中手工输入数据，这种方法虽然简便，但只是一种用于测试的方法，在实际应用中，都是通过SQL语句来实现的。因此本章只讲解采用SQL语句实现数据操纵。

教学导航

◎ 本章重点

1. 数据插入
2. 数据更新
3. 数据删除

◎ 本章难点

1. 数据插入时的自增量主键
2. 插入部分列值与插入全部列值的区别
3. 数据插入与数据完整性约束的关系
4. 数据更新与数据完整性约束的关系
5. 数据删除与数据完整性约束的关系

◎ 教学方法

1. 本章的例子是在第2章的成绩管理系统的基础上进行数据操纵，建议通过实例进行讲解
2. 通过数据插入、更新、删除操作与数据完整性约束的关系，进一步理解数据完整性约束

◎ 学习指导

1. 第2章的重点是数据定义，本章的重点是数据操纵（增加、删除、修改）
2. 数据完整性约束不仅影响数据结构的设计和定义，同时也影响数据操纵
3. 通过数据插入、更新、删除操作与数据完整性约束的关系，进一步理解数据完整性约束

◎ 资源

1. 微课：手机扫描微课二维码，共6个微课，重点观看微课3-5。
2. 实验实训：Jitor实验3个、实训1个
3. 数据结构：http://www.ngweb.org/sql/ch3.html（成绩管理系统）

微课 3-0
第 3 章 导读

微课 3-1
数据插入

实训 3-1
数据插入

3.1 实操任务 1：数据插入

3.1.1 Insert 语句

插入数据使用 Insert 语句。语法格式如下。

```
Insert into <表名> [(列名列表)]
    <values (值列表)>;
```

- 列名列表和值列表必须严格一一对应，不仅要求它们的个数和顺序相同，对应的数据类型相同，并且其含义也应该相同，否则会将值插入到错误的列中。
- 列名列表可以省略，当省略时，相当于列名列表是数据表的全部列名（自增量主键除外），并且是按数据表中列定义的顺序排列。
- 字符型的值和日期型的值要用单引号引起来，数字型的值则不需要用引号。例如字符串“It is me”应写为'It is me.'。
- 如果字符型的值中含有单引号，则需要将其替换为 2 个单引号。例如字符串“It's me”应写为'It''s me.'，注意中间是两个单引号，而不是一个双引号。
- 字符型的值的长度不能超过列定义的长度。
- 这种形式的 Insert 语句执行一次只能插入一行。

1. 插入部分列值

当列出列名列表时，可以指定只插入某些列的值，列名列表和值列表的个数、类型和顺序必须完全一致。例如【例 3-1】为向联系人表插入联系人数据的代码（参考表 2-2 的表结构文档）。

【例 3-1】 插入部分列值。

```
use Friend;                -- 选择数据库
go

Insert into contact (name)
    values ('张三');
Insert into contact (name, remark)
    values ('李四', '备注内容');
```

下列 3 种类型的列可以在列名列表中省略。

- 自增量的列，必须省略，其值由程序根据规则自动填入。上述例子就是这种情况，省略了 id（自增量的主键）列。
- 允许为空的列，省略时，其值为空。上述例子中第 1 条插入语句省略了允许为空的 remark（备注）列。
- 有默认约束的列，省略时，其值为默认值。

2．插入全部列值

当省略了列名列表时，将插入全部列的值，值的个数、类型和顺序必须与数据表定义的列完全一致。例如【例 3-2】为向 mobile 表插入电话数据的代码。

【例 3-2】 插入全部列值。

```
Insert into mobile
    values (1, '13712345678', '移动号', null, 1);
Insert into mobile
    values (2, '13912345678', null, null, 2);
Insert into mobile
    values (3, '18612345678', '联通号', null, 1);
```

注意其中的备注列即使是空值，也必须在值列表中出现。对于自增量的主键，则不允许出现在值列表中。例如【例 3-1】的代码也可以写成如下所示。

【例 3-3】 插入全部列值（忽略自增量主键）。

```
Insert into contact
    values ('王五', null);
Insert into contact
    values ('赵六', 'XX 公司');
```

3．自增量主键

如果主键为整数（或长整数）类型，通常应该设置为自增量，以方便管理。

对于自增量的列，由于值是自动生成的，默认情况下不允许手工输入或通过 Insert 语句输入。这时可以采用列名列表的形式来写 Insert 语句，但列名列表中不能包括自增量的列，如【例 3-1】；也可以采用插入全部列值的形式来写，这时要忽略自增量主键，如【例 3-3】。

3.1.2 成绩管理系统数据初始化

对于小型成绩管理系统，在第 2.6.3 节中创建数据表之后，根据如图 2-5 所示的数据对数据库中的各张表进行初始化，下述是各张表初始化数据的 SQL 语句例子。

【例 3-4】 小型成绩管理系统数据初始化举例。

```
-- 作为例子，每张表只插入一行
-- 完整的数据初始化代码：http://www.ngweb.org/sql/ch3_data.html
use Score;
go

-- 班级表
insert into tbl_class values ('软件 1031');

-- 学生表
insert into tbl_student
    values ('SW103101','蔡日','F', 1, '1990-5-7','372822199005076102','13987654321',1);
```

```
-- 教师表
insert into tbl_faculty values ('高伟强', '13912341231');

-- 课程表
insert into tbl_course values ('C++程序设计', '80', 1);

-- 成绩表
insert into tbl_score values (82, 1, 1);
```

3.1.3　数据插入时的数据完整性约束

微课 3-2
数据插入时的数据完整性约束

1．实体完整性约束的限制

插入数据时不能违反实体完整性约束，即主键的值不能重复。当主键为 2 的行已经存在时，如果重复执行下述语句，即试图插入具有相同主键值的行时将出现如图 3-1 所示的错误信息。

【例 3-5】 违反实体完整性约束的例子。

```
-- 只有 Friend 数据库的 mobile 表的主键不是自增量的，才能演示违反实体完整性约束的例子
use Friend;                -- 选择数据库
go

Insert into mobile (id, phone_number, contact_id)
   values (2, '13912345678', 2);    -- 由于主键约束，这条语句不能重复执行
```

因为主键值为 2 的行已经存在，错误提示信息如图 3-1 所示。

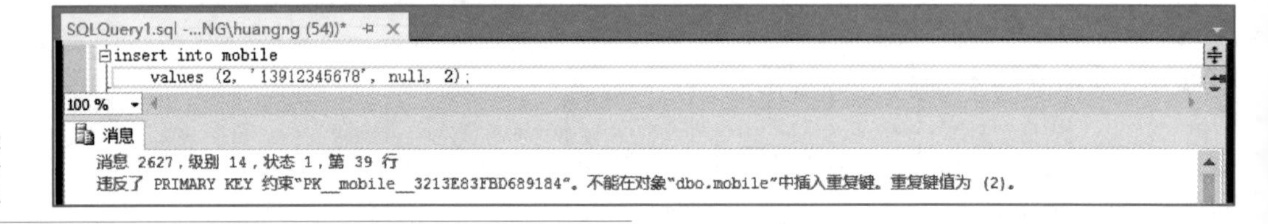

图 3-1
违反实体完整性约束时的出错信息

如果设置了自增量主键，由于主键是自动维护的，因此可以避免出现违反主键约束的情况。

2．参照完整性约束的限制

插入数据时不能违反参照完整性约束，即外键的值必须取父表的主键的值或为空。例如在插入课程表数据时，教师表的数据必须存在，否则就违反了参照完整性约束。这也意味着不能先插入课程表数据，再插入教师表数据。

【例 3-6】 违反参照完整性约束的例子。

```
use Score;
go

Insert into tbl_course (col_name, id_tbl_faculty)
   values ('Java 程序设计',5);
```

因为教师表中不存在主键为 5 的行，错误提示信息如图 3-2 所示。

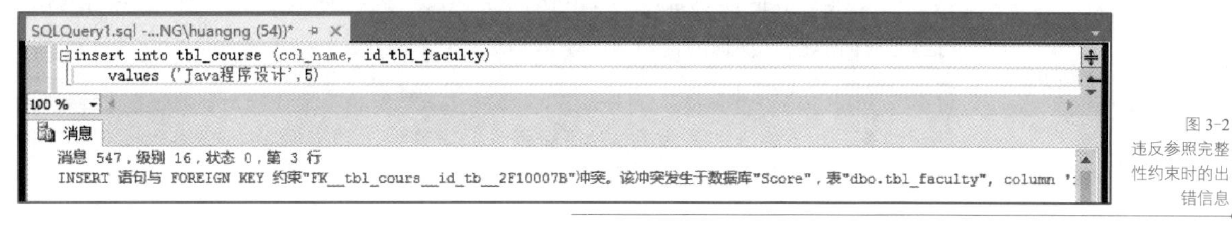

图 3-2 违反参照完整性约束时的出错信息

3．自定义完整性约束的限制

（1）唯一性约束

课程表的课程名称具有唯一性约束，因此插入具有相同课程名称的课程，会出现错误。

【例 3-7】 违反唯一性约束的例子。

```
Insert into tbl_course (col_name, id_tbl_faculty)
   values ('C++程序设计',1);
```

因为课程名“C++程序设计”在课程表中已经存在，错误提示信息如下。

```
违反了 UNIQUE KEY 约束“UQ__tbl_cour__9AEA975CD1FE0206”。不能在对象“dbo.tbl_course”中插入重复键。重复键值为 (C++程序设计)。
```

成绩表有一个复合列的唯一性约束，用于防止出现相同的学生 id 和课程 id 的组合，当数据中已经存在（1,1）的组合时，用下述语句向这张表插入相同的组合时将出错。

【例 3-8】 违反复合列唯一性约束的例子。

```
insert into tbl_score values (86, 1, 1);
```

（2）非空约束

课程表的课程名称具有非空约束，因此下述语句会导致出错。

【例 3-9】 违反非空约束的例子

```
Insert into tbl_course (col_name, id_tbl_faculty)
   values (null,1)
```

因为试图插入空值到非空列中，错误提示信息如下。

```
不能将值 NULL 插入列 'col_name'，表 'Score.dbo.tbl_course'；列不允许有 Null 值。INSERT 失败。
```

（3）检查约束

成绩表的成绩有检查约束，因此下述语句会导致出错。

【例 3-10】 违反检查约束的例子。

```
-- 插入一门课程作为演示，其自增量主键的值应该是 4
Insert into tbl_course (col_name, col_hours, id_tbl_faculty)
  values ('测试课程',80,1);
-- 为学生插入这门课程的成绩，182 分
Insert into tbl_score (col_score, id_tbl_course, id_tbl_student)
   values (182,4,1);
```

因为成绩值 182 分超出了 0～100 分的检查约束，错误提示信息如下。

```
INSERT 语句与 CHECK 约束"CK__tbl_score__col_s__300424B4"冲突。该冲突发生于数据库"Score"，表"dbo.tbl_score"，column 'col_score'。
```

（4）默认约束

默认约束与数据插入的关系是，对于有默认约束的列，可以不提供值，这时该列的值被赋予默认值。

3.2　实操任务 2：数据更新

微课 3-3
数据更新

实验 3-2
数据更新

3.2.1　Update 语句

当发现插入的数据有误，或者由于业务原因需要修改数据时，可以使用 Update 语句更新原有的数据。语法格式如下。

```
Update <表名>
    set <列名 1 = 值 1>[, 列名 2 = 值 2]…
    [where 条件表达式];
```

- 一条 Update 语句可以修改多列的值，用逗号分隔各个“列=值”对。
- 列和值的数据类型必须完全一致。
- 对于字符型和日期型的值，与插入语句的处理相同，要用单引号引起来，字符串中的单引号要替换为 2 个单引号，字符串长度也有限制。
- Update 语句可以更新一到多行的相应列的数据，如果只修改某一行，则应该在条件表达式中指定更新条件，通常是指定该行的主键的值。
- 如果省略了 where 子句，则将更新该数据表的所有行，必须特别谨慎。
- 数据更新后不可恢复。

注：关于 where 子句中条件表达式的语法，将在第 5 章讲解 Select 语句时详细讨论。

【例 3-11】 数据更新例子（一）。

```
-- 修改主键为 2 的学生的生日为“1991-3-5”
use Score;                                  -- 选择数据库
go

Update tbl_student
    set col_birthday = '1991-3-5'
    where id_tbl_student = 2;               -- 仅更新一行
```

【例 3-12】 数据更新例子（二）。

```
-- 将所有学生的课程 id 为 2 的课程的成绩增加 5 分
Update tbl_score
    set col_score = col_score + 5
    where id_tbl_course = 2;       -- 更新多条符合条件的行
```

【例3-13】 数据更新例子（三）。

```
-- 将课程 id 为 2 的课程的所有小于 60 分的成绩改为 60 分
Update tbl_score
    set col_score = 60
    where col_score<60 and id_tbl_course = 2;        -- 更新多条符合条件的行
```

如果Update语句中没有指定条件，那么会更新整张表的所有行，这通常是人们不愿看见的，所以任何时刻都要记得加上where条件子句。

【例3-14】 可能导致严重后果的更新语句。

```
Update tbl_score
    set col_score = 60;
```

上述语句会将所有成绩都改为60分，那么之前录入的成绩全部作废，需要重新录入。

3.2.2 数据更新时的数据完整性约束

1．实体完整性约束。

如果主键不是自增量，可以使用Update语句更新主键的值，但是在实际操作中，通常不允许对主键进行任何修改，从而可以避免违反主键约束的问题。这里不作举例。

2．参照完整性约束。

数据更新时违反外键约束的情况时有发生，如下述语句会导致出错。

【例3-15】 更新时违反外键约束的例子。

```
Update tbl_score
    set id_tbl_student = 501
    where id_tbl_score=2;
```

因为参照了不存在的id为501的学生，错误提示信息如下。

```
UPDATE 语句与 FOREIGN KEY 约束"FK__tbl_score__id_tb__31EC6D26"冲突。该冲突发生于数据库"Score"，表"dbo.tbl_student", column 'id_tbl_student'。
```

其处理原则与数据插入时相同。

3．其他约束

（1）唯一性约束

与数据插入时类似，处理原则与数据插入时相同。

（2）非空约束

与数据插入时类似，处理原则与数据插入时相同。

（3）检查约束

与数据插入时类似，处理原则与数据插入时相同。

（4）默认约束

默认约束在数据更新时不起作用。例如将一个具有默认约束的列更新为null时，结果就是赋值为null。

微课 3-4
数据删除

实验 3-3
数据删除

3.3 实操任务 3：数据删除

删除数据有两种方式，应该根据需要选用。

3.3.1 Delete 语句

当需要删除数据时，可以使用 Delete 语句删除一行或多行。语法格式如下。

```
Delete from <表名 >
    [where 条件表达式];
```

- Delete 语句可以删除一到多行，如果只需删除某一行，则应该在条件表达式中指定删除条件，通常是指定该行的主键的值。
- 如果省略了 where 子句，则将删除该数据表的所有行，必须特别谨慎。
- 行将完全被删除，并且数据删除后不可恢复。

【例 3-16】 通过指定主键的值删除一行成绩。

```
Delete from tbl_score
    where id_tbl_score=16;
```

3.3.2 Truncate 语句

可以用 Truncate 语句清空一张表中的所有行，这是无条件的，因此当需要清空所有行时，使用 Truncate 语句的速度比 Delete 语句快。语法格式如下。

```
Truncate table <表名>;
```

- Truncate 语句清空指定表的所有行。
- 如果只需要删除部分行，则必须使用 Delete 语句加上条件表达式。
- Truncate 语句的操作不在事务日志中记录，是完全不可恢复的，危险性极大。

【例 3-17】 清空成绩表的所有行。

```
Truncate table tbl_score;
```

3.3.3 数据删除时的数据完整性约束

使用 Delete 语句（包括 Truncate 语句）删除数据时不能违反参照完整性约束的要求，也就是说，不能删除父表中被子表参照的行。

【例 3-18】 删除时违反参照完整性约束。

```
Delete from tbl_class
    where id_tbl_class = 1;
```

因为班级表中主键为 1 的班级被学生表的学生参照，错误提示信息如下。

```
DELETE 语句与 REFERENCE 约束"FK__tbl_stude__id_tb__286302EC"冲突。该冲突发生于数据库"Score", 表"dbo.tbl_student", column 'id_tbl_class'。
```

除了参照完整性约束之外，删除数据时不会违反其他数据完整性约束。

3.4　实训任务：商店管理系统的数据操纵

微课 3-5
数据操纵与数据完整性约束

第 1 章和第 2 章的两次实训完成了小型商店管理系统的数据结构设计和定义。每位读者的设计可能不同，为便于后续各章的实训有一个统一的设计，现提供一个参考用的扩展 ER 图和数据库的表结构文档，作为第 3 章～第 8 章实训的基础。

数据库名称：eshop。

扩展 ER 图：如图 3-3 所示。

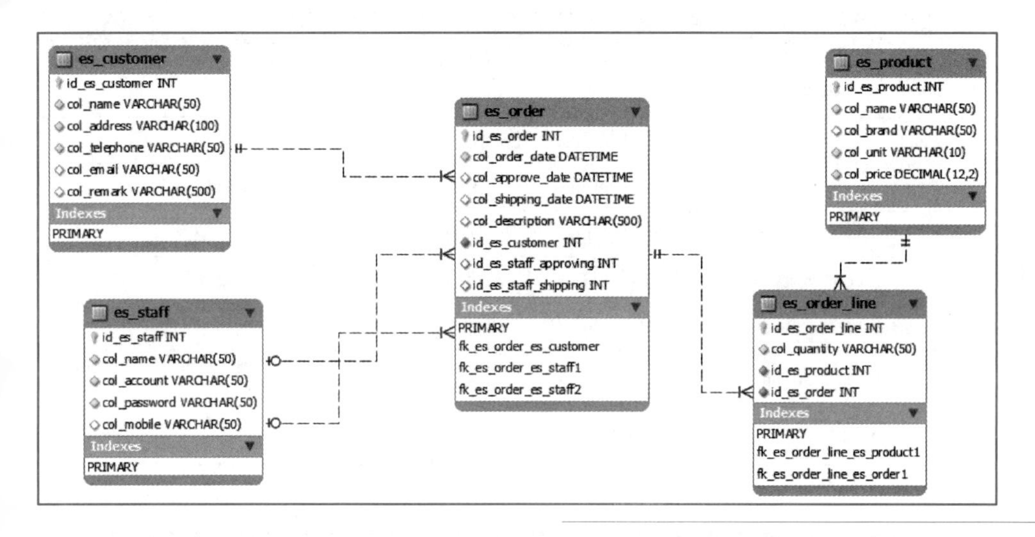

图 3-3
小型商店管理系统的扩展 ER 图

数据库表结构：见表 3-1～表 3-5。

表 3-1　客户表（es_customer）

序号	列　　名	类　　型	完整性约束	中文列名（说明）
1	id_es_customer	int	非空，主键（自增量）	主键
2	col_name	varchar(50)	非空	客户名称
3	col_address	varchar(100)	非空	送货地址
4	col_telephone	varchar(50)	非空	客户电话
5	col_email	varchar(50)	允许空	客户邮箱
6	col_remark	varchar(500)	允许空	客户说明

表 3-2　商品表（es_product）

序号	列　　名	类　　型	完整性约束	中文列名（说明）
1	id_es_product	int	非空，主键（自增量）	主键
2	col_name	varchar(50)	非空	商品名称
3	col_brand	varchar(50)	允许空	品牌
4	col_unit	varchar(10)	非空	计量单位
5	col_price	decimal(12,2)	非空	单价

表 3-3 员工表（es_staff）

序号	列　名	类　型	完整性约束	中文列名（说明）
1	id_es_staff	int	非空，主键（自增量）	主键
2	col_name	varchar(50)	非空	员工姓名
3	col_account	varchar(50)	非空，唯一性约束	账号
4	col_password	varchar(50)	非空	密码
5	col_mobile	varchar(50)	允许空	手机号

表 3-4 订单表（es_order）

序号	列　名	类　型	完整性约束	中文列名（说明）
1	id_es_order	int	非空，主键（自增量）	主键
2	col_order_date	datetime	非空	订货日期
3	col_approve_date	datetime	允许空	审核日期
4	col_shipping_date	datetime	允许空	发货日期
5	col_description	varchar(500)	允许空	订货要求
6	id_es_customer	int	非空	外键（参照客户表）
7	id_es_staff_approving	int	允许空，外键	外键（参照员工表，审核人 id）
8	id_es_staff_shipping	int	允许空，外键	外键（参照员工表，发货人 id）

表 3-5 订单行表（es_order_line）

序号	列　名	类　型	完整性约束	中文列名（说明）
1	id_es_order_line	int	非空，主键（自增量）	主键
2	col_quantity	varchar(50)	非空	数量
3	id_es_product	int	非空，外键	外键（参照商品表）
4	id_es_order	int	非空，外键	外键（参照订单表）

本章的实训任务为下述两项。

1．在上述数据表结构文档的基础上，在 SQL Server 中采用 SQL 语句实现商店管理系统的数据定义，即创建数据库和数据表。

2．将图 1-30 和图 1-31 所示销售单据样张中的数据作为测试数据录入到上述数据库中，用 SQL 语句实现。

实训完成后，将相关的 SQL 语句分别保存成两个文件，文件的扩展名为 sql，这两个 SQL 文件将在第 4 章～第 8 章的实训中使用。

3.5 习题

1．插入行时需要注意哪些问题？

2．插入行时，哪种类型的列可以省略？哪种类型的列必须省略？

3．简述数据插入与数据完整性的关系。

4．如何保证更新数据时只更新指定行的数据？

5．简述数据更新与数据完整性的关系。

6．如何保证删除数据时只删除指定的一行？

7．Delete 语句和 Truncate 语句有什么区别？

8．简述数据删除与数据完整性的关系。

第4章　数据查询——成绩管理系统的查询和统计

第 2 章和第 3 章讨论了数据库管理系统中的数据定义和数据操纵功能，准备好了数据结构和数据，其目的是为了查询和统计分析处理，这是本章讨论的主要内容。

本章讨论数据库管理系统中的数据查询功能，相应的 SQL 语句只有一条，即 Select 语句，它的功能非常强大，既可以处理简单的数据，也可以实现极其复杂的功能。

教学导航

◎ 本章重点

1. 简单查询：选择列、选择行、排序
2. 连接查询：内连接与等值连接、左外连接、右外连接、全外连接、自连接
3. 分组统计：group by 和 having 子句，Select 语句的较完整的格式
4. 视图：视图的创建、变更与使用

◎ 本章难点

1. 简单查询：计算列、where 子句（关系和逻辑表达式、范围、集合、模糊查询、空值）
2. 连接查询：内连接的次序和连接条件、外连接与内连接的区别
3. 列名的二义性：生产的原因（两张表的同名列），解决的办法（加表名前缀）
4. 自连接：自连接是表的两个虚拟副本之间的连接
5. 分组统计：group by 和 having 子句，Select 语句的较完整的格式，各个子句的顺序
6. where 子句和 having 子句的区别
7. 视图：视图与表之间的联系和区别

◎ 教学方法

1. 本章的查询例子是基于第 2 章和第 3 章的成绩管理系统的，建议先讲清数据之间的内在联系
2. 本章的 where 子句是基础，连接查询是核心，这两部分要讲清讲透
3. 讲解内连接查询时，可以联系外键和参照完整性约束一起讲，加深对规范化设计的理解
4. 要充分强调视图的优点和作用，鼓励使用视图

◎ 学习指导

1. 在查询之前，要先理解被查询的数据的结构，数据之间的联系，这样才能理解查询的结果
2. Where 子句（关系和逻辑表达式、范围、集合、模糊查询、空值）十分有用，要认真学习
3. 通过内连接查询，进一步理解外键和参照完整性约束，加深对规范化设计的理解
4. 外连接中的最后一个例子比较清晰地说明了内连接、左外连接、右外连接和全外连接的区别
5. 学习自连接时，通过实例中的 me 和 father 两个虚拟副本的连接来理解
6. 视图看上去很简单，但是视图的作用非常大，也简化了代码的编写，要给予重视

◎ 资源

1. 微课：手机扫描微课二维码，共 14 个微课，重点观看 4-2、4-4、4-5、4-7、4-13 共 5 个微课
2. Jitor 实验实训指导：实验 11 个、实训 1 个
3. 数据结构和数据：http://www.ngweb.org/sql/ch4 ~ 7.html（成绩管理系统及相关实验演示用表）

注：正文中标题有*星号标注的内容为拓展学习的内容，难度较大，但没有列入本章重点和难点。

微课 4-0
第 4 章 导读

4.1 实操任务 1：简单查询

本节先讨论简单的查询，Select 语句的基本语法格式如下。

```
Select <列名列表|*>
    from <表名>
    [where <条件表达式>]
    [order by <排序列名列表>];
```

微课 4-1
简单查询——选择列

4.1.1 选择列 Select … from

1. 选择全部列

这是最为简单的查询。语法格式如下。

实验 4-1
简单查询——选择列

```
Select*W
    from <表名>;
```

【例 4-1】 查询学生表的所有数据。

```
use Score;
go

Select*
    from tbl_student;
```

查询结果如图 4-1 所示。

SQLQuery9.sql -...NG\huangng (54))*

```
select *
    from tbl_student;
```

100 %

结果 消息

	id_tbl_student	col_student_no	col_name	col_sex	col_status	col_birthday	col_id_no	col_mobile	id_tbl_class
1	1	SW103101	禁日	F	1	1990-05-07	372822199005076102	13987654321	1
2	2	SW103102	陈琳	M	1	1990-02-20	420922199002201021	13987654322	1
3	3	SW103103	程恒坤	F	1	1989-09-29	320283198909296002	13987654323	1
4	4	SW103104	范烨	F	1	1989-08-12	320201198908122010	13987654324	1
5	5	SW103105	顾建芳	M	1	1989-07-13	320322198907130102	13987654325	1
6	6	SW103106	侯学亮	M	1	1989-03-18	340822198903180203	13987654326	1

查询已成功执行。 HUANGNG\SQLEXPRESS (13.0 RTM) HUANGNG\huangng (54) Score 00:00:00 15 行

图 4-1
查询学生表的所有数据

这条语句查询学生表的所有内容，没有指定显示哪些列，也没有指定选择哪些行。查询结果的总行数显示在结果窗口的右下角。

2. 选择指定列

通常情况下，需要根据需求仅显示数据表中的某些列。语法格式如下。

```
Select <列名 1 [as 别名], 列名 2 [as 别名], …>
    from <表名>;
```

【例 4-2】 查询学生表的姓名、性别和出生日期列。

```
Select col_name, col_sex, col_birthday
    from tbl_student;
```

查询结果如图 4-2（a）所示。还可以为显示的列起一个别名，其中关键字 as 可以省略，如果别名中含有空格等特殊字符，则别名要用单引号括起来。实例如下。

【例 4-3】 查询时为每一列指定一个显示用的别名。

```
Select col_name AS 姓名, col_sex AS 性别, col_birthday 出生日期
    from tbl_student;
```

查询结果如图 4-2（b）所示。

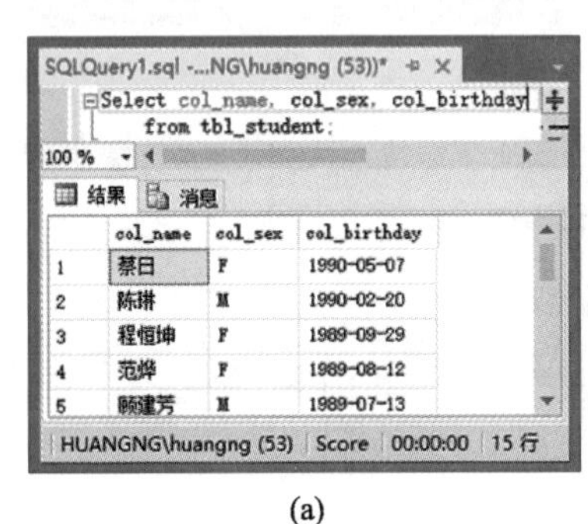

(a)

(b)

图 4-2
查询学生表的部分列的数据

3．使用计算列

有时有些数据需要经过计算才能得到，这时可以使用计算列。语法格式如下。

```
Select <列名 1 [as 别名], 列名 2 [as 别名], 计算表达式 1 [as 别名], 计算表达式 2 [as
别名], …>
    from <表名>;
```

【例 4-4】 查询学生表的姓名、性别和年龄（年龄通过出生日期计算得到）。

```
Select col_name as 姓名,col_sex as 性别,year(getDate())-year(col_birthday)年龄
    from tbl_student;
```

其中的计算表达式使用了 2 个 SQL Server 系统函数：getDate()返回当前日期，year()返回参数的年份值。年龄的计算是当前年份减去出生日期的年份，查询结果如图 4-3 所示。

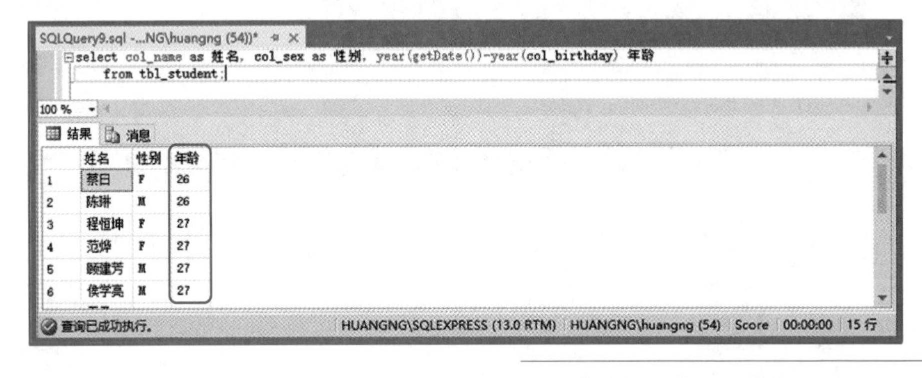

图 4-3
查询学生表的部分列的数据（计算列）

计算表达式中可以使用数字常量、字符串常量、日期常量、算术运算符（+、-、*、/ 等）、字符串连接符（+）、列名、变量和函数等，其中变量和函数将在第 5 章讨论。

使用计算列时甚至可以没有 from 子句。

【例 4-5】 没有 from 子句的查询（单纯计算）。

```
Select 3*6;
```

这时的结果只有一个值，但仍然是一张表，只不过是一张只有一行一列的表。查询结果如图 4-4（a）所示。

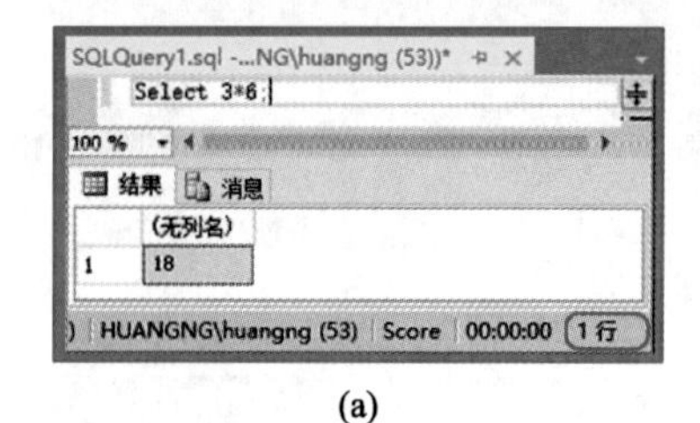

(a)

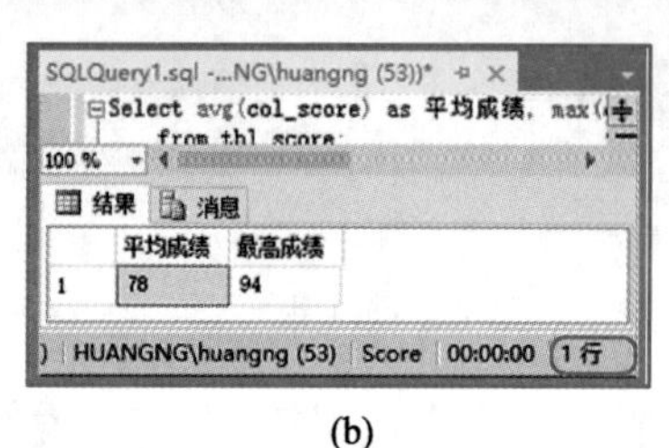

(b)

图 4-4
单纯计算列和统计计算列

在计算列中使用统计函数（详见第 4.3 节和表 4-7），可以实现统计功能。例如下述代码查询学生的平均成绩和最高成绩，查询结果只有一行，如图 4-4（b）所示。

【例 4-6】 计算列中使用统计函数（统计计算）。

```
Select avg(col_score) as 平均成绩, max(col_score) as 最高成绩
    from tbl_score;
```

4. CASE 表达式

这是一种特殊的多分支计算，有两种形式。

（1）形式 1

实例说明，代码如下。

【例 4-7】 CASE 表达式（形式 1）。

```
Select col_name as 姓名,
      性别 =
      case col_sex
          when 'F' then '女'
          when 'M' then '男'
          else '未知'
      end,
      col_birthday 出生日期
    from tbl_student;
```

查询结果如图 4-5 所示。

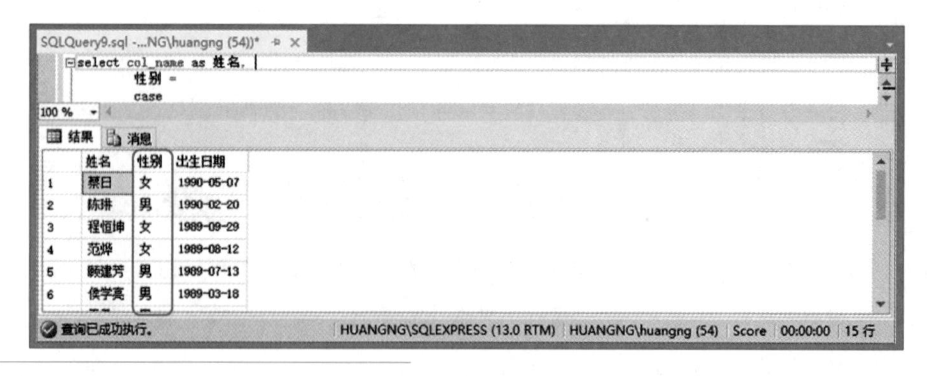

	姓名	性别	出生日期
1	蔡日	女	1990-05-07
2	陈furthermore	男	1990-02-20
3	程恒坤	女	1989-09-29
4	范烨	女	1989-08-12
5	顾建芳	男	1989-07-13
6	侯学亮	男	1989-03-18

图 4-5
CASE 表达式

（2）形式 2

也可以将条件表达式放在 when 子句中，代码如下。

【例 4-8】 CASE 表达式（形式 2）。

```
Select col_name as 姓名,
```

```
        性别 =
        case
            when col_sex='F' then '女'
            when col_sex='M' then '男'
            else '未知'
        end,
        col_birthday 出生日期
    from tbl_student;
```

本例中两种形式的结果完全相同。但后一种形式的条件表达式更加灵活，可以在条件表达式中引用多个列的值。

5．消除重复的行

如果用下述代码从学生表中查询班级 ID。

【例 4-9】 查询中的重复行。

```
Select id_tbl_class
   from tbl_student;
```

结果显示 15 行，由于只显示一列的数据，其中包括了很多内容重复的行，如图 4-6（a）所示。如果要消除重复的行，可以加上 distinct 关键字。

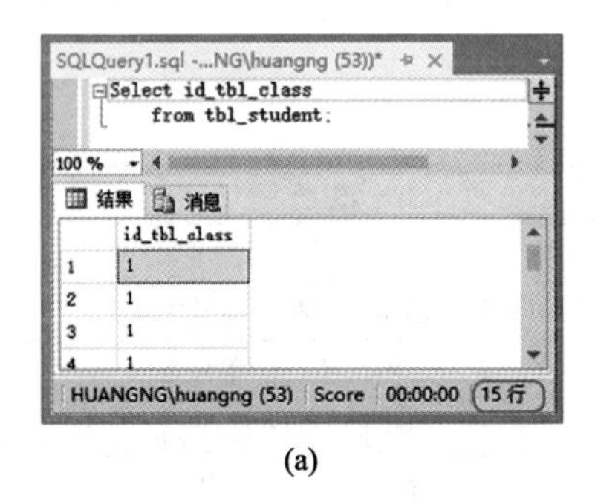

(a)

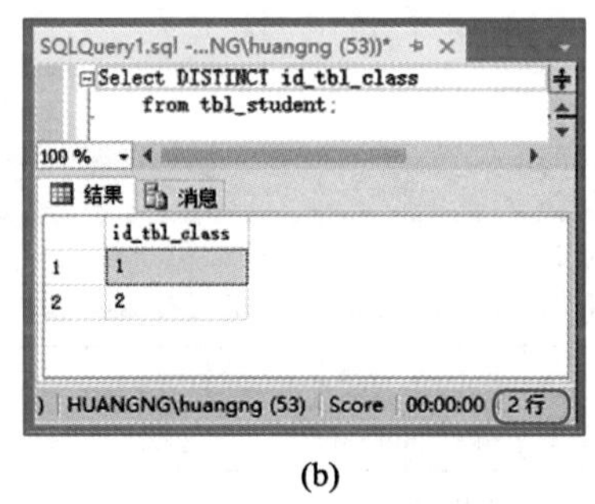

(b)

图 4-6
消除重复行的前后比较

【例 4-10】 消除查询中的重复行。

```
Select DISTINCT id_tbl_class
   from tbl_student;
```

这时结果只显示 2 行，即只显示不相同的行，如图 4-6（b）所示。如果查询的是多列，只有所有查询列的值都相同的行才会被消除，留下一行作为代表。

4.1.2 选择行 Where

微课 4-2
简单查询——选择行

前述查询显示表中的所有行，如果需要显示部分行，有两类不同的需求：无条件选择部分行，或者是根据一定的条件选择部分行。

1．无条件选择部分行

实验 4-2
简单查询——选择行

如果表中的数据太多，如达到 100 万行，这时显示所有行将是不现实的，可以指定只显示其中的部分行，使用 top 关键字来实现。实例如下。

【例 4-11】 只显示查询的前 5 行（总行数是 15 行）。

```
Select TOP 5 col_name as 姓名, col_sex as 性别, col_birthday 出生日期
    from tbl_student;
```

结果如图 4-7 所示。

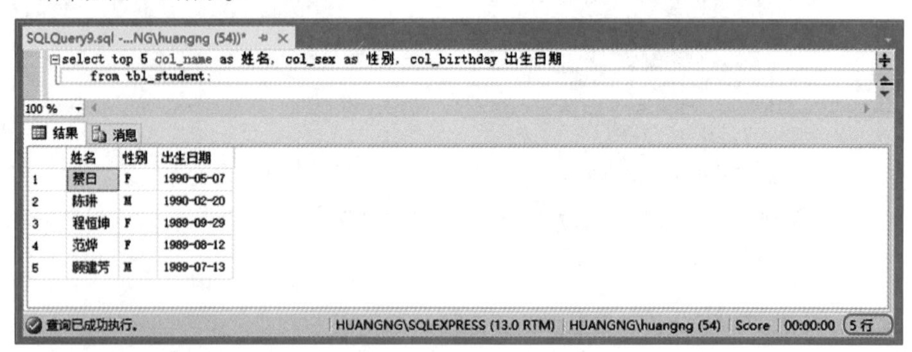

图 4-7
只显示前 5 行

使用 top 关键字可以实现分页功能，详见第 4.4.3 节。

2. 根据条件选择行

可以根据指定的条件选择行。语法格式如下。

```
Select <列名列表>
    from <表名>
    where <条件表达式>;
```

条件表达式中可用的运算符见表 4-1。

表 4-1　条件表达式中的运算符

查询条件	运　算　符	含　义
关系表达式	=、>、<、>=、<=、<>	等于、大于、小于、大于等于、小于等于、不等于
范围查询	between · and ·、not between · and ·	在…范围之间、不在…范围之间
集合查询	in (…)、not in (…)	在…集合之内、不在…集合之内
模糊查询	like、not like	类似于、不类似于
逻辑表达式	and、or、not	并且、或者、不
空值判断	is null、is not null	为空、不为空

（1）关系表达式

关系运算符可以连接列名和常量，从而形成关系表达式，用于查询条件。例如在【例 3-11】的数据更新例子中，就使用过关系表达式。

【例 4-12】 查询学生表中所有女生的姓名和电话。

```
Select col_name 姓名, col_sex 性别, col_mobile 电话
    from tbl_student
    where col_sex='F';
```

【例 4-13】 查询考试成绩低于 60 分的学生的 ID 和成绩。

```
Select id_tbl_student 学生 ID, col_score 成绩
    from tbl_score
    where col_score < 60;
```

（2）范围查询

用于查询表达式的值是否在（不在）一个连续的范围。

【例 4-14】 查询成绩在 80 分至 95 分的学生 ID。

```
Select id_tbl_student 学生 ID, col_score 成绩
    from tbl_score
    where col_score BETWEEN 80 AND 95;
```

查询结果中包括 80 分和 95 分。

【例 4-15】 查询生日在 1989-4-1 与 1990-1-15 之间的学生。

```
Select col_name 姓名, col_sex 性别, col_birthday 生日
    from tbl_student
    where col_birthday BETWEEN '1989-4-1' AND '1990-1-15';
```

（3）集合查询

用于查询表达式的值是否在（不在）一个不连续的集合中。例如查询课程 ID 是 1 或 3 的成绩，由于不是连续的数字，所以应该使用集合查询。

【例 4-16】 集合查询。

```
Select id_tbl_course 课程 ID, col_score 成绩
    from tbl_score
    where id_tbl_course IN (1,3);
```

（4）模糊查询

模糊查询是非常有用的查询，这是利用通配符来达到不精确匹配的查询要求。通配符有 4 种，见表 4-2。

表 4-2 通 配 符

通配符	说 明	实 例
%	百分号，匹配 0 至多个任意字符	'王%'表示以王起始，后接 0 至多个其他字符，即所有姓王的姓名
_	下画线，匹配 1 个任意字符	'王_'表示以王起始，后接 1 个其他字符，即姓王的单名的姓名
[]	匹配字符列表中的任一字符	'王[明志]_'表示以王起始，后接明或志，再加一个字的姓名
[^]	不匹配字符列表中的任一字符	'王[^明志]_'表示以王起始，后面不是明或志，再加一个字的姓名

【例 4-17】 查询所有王姓学生。

```
Select col_name 姓名, col_sex 性别
    from tbl_student
    where col_name LIKE '王%';
```

【例 4-18】 查询姓名中第 2 个字是明、志或永的学生。

```
Select col_name 姓名, col_sex 性别
    from tbl_student
    where col_name LIKE '_[明志永]%';
```

（5）逻辑表达式

需要使用多个查询条件时，可以使用 and、or 等将查询条件连接起来，形成逻辑表达式。也可以用 not 运算符，对查询条件取反。

【例 4-19】 查询数据库程序设计（主键值为 3）考试成绩低于 60 分的学生的 ID 和成绩。

```
Select id_tbl_course 课程 ID, id_tbl_student 学生 ID, col_score 成绩
    from tbl_score
    where id_tbl_course=3 AND col_score < 60;
```

（6）空值判断

空值是没有值，它不是 0，也不是空串，它表示数据的缺失。空值与 0 或空串具有不同的含义，例如某学生的考试成绩为 0 与另一学生因缺考而没有成绩是不同的。

空值判断不能使用等号（=），而是用 is null 来判断空值，用 is not null 来判断非空。

【例 4-20】 查询没有录入电话号码的教师名单。

```
Select *
    from tbl_faculty
    where col_mobile IS NULL;
```

【例 4-21】 查询已经录入电话号码的教师名单。

```
Select *
    from tbl_faculty
    where col_mobile is NOT null;
```

微课 4-3
简单查询——排序

4.1.3　排序 Order by

实训 4-3
简单查询——排序

如果没有指定排序的规则，则查询结果中行的顺序是不确定的。如果要按某种规律对结果进行排序，则必须指定排序的规则。语法格式如下。

```
Select <列名列表>
    from <表名>
    [where <条件表达式>]
    order by <排序列名 1 [asc | desc], 排序列名 2 [asc | desc], …>;
```

- 最多可以指定 16 个排序用的列名，当有多个列名时，先按第 1 个列名的值进行排序，当第 1 个列名的值相同时，再按第 2 个列名的值进行排序，依此类推。
- 可以分别为每个排序列指定升序（asc）或降序（desc），默认为升序（asc）。
- order by 子句必须是 Select 的子句中的最后一个。

【例 4-22】 查询成绩表，并进行排序。

```
-- 先按课程 ID 升序（从小到大），然后按成绩降序（从高到低）显示所有课程的成绩
Select id_tbl_student, id_tbl_course, col_score
    from tbl_score
    ORDER BY id_tbl_course, col_score DESC;
```

有时需要根据排名（降序排序，从高到低）取前 3 名，在这种情况下，需要注意前 3 行与前 3 名的区别，先看下面这行语句。

【例 4-23】 查询前 3 行。

```
Select TOP 3 id_tbl_student, id_tbl_course, col_score
    from tbl_score
    where id_tbl_course=1
```

```
    order by col_score desc;
```

结果列出了前 3 行，看起来没有问题，但是如果提问的问题是找出成绩最高的前 3 名，情况就不同了，因为分析一下数据可以发现，拥有最高分的行分别是 92、91、90、90、86，成绩为 90 分的两行并列第 3 名。这时如果加上 with ties 关键字，就可解决这个问题。

【例 4-24】 查询前 3 名（结果有 4 行，其中第 3 行和第 4 行并列第 3 名）。

```
Select TOP 3 WITH TIES id_tbl_student, id_tbl_course, col_score
    from tbl_score
    where id_tbl_course=1
    order by col_score desc;
```

4.2 实操任务 2：连接查询 Join

连接查询有内连接、外连接和自连接等多种，是查询语句中应用最为广泛的一种操作。

4.2.1 内连接与等值连接

内连接和等值连接完成相同的功能，都可以将两张表中满足等值条件的行组合起来。

微课 4-4
内连接

1. 内连接

内连接通常是指等值内连接，是将两张表通过等值条件连接起来。语法格式如下。

实验 4-4
内连接与等值连接

```
Select <列名列表>
    from <表 1>
      join <表 2 on 表 1.列 1 = 表 2.列 2>
      [join <表 3 on <表 1。表 2>.列 3 = 表 3.列 4>]
      [...]
    [其他子句];
```

- 通常是从子表连接父表，即表 1 为子表，表 2 为父表。因此列 1 为子表的外键，列 2 为父表的主键。
- 如果列 1 与列 2 的列名不同时，可以省略表名前缀，但通常不建议省略。
- 在语句内出现的任何有二义性的列名，都必须加上表名前缀。
- 可以用内连接对多张表进行连接，甚至可以是数十张表。

例如要查询得到如图 4-8 所示的查询结果，从表结构中发现姓名的数据在 tbl_student 表中，而课程名的数据在 tbl_class 表中，现在要将这两张表的数据连接起来，显示在一起，就需要使用内连接。在数据结构设计时，已经为此作好了准备，tbl_class 表的主键唯一地标识了一个班级，而 tbl_student 表的外键是参照 tbl_class 表的主键值，通过如下条件将两者连接起来。

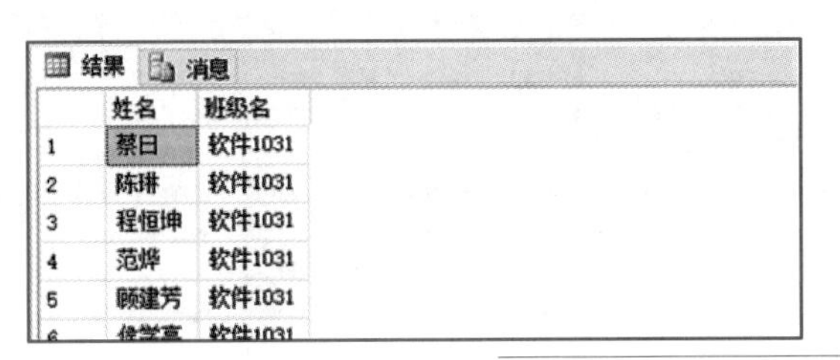

结果 消息

	姓名	班级名
1	蔡日	软件1031
2	陈琳	软件1031
3	程恒坤	软件1031
4	范烨	软件1031
5	顾建芳	软件1031

图 4-8
从两张表的连接中得到两张表的信息

```
学生表的班级 id（外键） 参照  班级表的班级 id（主键）
```

写成 JOIN 的 ON 条件表达式如下。

```
tbl_student.id_tbl_class = tbl_class.id_tbl_class
```

其含义是 tbl_student 表的外键 id_tbl_class 参照 tbl_class 表的主键 id_tbl_class。在这个条件表达式中出现了相同名称的列，这种现象称为二义性，这时要用表名来限定列名，以消除二义性。上述表达式中，同名的两个列 id_tbl_class 分别属于不同的表，因此应该在列名前加上表名作为前缀。

【例 4-25】 学生表与班级表的内连接。

```
Select tbl_student.col_name 姓名, tbl_class.col_name 班级名
    from tbl_student
      join tbl_class on tbl_student.id_tbl_class = tbl_class.id_tbl_class;
```

结果如图 4-8 所示。上述代码中，列名列表中的 col_name 列也有二义性，两个同名列分别代表学生表的姓名和班级表的班级名，因此也要分别加上表名作为前缀，**tbl_student**.col_name 表示学生姓名，**tbl_class**.col_name 表示班级名。

如果要显示姓名、课程名和成绩，则可以将 tbl_score 表和 tbl_student 表以及 tbl_course 表进行内连接。

【例 4-26】 3 张表（成绩表、学生表和课程表）的内连接。

```
Select tbl_course.col_name 课程名,tbl_student.col_name 姓名,col_score 成绩
    from tbl_score
        join tbl_student on tbl_score.id_tbl_student = tbl_student.id_tbl_student
        join tbl_course on tbl_score.id_tbl_course = tbl_course.id_tbl_course;
```

如果还要显示更详细的信息，例如所属的班级以及授课的教师等信息，则可以连接更多相关的表。

【例 4-27】 成绩管理系统中 5 张表的内连接（参考图 4-10 的扩展 ER 图）。

```
Select tbl_course.col_name 课程名, tbl_class.col_name 班级名,
        tbl_student.col_name 姓名, col_score 成绩,
        tbl_faculty.col_name 教师, tbl_faculty.col_mobile 教师电话
    from tbl_score
        join tbl_student on tbl_score.id_tbl_student = tbl_student.id_tbl_student
        join tbl_course on tbl_score.id_tbl_course = tbl_course.id_tbl_course
        join tbl_class on tbl_student.id_tbl_class = tbl_class.id_tbl_class
        join tbl_faculty on tbl_course.id_tbl_faculty=tbl_faculty.id_tbl_faculty;
```

结果如图 4-9 所示。

结果　消息

	课程名	班级名	姓名	成绩	教师	教师电话
1	C++程序设计	软件1031	蔡日	82	高伟强	13912341231
2	C++程序设计	软件1031	陈琳	91	高伟强	13912341231
3	C++程序设计	软件1031	程恒坤	86	高伟强	13912341231
4	C++程序设计	软件1031	范烨	90	高伟强	13912341231
5	C++程序设计	软件1031	顾建芳	67	高伟强	13912341231
6	C++程序设计	软件1031	霍勇	84	高伟强	13912341231

图 4-9
5 张表内连接的查询结果

在进行多表连接时，需要注意连接的先后次序，如下述连接次序将会出现错误。

【例 4-28】 错误的内连接。

```
from tbl_score
    join tbl_class on tbl_student.id_tbl_class = tbl_class.id_tbl_class
    join tbl_student on tbl_score.id_tbl_student = tbl_student.id_tbl_student
    join tbl_course on tbl_score.id_tbl_course = tbl_course.id_tbl_course
    join tbl_faculty on tbl_course.id_tbl_faculty = tbl_faculty.id_tbl_faculty;
```

决定连接次序的因素是表与表之间的联系，连接时按表之间的联系，从子表向父表、再向祖父表一级一级地向上连接即可，不应该反向连接（这样导致代码难以理解），更不能跳过某一级直接连接（这样导致程序错误）。上述代码片段的问题在于错误的连接次序，将成绩表直接连到班级表，跳过了学生表。

连接关系的最直观的表现是扩展 ER 图，如图 4-10 所示，这张简化的扩展 ER 图仅显示了表与表之间的联系，对于有几十张表的数据库，这种简化的扩展 ER 图更加直观。从图中可以看出，连接应该从 tbl_score 表向上一层一层地连接，通过 tbl_course 表连接到 tbl_faculty 表，或者通过 tbl_student 表连接到 tbl_class 表。前面代码片段的问题在于 tbl_score 表跳过了 tbl_student 表，直接连接到了 tbl_class 表。

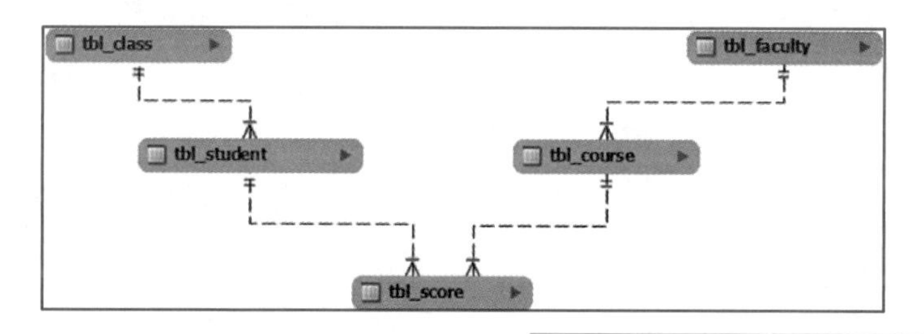

图 4-10 简化的成绩管理系统扩展 ER 图

2．等值连接

另一种连接是等值连接，与等值内连接等效。等值连接是 SQL-92 之前的标准，虽然仍然被支持，但不建议使用，因此仅作简单介绍。语法格式如下。

```
Select <列名列表>
   from <表 1, 表 2, …>
   where <表 1.列 1 = 表 2.列 2 >
      [and ...]
   [其他子句];
```

- 等值连接与等值内连接完全等效。
- 当列 1 与列 2 的列名不同时，可以省略前缀的表名，但通常不建议省略。
- 在语句内出现的任何有可能出现二义性的列名，都必须加上表名前缀。
- 可以用等值连接对多张表进行连接，甚至可以是数十张表。

下面用一个例子来对内连接与等值连接进行对比。

【例 4-29】 内连接与等值连接的对比（成绩表、学生表和课程表）。

```
-- 内连接
```

```
Select tbl_course.col_name 课程名,tbl_student.col_name 姓名,col_score 成绩
    from tbl_score
        join tbl_student on tbl_score.id_tbl_student = tbl_student.id_tbl_student
        join tbl_course on tbl_score.id_tbl_course = tbl_course.id_tbl_course;

-- 等效的等值连接
Select tbl_course.col_name 课程名,tbl_student.col_name 姓名,col_score 成绩
    from tbl_score, tbl_student, tbl_course
    where tbl_score.id_tbl_student = tbl_student.id_tbl_student
        and tbl_score.id_tbl_course = tbl_course.id_tbl_course;
```

微课 4-5
外连接

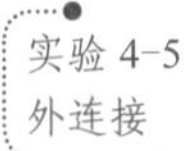

实验 4-5
外连接

4.2.2　外连接

前述内连接是将两张表或多张表进行连接，列出满足等值条件的行，如果一张表中的某一行，在另一张表中缺少对应的行，则被认为不满足等值条件，而不出现在结果中。

外连接则打破了这个限制，可以将由于缺失而无法满足等值条件的行也显示在结果中。外连接有左外连接、右外连接和全外连接 3 种。

1. 左外连接

左外连接对左边的表不加限制，列出左边表中的所有行。语法格式如下。

```
Select <列名列表>
    from <表 1>
     LEFT JOIN <表 2 on 表 1.列 1 = 表 2.列 2>
    [其他子句];
```

- 左外连接是在 join 关键字的前面加上 left 关键字
- 左外连接是指 join 的左边，将列出 join 左边的表中的所有行。

例如，查询软件班学生（主键为 1）选修“C++程序设计”（主键为 1）课程的考试情况，包括没有选课的情况。用内连接查询的结果如图 4-11（a）所示。

【例 4-30】 内连接。

```
Select tbl_student.id_tbl_student 学生 id,
        tbl_student.col_student_no 学号, tbl_student.col_name 姓名,
        tbl_score.id_tbl_score 成绩 id, tbl_score.col_score 成绩
    from tbl_student
        join tbl_score on tbl_score.id_tbl_student = tbl_student.id_tbl_student
    where id_tbl_class=1 and (id_tbl_course=1 or id_tbl_course is null);
```

可以发现，软件班一共 9 位学生，但查询结果只显示 8 位学生，原因是有一位学生没有选课，因而没有成绩。解决的方案是改为左外连接（仅增加一个 left 关键字）。

【例 4-31】 左外连接。

```
Select tbl_student.id_tbl_student 学生 id,
       tbl_student.col_student_no 学号, tbl_student.col_name 姓名,
       tbl_score.id_tbl_score 成绩 id, tbl_score.col_score 成绩
    from tbl_student
```

```
        LEFT join tbl_score
            on tbl_score.id_tbl_student = tbl_student.id_tbl_student
    where id_tbl_class=1 and (id_tbl_course=1 or id_tbl_course is null);
```

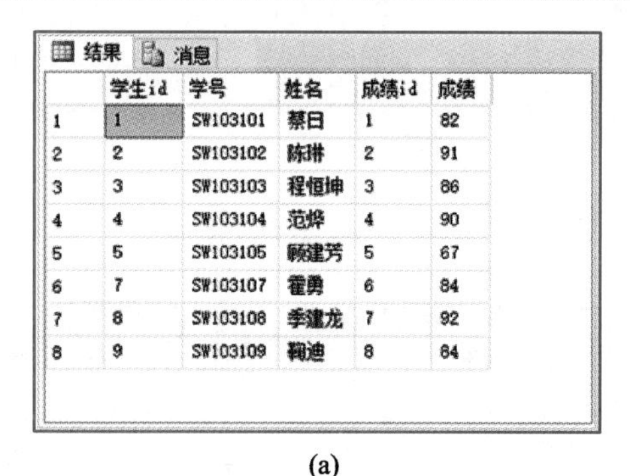

结果 消息

	学生id	学号	姓名	成绩id	成绩
1	1	SW103101	蔡日	1	82
2	2	SW103102	陈榯	2	91
3	3	SW103103	程恒坤	3	86
4	4	SW103104	范烨	4	90
5	5	SW103105	顾建芳	5	67
6	7	SW103107	霍勇	6	84
7	8	SW103108	季建龙	7	92
8	9	SW103109	鞠迪	8	84

(a)

结果 消息

	学生id	学号	姓名	成绩id	成绩
1	1	SW103101	蔡日	1	82
2	2	SW103102	陈榯	2	91
3	3	SW103103	程恒坤	3	86
4	4	SW103104	范烨	4	90
5	5	SW103105	顾建芳	5	67
6	6	SW103106	侯学亮	NULL	NULL
7	7	SW103107	霍勇	6	84
8	8	SW103108	季建龙	7	92
9	9	SW103109	鞠迪	8	84

(b)

图 4-11
内连接与左外连接的比较

从图 4-11 的对比中可以看到，左外连接的结果中多了一位学生，这位学生没有选课，所以与选课有关的数据（包括成绩 id 和成绩）全部为 null。

2. 右外连接

右外连接对右边的表不加限制，列出右边表中的所有行。语法格式如下。

```
Select <列名列表>
    from <表 1>
        RIGHT JOIN <表 2 on 表 1.列 1 = 表 2.列 2>
    [其他子句];
```

- 右外连接是在 join 关键字的前面加上 right 关键字
- 右外连接是指 join 的右边，将列出 join 右边的表中的所有行。

例如，前述左外连接可以改为右外连接，查询的结果不变。

【例 4-32】 右外连接。

```
Select tbl_student.id_tbl_student 学生 id,
        tbl_student.col_student_no 学号, tbl_student.col_name 姓名,
        tbl_score.id_tbl_score 成绩 id, tbl_score.col_score 成绩
    from tbl_score
        RIGHT join tbl_student
            on tbl_score.id_tbl_student = tbl_student. id_tbl_student
    where id_tbl_class=1 and (id_tbl_course=1 or id_tbl_course is null);
```

因为是同时做了两件事：一是对调了 join 两边的表 tbl_score 和 tbl_student，二是将左外 left 改为右外 right，所以最终的效果与前述的完全一致。因此有些数据库管理系统只提供左外连接或右外连接功能。

3. 全外连接

全外连接对两边的表不加限制，列出两边表中的所有行。语法格式如下。

```
Select <列名列表>
    from <表 1>
        FULL JOIN <表 2 on 表 1.列 1 = 表 2.列 2>
```

```
        [其他子句];
```

全外连接的例子在下面介绍。

4．内连接、左外连接、右外连接和全外连接的比较

下面用一个例子对内连接、左外连接、右外连接和全外连接进行对比说明。为此，根据表 4-3 和表 4-4 的定义建立两张表，用以演示这两张表的内连接、左外连接、右外连接和全外连接。

表 4-3　男人表（man）

序号	列　　名	类　　型	完整性约束	中文列名（说明）
1	id	char(6)	非空，主键	主键
2	name	varchar(8)	非空	姓名
3	wife	char(6)	外键	妻子，外键，参照女人表

表 4-4　女人表（woman）

序号	列　　名	类　　型	完整性约束	中文列名（说明）
1	id	char(6)	非空，主键	主键
2	name	varchar(8)	非空	姓名

图 4-12 是这两张表的数据（已在下载的小型成绩管理系统数据库的代码中）。

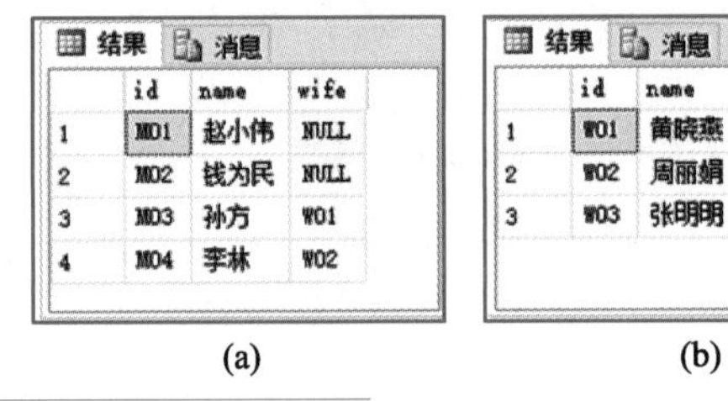

图 4-12
外连接演示用数据（男人表和女人表）

将 man 和 woman 表进行连接，对于内连接、左外连接、右外连接以及全外连接 4 种连接的代码如下。

【例 4-33】 内连接、左外连接、右外连接以及全外连接。

```
use Score;            -- 在下载的小型成绩管理数据库中操作，已有相关的表和数据
go

Select man.name 男人, woman.name 女人
    from man
        join woman on man.wife=woman.id;                    -- 内连接

Select man.name 男人, woman.name 女人
    from man
        LEFT join woman on man.wife=woman.id;               -- 左外连接

Select man.name 男人, woman.name 女人
    from man
        RIGHT join woman on man.wife=woman.id;              -- 右外连接
```

```
Select man.name 男人, woman.name 女人
   from man
      FULL join woman on man.wife=woman.id;                  -- 全外连接
```

结果如图 4-13 所示。

	男人	女人
1	孙方	黄晓燕
2	李林	周丽娟

(a)

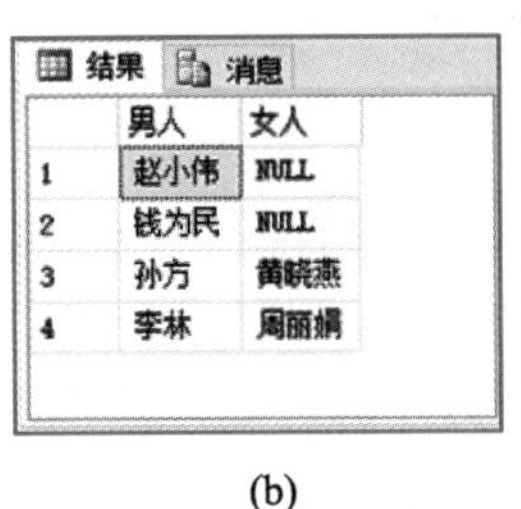

	男人	女人
1	赵小伟	NULL
2	钱为民	NULL
3	孙方	黄晓燕
4	李林	周丽娟

(b)

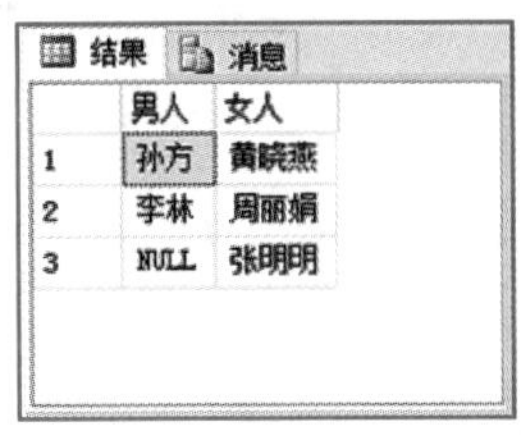

	男人	女人
1	孙方	黄晓燕
2	李林	周丽娟
3	NULL	张明明

(c)

	男人	女人
1	赵小伟	NULL
2	钱为民	NULL
3	孙方	黄晓燕
4	李林	周丽娟
5	NULL	张明明

(d)

图 4-13 内连接、左外连接、右外连接以及全外连接的比较

对照图 4-13 和表 4-5，可以更好地理解这 4 种连接。

表 4-5 内连接、左外连接、右外连接以及全外连接的比较

连接类型	关键字	例　　子	说　　明
内连接	join	男人 join 女人	列出已婚男人和已婚女人，夫妇成对显示，没有未婚的
左外连接	left join	男人 left join 女人	列出所有男人和已婚女人，夫妇成对显示，未婚的另一半为空
右外连接	right join	男人 right join 女人	列出已婚男人和所有女人，夫妇成对显示，未婚的另一半为空
全外连接	full join	男人 full join 女人	列出所有男人和所有女人，夫妇成对显示，未婚的另一半为空

4.2.3 自连接

微课 4-6
自连接

自连接是一种比较特殊的连接，为了说明自连接，根据表 4-6 的定义建立一张表，用以演示自连接所形成的家庭关系。

实验 4-6
自连接

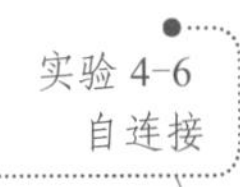

表 4-6 人员表（person）

序号	列　　名	类　　型	完整性约束	中文列名（说明）
1	id	varchar(6)	非空，主键	主键
2	name	varchar(8)	非空	姓名
3	sex	varchar(6)	非空	性别
4	father_id	varchar(6)	允许空，外键	父亲 id，外键，自连接
5	mother_id	varchar(6)	允许空，外键	母亲 id，外键，自连接

如图 4-14 所示是这张表的数据（已在下载的小型成绩管理系统数据库的代码中）。

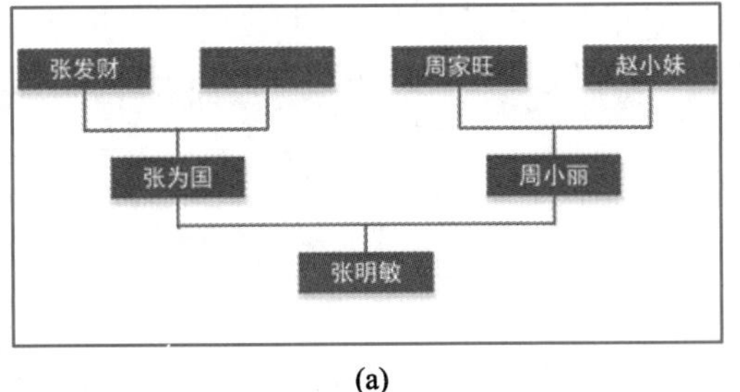

(a)

	id	name	sex	father_id	mother_id
1	P001	张发财	M	NULL	NULL
2	P003	周家旺	M	NULL	NULL
3	P004	赵小妹	F	NULL	NULL
4	P005	张为国	M	P001	NULL
5	P006	周小丽	F	P003	P004
6	P007	张明敏	M	P005	P006

(b)

图 4-14 家庭成员关系和数据

【例 4-34】 使用自连接查询每个人及其父亲。

```
use Score;              -- 在下载的小型成绩管理数据库中操作，已有相关的表和数据
go

Select ME.name 姓名, FATHER.name 父亲
   from person AS ME
     join person AS FATHER on ME.father_id=FATHER.id;
```

自连接查询的结果如图 4-15（a）所示。自连接是一张表的两个虚拟副本之间的连接，表的虚拟副本可以理解为是表的一个别名，在物理上是同一张表，拥有相同的结构和数据，逻辑上作为不同的表处理。在【例 4-34】中，person 表有两个虚拟副本，一个是 me，另一个是 father，这两个名字的表在物理上是同一张表，在逻辑上是两张表，各自的逻辑用途不同，分别表示自己和父亲，两张表的连接就能查询出父子关系，如图 4-15（a）所示。如果加上左外连接，结果中还包括父亲已过世（值为 null）的人员名单。

再增加一个自连接，还可以查询出每个人及其父亲和母亲的列表，如图 4-15（b）所示。

【例 4-35】 查询每个人及其父亲和母亲。

```
Select me.name 姓名, father.name 父亲, MOTHER.name 母亲
   from person as me
     join person as father on me.father_id=father.id
     join person AS MOTHER on me.mother_id=MOTHER.id;
```

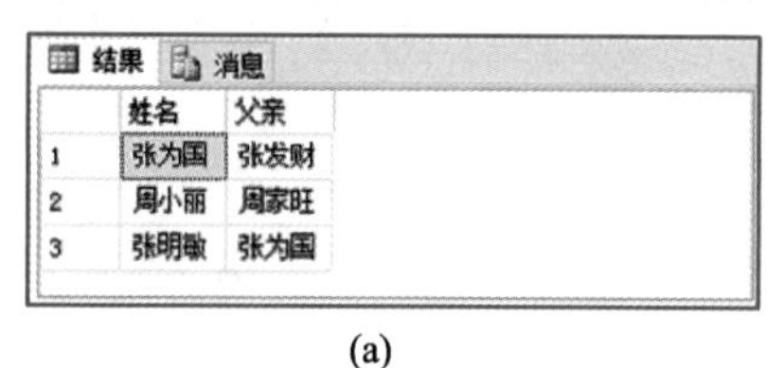

结果　消息

	姓名	父亲
1	张为国	张发财
2	周小丽	周家旺
3	张明敏	张为国

(a)

结果　消息

	姓名	父亲	母亲
1	周小丽	周家旺	赵小妹
2	张明敏	张为国	周小丽

(b)

图 4-15
自连接的查询结果

使用自连接的关键是要为虚拟副本起一个有意义的别名，有了合适名称的副本，就可以将这个虚拟副本作为一个独立的表来对待，这样就比较容易理解表与表之间的关系，代码也不容易出错。

4.3　实操任务 3：分组统计 Group by

微课 4-7
分组统计

实验 4-7
分组统计

除了对数据库进行查询之外，经常需要进行的操作是统计汇总，如统计人数、统计平均成绩等。

在【例 4-6】中统计了学生的平均成绩和最高成绩，但有时需要按不同的组别进行统计，如按班级和课程进行分组，统计各个班级和课程的平均成绩。这时可以采用 Select 语句的分组统计功能。语法格式如下。

```
Select < [分组列列表,] 统计函数>
   from <表名>
      [join 表名1 on 等值条件] …
   [where <条件表达式>]
```

```
    [group by 分组列列表
        [having 条件表达式]]
    [order by <排序列名列表>];
```

这也是 Select 语句比较完整的语法格式。

- 各个子句的排列次序必须按上述格式排列。
- where 子句、group by 子句和 order by 子句都是可选的。
- 如果列名列表中没有统计函数，这时是普通查询，而不是统计查询，因此不能使用 group by 子句。
- 省略 group by 子句时，表示不分组，统计结果只有一行。
- 使用 group by 子句时，表示按分组列列表分组，结果将根据分组的情况，可能有多行结果。
- Select 中的分组列列表中的列必须全部出现在 group by 子句的分组列列表中，反之则不是必须的。
- 在 group by 子句中，having 子句可以省略，但有 having 子句时，group by 子句不能省略。
- where 子句和 having 子句的条件表达式有不同的作用，前者作用于统计之前的行，其目的是筛选参与统计的行，不符合 where 条件的行不参与统计，而后者作用于统计结果的行，目的是从统计结果中选择作为最终结果的行。
- order by 子句必须是最后一个子句。

常用的统计函数见表 4-7。

表 4-7　常用的统计函数

统计函数	说　明	实　例	实例解释
sum(列名)	对数字型列求和（null 值除外）	sum(hours)	返回课时的总和
avg(列名)	对数字型列求均值（null 值除外）	avg(score)	返回平均成绩
min(列名)	对数字、字符、日期型列求最小值（null 值除外）	min(score)	返回最低成绩
max(列名)	对数字、字符、日期型列求最大值（null 值除外）	max(score)	返回最高成绩
count(列名)	统计行数（列值为 null 的除外）	count(score)	返回成绩不为空的行数
count(*)	统计行数（包括 null 值）	count(*)	返回所有行数

例如统计学生人数的语句如下。

【例 4-36】 统计学生总人数（结果只有一行）。

```
Select count(*) 总人数
    from tbl_student;
```

【例 4-36】统计的是学生总人数，结果如图 4-16（a）所示。如果要统计每个班级的人数，这时就需要使用 group by 子句进行分组统计，将上述语句改写为如下代码，查询结果如图 4-16（b）所示。

【例 4-37】 按班级分组，统计学生人数（结果是每个班级一行）。

```
Select id_tbl_class 班级 ID,count(*) 总人数
    from tbl_student
    group by id_tbl_class;
```

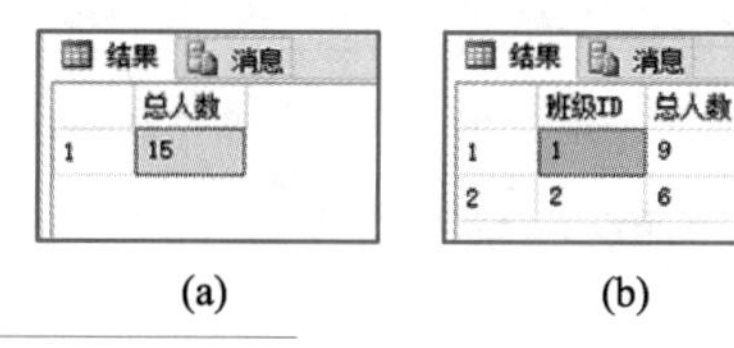

(a)

	总人数
1	15

(b)

	班级ID	总人数
1	1	9
2	2	6

图 4-16
普通统计和分组统计的比较

又如统计全体学生的成绩情况的语句如下。

【例 4-38】 统计全体学生的成绩情况（结果只有一行）。

```
Select avg(col_score) 平均成绩, min(col_score) 最低成绩,
        max(col_score) 最高成绩
    from tbl_score;
```

如果要分班级和课程统计学生的成绩情况，就需要按班级和课程进行分组统计，这时要连接到学生表，得到班级的信息，才能按照班级和课程的 ID 进行分组，代码如下。

【例 4-39】 统计各个班级和课程的平均成绩（结果是每个班级和每门课程的组合各一行）。

```
Select id_tbl_class 班级 ID, tbl_score.id_tbl_course 课程 ID,
        avg(col_score) 平均成绩, min(col_score) 最低成绩,
        max(col_score) 最高成绩
    from tbl_score
        join tbl_student on tbl_score.id_tbl_student = tbl_student.id_tbl_student
    group by id_tbl_class, id_tbl_course;
```

结果如图 4-17（a）所示。

(a)

	班级ID	课程ID	平均成绩	最低成绩	最高成绩
1	1	1	84	67	92
2	2	1	75	65	90
3	2	2	70	42	94
4	1	3	77	57	93

(b)

	班级名	课程名	平均成绩	最低成绩	最高成绩
1	软件1031	C++程序设计	84	67	92
2	网络1031	C++程序设计	75	65	90
3	网络1031	计算机网络技术	70	42	94
4	软件1031	数据库程序设计	77	57	93

图 4-17
分组成绩统计结果

如果需要加上班级名和课程名，就需要连接到班级表和课程表，获得班级名和课程名。代码如下。

【例 4-40】 改进的【例 4-39】，在结果中显示班级名和课程名称。

```
Select tbl_class.col_name 班级名, tbl_course.col_name 课程名,
        avg(col_score) 平均成绩, min(col_score) 最低成绩,
        max(col_score) 最高成绩
    from tbl_score
        join tbl_student on tbl_score.id_tbl_student = tbl_student.id_tbl_student
        join tbl_class on tbl_student.id_tbl_class=tbl_class.id_tbl_class
```

```
        join tbl_course on tbl_score.id_tbl_course = tbl_course. id_
tbl_course
    group by tbl_class.id_tbl_class, tbl_score.id_tbl_course,
        tbl_class. col_name, tbl_course.col_name;
```

运行结果如图 4-17（b）所示。这时要注意，列名列表中的班级名和课程名也必须列入 Group by 子句的分组列列表中，但分组列列表中的两个主键可以不出现在列名列表中。

分组统计查询的功能很强大，例如查询没有不及格学生的班级和课程，即最低成绩大于等于 60 分的班级和课程，代码如下。

【例 4-41】 查询没有不及格学生的班级和课程。

```
Select id_tbl_class 班级 ID, tbl_score.id_tbl_course 课程 ID,
       avg(col_score) 平均成绩, min(col_score) as 最低成绩,
       max(col_score) 最高成绩
    from tbl_score
       join tbl_student on tbl_score.id_tbl_student = tbl_student.id_tbl_student
       join tbl_course on tbl_score.id_tbl_course = tbl_course.id_tbl_course
    group by id_tbl_class, tbl_score.id_tbl_course
        having min(col_score) >=60;        -- 针对统计函数的条件表达式
```

*4.4　实操任务 4：子查询

微课 4-8
子查询——嵌套子查询

实验 4-8
子查询

子查询是嵌入在 Select 语句（以下称为外部查询）中的 Select 语句（以下称为**子查询**）。子查询主要有嵌套子查询和相关子查询两种类型。

4.4.1　嵌套子查询

嵌套子查询是子查询和外部查询的简单嵌套，子查询具有一定的独立性，并且可以独立执行。

例如查询成绩高于或等于全体学生平均成绩的成绩。不采用嵌套子查询时可以写两个查询语句来实现，首先，查询全体学生平均成绩作为子查询。

【例 4-42】 子查询。

```
    Select avg(col_score)
        from tbl_score;
```

这时将得到一个值，如 78 分。然后再查询成绩高于或等于 78 分的成绩作为外部查询。

【例 4-43】 外部查询。

```
Select id_tbl_student 学生 ID, col_score 成绩
    from tbl_score
    where col_score >= 78
    order by col_score;
```

如果将上述子查询和外部查询合并成一条语句，就是嵌套子查询。

【例 4-44】 嵌套子查询，合并上述子查询和外部查询。

```
Select id_tbl_student 学生ID, col_score 成绩
    from tbl_score
    where col_score >=
        (Select avg(col_score)
            from tbl_score
        )
    order by col_score;
```

嵌套子查询中子查询的执行不依赖于外部查询，体现在下述执行流程中。

- 首先执行子查询，例中为 select avg(col_score) from tbl_score。
- 子查询将查询结果传递给外部查询，例中的查询结果是平均成绩为 78 分。
- 外部查询利用子查询的数据执行查询，从而得到结果。
- 一共执行两次查询，一次是子查询，另一次是外部查询。

4.4.2　相关子查询

微课 4-9
子查询——相关子查询

相关子查询与前述的嵌套子查询有一个本质的区别：相关子查询中的子查询引用了外部查询中的列。因此，相关子查询中的子查询不能单独执行。

例如查询成绩高于或等于本人平均成绩的成绩，这时每位学生都有自己的平均成绩。

【例 4-45】 相关子查询。

```
Select id_tbl_student 学生ID, col_score 成绩
    from tbl_score SCORE
    where col_score >=
      (Select avg(col_score)
          from tbl_score MY_SCORE
          where SCORE.id_tbl_student=MY_SCORE.id_tbl_student
      )
    order by id_tbl_student;
```

相关子查询中子查询的执行依赖于外部查询，体现在下述执行流程中。

- 先执行外部查询 select * from tbl_score，得到若干行结果。
- 循环处理每一行结果，具体过程是在子查询中计算第 1 行学生的平均成绩，如果该行的成绩大于或等于本人平均成绩则作为结果集的一部分，然后再计算第 2 行的学生，如此不断循环，直到所有行都计算一遍。
- 最后列出结果集，显示成绩大于或等于本人平均成绩的行。
- 一共执行 1+N 次查询，一次是外部查询，外部查询的结果有 N 行，则子查询还要执行 N 次，每次子查询的执行都会通过子查询中的 where 子句引用外部查询结果中当前行的值。通常 SQL 内部会对查询进行优化，如本例可以优化为只查询每位学生一次本人平均成绩，第 2 次查询同一位学生时使用前一次查询的该学生平均成绩。

相关子查询需要使用表的虚拟副本，要为其指定合适的别名，子查询的返回值应该是单行单列的，其值用于外部查询的关系运算符（=、>、<、>=、<=、<>等）的运算中。

4.4.3 分页查询

微课 4-10
子查询——分页查询

在分页查询中常常用到嵌套查询。分页是指在大量的查询结果中选择部分行的技术，例如学生表中有 15 行，当指定每页 4 行时，15 行数据可以分为 4 页显示，其中第 1 页 ~ 第 3 页各有 4 行，最后一页只有 3 行。

SQL Server 分页可以用多种方式实现。例如选择学生表中的第 3 页，可以用如下两种方式实现。

1. 使用 top 关键字

第 1 步：按主键升序排序，取出前 3 页的所有行，即 12 行。

【例 4-46】 查询前 12 行。

```
Select top 12 *
    from tbl_student
    order by id_tbl_student
```

第 2 步：在取出的行中，取出最后 4 行，这时要按主键降序排序，变为取前 4 行。

【例 4-47】 从前述结果中查询后 4 行。

```
Select top 4 *
   from (Select top 12 *
    from tbl_student
    order by id_tbl_student ) as tbl_student1
   order by id_tbl_student DESC
```

这种方法的巧妙之处是第 1 次用升序排序，第 2 次用降序排序。

2. 使用 top 和 in 关键字

第 1 步：按主键升序排序，取出前 2 页的所有行，即 8 行。

【例 4-48】 查询前 8 行。

```
Select top 8 *
    from tbl_student
    order by id_tbl_student
```

第 2 步：在所有行中，用 not in 排除第 1 步的结果（即前 2 页的 8 行），再取前 4 行。

【例 4-49】 查询去除前述结果的前 4 行。

```
Select top 4 *
   from tbl_student
   where id_tbl_student NOT IN
    (Select top 8 id_tbl_student
        from tbl_student
        order by id_tbl_student)
   order by id_tbl_student;
```

这种方法的好处是结果的排序是以主键升序排序的。

微课 4-11
联合查询

实验 4-9
联合查询

*4.5 实操任务 5：联合查询 Union

关系数据库的查询是基于关系运算的，关系运算包括投影、选择、连接、并、交、差、除和笛卡尔积 8 种运算，本章前几节已经讨论了前 3 种运算，本节再简单讨论并运算。由于交、差、除和笛卡尔积 4 种运算用得极少，本书不予讨论。

连接运算是将两张表横向拼接在一起，而并运算是将两张表纵向叠加在一起。语法格式如下。

```
Select <列名列表 1>
    from <表名 1>
    [where <条件表达式 1>]
UNION [ALL]
Select <列名列表 2>
    from <表名 2>
    [where <条件表达式 2>]
```

- 可以用并运算叠加多张表。
- 各个 Select 语句中列的个数、顺序、数据类型必须一致。
- 列的名字或别名由第 1 个 Select 的列名列表决定。
- 默认情况下，union 将去除重复的行，而使用 union all 则能保留重复的行。
- 需要使用 order by 子句时，order by 子句必须放在最后一个 Select 中，并且排序的列名必须是第 1 个 Select 语句中的列名。

例如合并学生表和教师表中的人员名单，代码如下。

【例 4-50】 合并学生表和教师表中的人员名单。

```
Select id_tbl_faculty ID, tbl_faculty.col_name 姓名, 类别='教师'
    from tbl_faculty
UNION
Select id_tbl_student ID, tbl_student.col_name 姓名, 类别='学生'
    from tbl_student;
```

以下是另外一个例子。

【例 4-51】 查询各门课程的平均成绩以及总平均成绩。

```
Select tbl_course.col_name 课程, avg(col_score) 平均成绩
    from tbl_score
        join tbl_course on tbl_score.id_tbl_course=tbl_course.id_tbl_course
    group by tbl_course.col_name
UNION
Select '总平均成绩', avg(col_score)
    from tbl_score;
```

注意最后的总平均成绩不是 3 门课程平均成绩的平均，而是直接从所有成绩的原始数据中计算出来的平均成绩。

微课 4-12
基于查询的数据操纵

*4.6　实操任务 6：基于数据查询的数据操纵

实训 4-10
基于查询的数据操纵

第 3 章讨论过 Insert、Update 和 Delete 语句，这 3 条语句都可以与 Select 语句联合，将

查询的结果作为 Insert、Update 和 Delete 语句的数据来源。

4.6.1 联合使用 Select 和 Insert 语句

可以使用 Select 语句的查询结果作为 Insert 语句的数据来源，插入到表中。语法格式如下。

```
Insert into 表名 1 (列名列表 1)
    (Select 列名列表 2
        from 表名 2
        [where 条件表达式]);
```

- 列名列表 1 和列名列表 2 的列数、顺序、数据类型和含义必须严格一一对应。
- Select 语句的查询结果将被插入到表名 1 对应的表中，插入的行数与查询结果返回行数相同。
- Select 语句可以有连接、条件、分组统计等，但不能有 order by 子句。

例如在学期初，根据表 4-8 中每个班级学生选课的情况对成绩表进行初始化，为每位学生设置选修课程，成绩为空，留待期末考试后再录入。

表 4-8 成绩表的初始化要求

班级主键	班级名称	操作	课程主键	课程名称
1	软件 1031	选修	1	C++程序设计
2	网络 1031	选修	2	计算机网络技术
1	软件 1031	选修	3	数据库程序设计

为不破坏 tbl_score 表中的数据（这些数据在后面的例子中还要使用），先用下述语句从 tbl_score 的结构中复制一个空的新表 tbl_new_score，新表的结构与原来的表结构完全相同，但没有任何数据。本小节的例子将在该新表上演示。

【例 4-52】 复制表结构。

```
Select *
    into tbl_new_score
    from tbl_score
    where 1=0;
go

-- 验证新复制的表及其数据（结构相同，数据为空）
Select *
    from tbl_new_score;
```

然后使用 Select 和 Insert 语句对这张新的成绩表 tbl_new_score 进行初始化。下述代码是初始化第一门课，为“软件 1031”（主键为 1）班的所有学生选修“C++程序设计”（主键为 1）课程。

【例 4-53】 将 Select 的查询结果插入到 tbl_new_score 表中。

```
Insert into tbl_new_score (id_tbl_course, id_tbl_student)
    (Select 1, id_tbl_student          -- 第 1 列固定值 1，表示主键为 1 的课程
```

```
        from tbl_student
        where id_tbl_class = 1);        -- 选择班级 id 为 1 的学生
```

4.6.2 联合使用 Select 和 Update 语句

与 Insert 语句一样，Update 语句也可以利用 Select 语句的查询结果更新一张表的数据。例如为班级表增加一列“班级人数”（col_number），然后从学生表中统计出各班的班级人数，更新班级表中 col_number 列的数据。

先为班级表增加一列“班级人数”（col_number），代码如下。

【例 4-54】 为班级表增加一列“班级人数”（col_number）。

```
Alter table tbl_class
    add col_number int null;
go
```

然后使用一个 Select 语句统计人数（不能用 Group by 子句，而是用类似于相关子查询的技术来实现），并更新到班级表中的“班级人数”中。

【例 4-55】 用 Select 语句的统计结果更新班级表中的“班级人数”。

```
Update tbl_class
    set col_number =
      (Select count(*)
           from tbl_student
           where tbl_student.id_tbl_class = tbl_class.id_tbl_class
      );
```

4.6.3 联合使用 Select 和 Delete 语句

在 Delete 语句中可以使用嵌套子查询。例如删除低于平均成绩的成绩（该例子没有实际意义）。

【例 4-56】 Delete 与 Select 语句嵌套。

```
Delete from tbl_score
    where col_score <
       (Select avg(col_score)
           from tbl_score
       );
```

微课 4-13
视图

4.7 实操任务 7：视图

实验 4-11
视图

Select 查询的结果是一张二维表，与普通的表在许多方面是相同的，因此可以给 Select 的查询结果一个名称，这就是视图。

视图是虚拟的表，其作用与普通的表几乎是完全相同的，不同之处在于视图并不实际保存数据，数据的来源是 Select 查询 from 子句中涉及的表，这些表被称为视图的基表，基表中数据的改变将动态地反映到视图中。

4.7.1 视图的创建

创建视图的语法格式如下。

```
Create view <视图名>
as
    <Select ...>;
```

- 视图名：在数据库范围内唯一的标识符，通常以 v_起头。
- 视图中 Select 语句中的每列必须有唯一的列名或别名，不允许出现二义性的列名（不同表的同名列），也不允许出现未定义的列名（无列名的计算列）。
- 视图中 Select 语句不能有 order by 子句。
- 一个视图最多只能定义 1024 列。
- 基表的结构改变时，如果改变的部分涉及视图的 Select 语句，则必须重建视图。

【例 4-57】 创建一个视图 v_student，用于查询如图 2-3 所示的 Excel 工作表中的学生信息。

```
use Score
go

Create view v_student  -- 学生视图
as
    Select col_student_no 学号,
        tbl_student.col_name 姓名,
        col_sex 性别,
        col_birthday 出生日期,
        col_id_no 身份证号码,
        col_mobile 手机号,
        tbl_class.col_name 班级
    from tbl_student
        join tbl_class on tbl_student.id_tbl_class=tbl_class.id_tbl_class;
go
```

在视图中 Select 的列名应该有唯一的确定的名称，例如下述代码是错误的。

【例 4-58】 错误的视图定义。

```
Create view v_student1      -- 学生视图
as
    Select col_student_no,
        tbl_class.col_name,             -- 列名不唯一：同名的两个列 col_name
        tbl_student.col_name,
        year(getDate())-year(col_birthday) -- 列名不确定：计算列缺少列名（别名）
    from tbl_student
        join tbl_class on tbl_student.id_tbl_class=tbl_class.id_tbl_class;
go
```

上述代码的错误在于列名不唯一，以及列名不确定。如果单独执行其中的 Select 语句，其结果如图 4-18（a）所示，其中存在同名列和无名列。

改正的办法是为列名指定唯一的别名。改正后的代码见【例 4-55】，结果如图 4-18（b）所示。

【例 4-59】 改正上例错误后的视图定义。

```
Create view v_student1        -- 学生视图
as
    Select col_student_no,
        tbl_class.col_name col_class_name,                    -- 消除二义性
        tbl_student.col_name col_student_name,
        year(getDate())-year(col_birthday) age                -- 计算列添加别名
    from tbl_student
        join tbl_class on tbl_student.id_tbl_class=tbl_class.id_tbl_class;
go
```

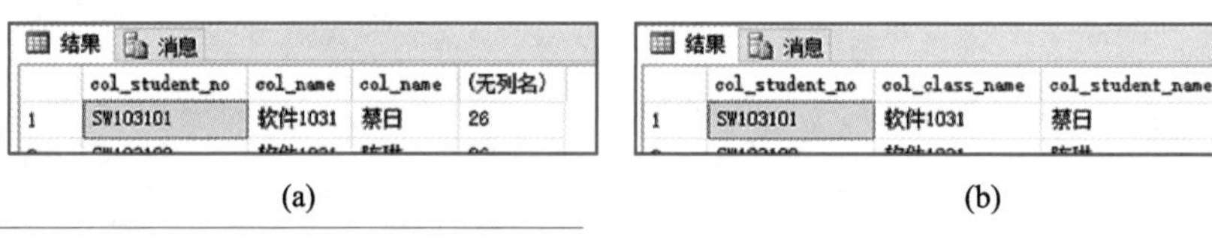

(a)　　(b)

图 4-18
查询结果中的同名列和无名列及其改正

以下是另外一个例子。

【例 4-60】 创建一个视图 v_score，用于查询分班级和课程统计学生的平均成绩、最高成绩和最低成绩。

```
Create view v_score           -- 成绩视图
as
    Select tbl_class.col_name 班级名,
        tbl_course.col_name 课程名,
        avg(col_score) as 平均成绩,
        max(col_score) as 最高成绩,
        min(col_score) as 最低成绩
    from tbl_score
        join tbl_course on tbl_score.id_tbl_course=tbl_course.id_tbl_course
        join tbl_student on tbl_score.id_tbl_student=tbl_student.id_tbl_student
        join tbl_class on tbl_student.id_tbl_class=tbl_class.id_tbl_class
    group by tbl_class.col_name, tbl_course.col_name;
go
```

4.7.2　视图的使用

视图的作用与表基本相同，通常可以用在 Select 语句中使用表的任何地方，在一定的条件下甚至还可以用于 Insert 语句和 Update 语句等。

【例 4-61】 使用视图 v_student 查询“软件 1031”班的学生信息。

```
Select *
```

```
    from v_student
    where 班级名='软件 1031';
```

【例 4-62】 使用视图 v_score 查询“软件 1031”班的平均成绩等信息。

```
Select *
    from v_score
    where 班级名='软件 1031';
```

可以看到，视图的使用使 SQL 语句更加灵活方便，简化了 SQL 语句的编写。

4.7.3　视图的特点

视图虽然简单，但却是一个十分有用的工具，在实际开发中得到广泛的应用。视图的优点如下。

（1）简单性

视图可以简化对数据的理解，也可以简化对数据的操作。可以将经常使用的查询定义为视图，在使用时不必每次指定连接操作等复杂的子句，简化查询语句的编写。

（2）安全性

通过视图可以屏蔽某些数据，也可以只赋予特定的用户查看特定数据的权限，而对其他数据既无法查看，更无法修改，从而保障数据的安全。

（3）独立性

视图可以屏蔽基表结构变化带来的影响。如果基表的结构发生变化，可以修改视图，而使视图的功能保持不变，增强数据库的扩展性和可移植性。

4.7.4　管理视图

1．查看视图列表

使用下述命令查看视图列表。

【例 4-63】 查看表和视图。

```
Exec sp_tables @table_owner = 'dbo'
```

sp_tables 是一个系统存储过程，其主要作用是列出当前数据库中表的清单，可以看到，结果中也包含了视图，说明视图与表所起的作用是相近的，在许多情况下可以同等对待。

2．查看视图的定义

用系统存储过程查看视图的定义。语法格式如下。

```
Exec sp_helptext <视图名>;
```

3．变更视图

可以使用 Alter View 语句变更一个已经存在的视图，其语法格式与 Create View 相同，不同的是如果原视图不存在，在运行时将出现错误。

4．丢弃（删除）视图

视图是一种数据库对象，视图被创建后将作为数据结构的一部分而永久存在，除非将其丢弃。丢弃视图的操作非常简单。语法格式如下。

```
Drop view <视图名>;
```

4.8　实训任务：商店管理系统的数据查询

在第 3.4 节实训中完成的小型商店管理系统数据库的基础上，按下述要求写出查询语句。

1．分别写出 4 条 SQL 查询语句，查询 1 号订单的各种信息，即订单头信息、订单行信息、订单总金额和订单尾信息 4 个部分，使其查询结果与图 1-30 的数据相同，显示格式如图 4-19 所示。

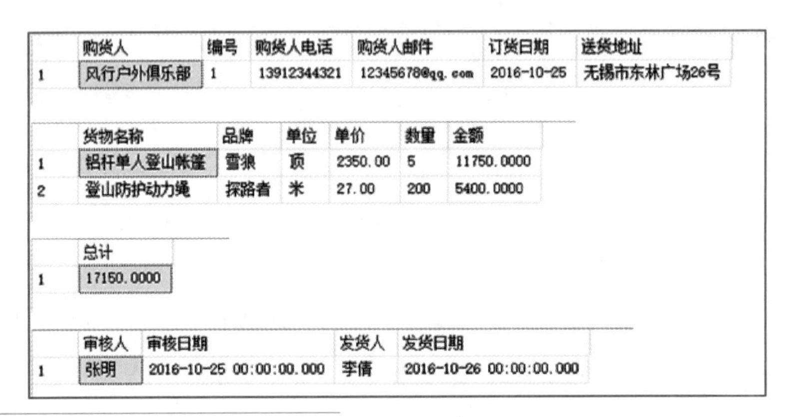

	购货人	编号	购货人电话	购货人邮件	订货日期	送货地址
1	风行户外俱乐部	1	13912344321	12345678@qq.com	2016-10-25	无锡市东林广场26号

	货物名称	品牌	单位	单价	数量	金额
1	铝杆单人登山帐篷	雪狼	顶	2350.00	5	11750.0000
2	登山防护动力绳	探路者	米	27.00	200	5400.0000

	总计
1	17150.0000

	审核人	审核日期	发货人	发货日期
1	张明	2016-10-25 00:00:00.000	李倩	2016-10-26 00:00:00.000

图 4-19
订单查询结果

2．写出一条 SQL 查询语句，查询发货日期为 2016-10-26 的所有订单的信息，列出购货人、订货日期、送货地址和发货人 4 项信息，按订货日期和发货日期升序排序。

3．创建一个视图 v_order_list，其功能是查询按订单分组的销售列表，显示订货人、订货日期和金额，如图 4-20 所示。再写一条 SQL 语句，使用这个视图进行查询。

结果　消息

	id_es_order	col_name	col_order_date	ammount
1	1	风行户外俱乐部	2016-10-25 00:00:00.000	17150.0000
2	2	开拓者户外俱乐部	2016-10-26 00:00:00.000	14310.0000

图 4-20
按订单分组的销售列表

4.9　习题

1．在成绩表中查询学生 ID、课程 ID、成绩数据，列名用汉字显示。

2．在前一题的基础上，将百分制成绩转换为及格制（大等于 60 分为及格）加以显示。

3．在成绩表中查询成绩大于 85 分的学生 ID 和课程 ID。

4．在学生表中查询所有单名（姓名由两个字组成，不考虑复姓）的学生名单。

5．在成绩表中查询课程 ID（id_tbl_course）为 2 的不及格的成绩清单。

6．在学生表中查询电话号码末两位是 29 的学生清单。

7．分别用内连接和等值连接各写一条 SQL 语句，使其结果与图 2-3 的数据完全相同，要求结果以出生日期升序排序。

8．用内连接写一条 SQL 语句，使其结果与图 2-4 的数据完全相同，要求结果以成绩降序排序。

9．分别将【例 4-34】和【例 4-35】改为左外连接，观察并分析结果有什么不同?

10．参考【例 4-49】，根据表 4-7 的要求完成其余两门课的初始化。

11．参考【例 4-51】，为班级表插入一列“平均成绩 col_avg_score”，然后从成绩表中统计每个班级的平均成绩，并更新到班级表的新列中。

12．什么是视图？视图有什么作用?

13．创建一个名为 v_score 的视图，使其含有的数据与图 2-4 的数据完全相同，包括列名也完全相同。

第5章　数据库编程——成绩管理系统的编程

第2～4章分别讲解了数据定义语句（Create、Alter、Drop）、数据操纵语句（Insert、Update、Delete）和数据查询语句（Select）等，这些语句都是单独执行的。

本章讲解采用编程的方式编写函数、存储过程、触发器等，把一条或多条语句组织成语句块，加入条件判断、循环执行等，从而实现数据库编程。

教学导航

◎ 本章重点

1．编程基础：脚本文件和批、变量的命名、声明和赋值、运算符、表达式和流程控制

2．游标的基本操作（声明、打开、提取数据、关闭、释放），使用游标逐条处理查询结果

3．函数：常用系统函数、标量型自定义函数、表值型自定义函数

4．存储过程：常用系统存储过程、存储过程的创建和调用、参数默认值、输出型参数

5．触发器的概念、特点和类型，触发器的创建和应用

6．事务概念、事务的 ACID 特性、事务的回滚

◎ 本章难点

1．脚本文件和批，单独作为一个批的语句

2．游标的概念和用途，使用游标逐条处理查询结果

3．标量型和表值型函数的区别、表值型函数的概念和使用

4．存储过程：存储过程的创建和调用、参数默认值、输出型参数

5．触发器：触发器的概念、特点和类型，触发器被触发的条件，Inserted 表和 Deleted 表比较，Instead Of 和 After 触发器的比较

6．事务的概念、并发和并发控制、事务的 ACID 特性、事务的回滚

◎ 教学方法

1．讲清 SQL 编程的特点，脚本文件和批、变量的命名、声明和赋值

2．通过实例讲解游标、函数、存储过程和触发器

3．讲清事务的概念，通过例子说明事务的重要性，事务的回滚与原子性的关系

4．通过 DML 语句执行流程对事务进行一个总结

◎ 学习指导

1．理解 SQL 编程的特点（脚本文件和批、变量的命名、声明和赋值），其他方面与 C++相近

2．游标是一个比较新的概念，理解游标的作用是逐条处理查询结果

3．标量型自定义函数与 C++的相近，但表值型自定义函数则有些不同

4．存储过程是数据库编程中最重要的一种手段，要通过例子来掌握和运用它

5．触发器是一种很有用的技术，但比较难理解，要通过例子来很好地理解它

6．只有在并发的情况下才需要事务控制，事务的目的是实现 ACID 特性，事务可以提交和回滚

◎ 资源

1．微课：手机扫描微课二维码，共 22 个微课，重点观看 5-1、5-2、5-9、5-13、5-14 共 5 个微课

2．实验和实训：Jitor 实验 12 个，实训 1 个

3．数据结构和数据：http://www.ngweb.org/sql/ch4～7.html（成绩管理系统及相关实验演示用表）

注：正文中标题有*标注的内容为拓展学习内容，难度较大，没有列入本章重点和难点。

微课 5-0
第 5 章　导读

微课 5-1
编程基础——脚本和批

实验 5-1
编程基础

5.1　学习任务 1：编程基础

5.1.1　脚本文件和批

1．脚本文件

脚本文件（Script File）是由一条或多条 SQL 语句的序列组成的 SQL 程序文件。SQL 程序不像 C++或 Java 程序那样编译生成可执行文件，SQL 程序通常是以文本的形式保存和分发，在每次执行前都要编译一次，因此按照 Linux 操作系统的惯例，称其为脚本文件。

脚本文件的扩展名通常是 sql，脚本文件可以在 SQL 查询编辑区中打开、编辑、保存和执行。脚本文件可以用来完成以下任务。

- 保存各种 SQL 语句的永久副本，作为一种备份机制，在需要时再次执行。
- 方便地在多台计算机上采用相同的 SQL 代码执行相同的任务。

2．批处理的概念

批处理简称批（Batch）是脚本文件中的一段 SQL 语句序列。一个脚本文件可以包含一个或多个批。批与批之间用 go 命令分隔，如果脚本文件中没有 go 命令，那么将被作为单个批来处理。go 是 SQL Server 的一个命令，它告诉 SQL Server 服务器如何处理多条 SQL 语句之间的关系，因此 go 不是 SQL 语句。

SQL Server 将每个批作为一个可独立执行的单元来执行。就是说，SQL Server 将一个批作为一个整体来进行分析、编译和执行，处理完一个批后再处理另外一个批。

如果一个批中的某条 SQL 语句存在语法错误，则整个批都将无法通过编译。如果一个批中的某条 SQL 语句运行时发生错误，则在默认情况下，已经执行的 SQL 语句将生效，其后的语句通常不会被执行，但有时也会被执行。

例如，假定一个批处理中有 6 条语句。如果第 3 条语句有一个语法错误，则不执行批处理中的任何语句。如果批处理经过编译，在运行时第 3 条语句执行失败，则第 1 和第 2 条语句的结果不会受到影响，因为已执行了这两条语句，第 4～6 条语句通常不会被执行。

有些 SQL 语句不能与其他语句共存于同一个批，必须单独作为一个批，这样的情况有下述两种。

- Create view、Create function、Create procedure 和 Create trigger 等语句必须在单独的批中。这种类型的批必须以 Create 语句开始，所有后面的语句都被理解为 Create 语句定义的一部分。因此，安全的做法是在前后各加上一条 go 命令。
- 不能在同一个批中变更表结构，然后在同一个批中引用新列。

3．脚本文件的执行

执行脚本文件有以下两种方式。

（1）通过 SQL Server 管理器执行

在 SQL Server 管理器中打开脚本文件，或在 SQL 查询编辑区输入脚本代码，执行时可以只执行一条 SQL 语句、多条语句、一个批、多个批或一个脚本文件中的所有批。

（2）通过网络远程提交执行

客户端程序可以通过网络提交脚本文件中的代码，SQL Server 接收代码后执行。这种方式体现了 SQL 编程的强大，第 8 章将通过例子进行讲解。

5.1.2 数据类型和变量

1. 数据类型

变量的数据类型与列的数据类型基本相同，详见附录 A。

2. 变量的命名

变量名必须以@起始，以示与列名的区别。

【例 5-1】 变量与列名的区别。

```
-- @符号标识变量，以便与列名区别（本条语句不能单独执行，原因是未声明变量）
Select *
    from student
    where name = @name;
```

在 where 条件子句中出现了两个 name 标识符，从其命名可以明确区分前一个 name 是列名，后一个@name 是变量名。

3. 变量的声明

SQL Server 的变量遵循先声明后使用的原则。语法格式如下。

```
Declare <变量名> <数据类型>;
```

例如，下述语句声明了一个整型变量以及一个可变长字符串变量。

【例 5-2】 变量的声明。

```
Declare @sum int;
Declare @name varchar(20);
```

4. 变量的赋值

变量的赋值有两种方式。

（1）使用 set 语句

使用 set 语句赋值的语法格式如下。

```
Set <变量名> = <值>;
```

值的数据类型必须与变量的数据类型一致。

【例 5-3】 变量的赋值（set 语句）。

```
-- 定义两个变量保存查询条件，查询王姓男生的姓名、生日信息
Declare @name varchar(8);
Declare @sex varchar(1);
```

```
Set @name = '王%';
Set @sex = 'M';

Select col_name, col_sex
   from tbl_student
   where col_name like @name and col_sex = @sex;
```

上述多条语句必须作为一个批同时执行，否则可能出现变量未声明的错误。

（2）使用 Select 语句

有两种格式，第 1 种格式与 set 的语法格式相同。语法格式如下。

```
Select <变量名> = <值>;
```

第 2 种格式用于将 Select 查询的结果赋给变量。语法格式如下。

```
Select <变量名> = <列名或计算列>,…
   from <表名>
   [其他子句];
```

例如，下述语句查询所有课程的平均成绩，并将平均成绩赋给一个变量@score，然后再通过 print 语句输出到屏幕上。

【例 5-4】 变量的赋值（Select 语句）：一次一个变量。

```
Declare @score int;
Select @score = avg(col_score)
   from tbl_score;
Print @score;
```

可以在一条 Select 语句中为多个变量赋值。

【例 5-5】 变量的赋值（Select 语句）：一次多个变量。

```
Declare @score int;
Declare @max int;

Select @score = avg(col_score), @max = max(col_score)
   from tbl_score;

Print '平均成绩：' + convert(char(3), @score);     -- 加号的两边必须是相同的数据类型
Print '最高成绩：' + convert(char(3), @max);       -- 因此要先将整数转换为字符串
```

但是用 Select 语句不能同时既赋值，又显示结果。

【例 5-6】 变量的赋值（Select 语句）：错误的。

```
Select @score = avg(col_score), max(col_score) …          -- 错误的
```

由于变量是一个标量，只能保存一个值，所以要求查询的结果只能有一行。如果有多行，则将最后一行的值赋予变量，因此应该避免这种情况。

5．变量的使用

变量可以使用在绝大多数常量可以使用的场合，只有在少数情况下不能使用变量。例如，top 关键字后只能使用常量，而不能使用变量。

下述语句查询成绩高于或等于全体学生平均成绩的成绩，利用一个变量@score 传递平均成绩（效果与第 4.4.1 节嵌套子查询相同）。

【例 5-7】 查询成绩高于或等于全体学生平均成绩的成绩。

```
Declare @score int;
Select @score = avg(col_score)      -- @score 保存平均成绩
   from tbl_score;

Select * from
   tbl_score
   where col_score >= @score;       -- @score 将平均成绩传递到第二个查询
```

微课 5-2
编程基础——变量和运算符

5.1.3 运算符和表达式

1. 运算符

SQL Server 的运算符见表 5-1。

表 5-1 SQL Server 的运算符

运算符类别	运算符	含 义
算术运算符	+	加（或取正）
	–	减（或取负）
	*	乘
	/	除
	%	取模
逻辑运算符	and	如果两个布尔表达式都为 true，那么就为 true
	or	如果两个布尔表达式中的一个为 true，那么就为 true
	not	对任何其他布尔运算符的值取反
	like	如果操作数与一种模式相匹配，那么就为 true
	between	如果操作数在某个范围之内，那么就为 true
	in	如果操作数等于表达式列表中的一个，那么就为 true
	exists	如果子查询包含一行或多行（不是零行），那么就为 true
	all	如果一组的比较都为 true，那么就为 true
	any	如果一组的比较中任何一个为 true，那么就为 true
赋值运算符	=	唯一一个赋值运算符
字符串连接运算符	+	加号（+）也用作字符串连接运算符
位运算符	&	位与（两个操作数）
	|	位或（两个操作数）
	^	位异或（两个操作数）
	~	位非（单操作数）

续表

运算符类别	运算符	含义
比较运算符	=	等于
	>	大于
	<	小于
	>=	大于或等于
	<=	小于或等于
	<>	不等于
	!=	不等于（非 ISO 标准）
	!<	不小于（非 ISO 标准）
	!>	不大于（非 ISO 标准）

2. 表达式

SQL Server 的表达式是由常量、函数、列名、变量、子查询、case 等和运算符组合而成的。

微课 5-3
编程基础 ——流程控制

5.1.4 流程控制

1. 语句块

一个语句块是单条 SQL 语句，或者是由 begin…end 括起来的多条 SQL 语句。语法格式如下。

```
Begin
    语句组
End;
```

【例 5-8】 语句块。

```
Begin
    Print @@Version;            -- @@符号是一些系统函数的标识，在 5.3.1 讲解
    Print @@ServerName;
End;
```

2. 条件分支

SQL Server 的条件分支语句只有一种，即 if…else 语句。语法格式如下。

```
If <条件表达式>
    <语句块>
Else
    <语句块>
```

【例 5-9】 条件分支。

```
Declare @score int;
Select @score = avg(col_score)
    from tbl_score;

If (@score>=80)
    Begin
```

```
        Print '好样的，加油。';
    End;
Else
    Begin
        Print '继续努力呀。';
    End;
```

3．循环

SQL Server 的循环语句只有一种，即 while 语句。语法格式如下。

```
While <条件表达式>
Begin
    <语句块 1>
    [break]
    <语句块 2>
    [continue]
    <语句块 3>
End;
```

【例 5-10】 循环：计算 1～100 之和。

```
Declare @sum int;
Declare @i int;
Set @sum = 0;
Set @i = 1;
While @i <= 100
Begin
    Set @sum = @sum + @i;
    Set @i = @i + 1;
End;

Print @sum;
```

与大多数编程语言一样，while 语句还能配合 break 和 continue 关键字，实现循环的跳出和强制再循环。

4．异常处理

SQL Server 还能实现异常处理。语法格式如下。

```
Begin try
    <语句块>
End try                              -- End try 不是语句的结束，不能加分号
Begin catch
    <错误处理语句>
End catch;                           -- End catch 才是语句的结束，可以加分号
```

【例 5-11】 异常处理的例子。

```
Declare @a int;
Begin try
    Select @a = 1/0;             -- 被零除
```

```
End try
Begin catch
    Print '出现错误';
End catch;
```

5.2 实操任务 1：游标

微课 5-4 游标

实验 5-2 游标

Select 查询结果通常是多个数据行的结果集，而在程序中常常需要一次处理一个数据行，使用游标可以将多个数据行一次一行地读取出来处理，从而把对集合的处理转化为对单个数据行的处理。

5.2.1 游标的基本操作

使用游标的步骤分为声明游标、打开游标、提取数据、关闭游标和释放游标 5 个步骤。

1. 声明游标

游标不是数据库对象，因此不能用 Create 语句创建游标。而是使用类似于声明变量的方式声明游标。游标在使用前必须先声明，将游标与一条 Select 语句关联在一起，但是在声明游标时并不执行其中的 Select 语句。语法格式如下。

```
Declare <游标名> [insensitive] [scroll] cursor
    for <Select 语句>
    [for read only];
```

- insensitive 表示静态游标，游标打开后，其他用户对游标相关行进行的更改不被反映到游标中。
- scroll 表示滚动游标，即游标指针不仅可以向前移动，还可以向后，或以相对值或绝对值等方式移动。
- for read only 表示只读游标，不允许从游标内更新数据。

2. 打开游标

打开游标的语法格式如下。

```
Open <游标名>;
```

打开游标实际上是执行相应的 Select 语句，把查询结果读取到缓冲区中，这时游标处于活动状态。

3. 提取数据

游标打开后，游标指针指向第一行之前的位置。这时用 Fetch 语句以 next、prior 等方式移动游标指针，然后访问当前行。语法格式如下。

```
Fetch [next | prior | last | first | relative n | absolute n]
    from <游标名>
    [into <变量 1>,<变量 2>...];
```

- next | prior | last | first | relative n | absolute n 分别表示采用向前、向后、最后一条、第 1 条、相对 n 位置、绝对 n 位置的方式移动游标指针。如果不是滚动游标，则只能以

next（向前，即下一条）方式移动。默认为 next。

- into 表示将当前行的列的值赋给相应的变量，如果没有 into 子句，则将当前行显示在屏幕上。

4. 关闭游标

关闭游标的语法格式如下。

```
Close <游标名>;
```

用 Close 语句关闭游标，清除结果集占用的缓冲区及其他资源。游标关闭之后，不能再执行 fetch 操作。如果还需要使用 fetch 语句，则要重新打开游标。

5. 释放游标

释放游标的语法格式如下。

```
Deallocate <游标>;
```

游标使用之后，如果不再需要，则应该释放游标。游标的作用范围是脚本文件，在同一个脚本文件中，释放了一个游标后，才能再次声明相同名称的游标。

5.2.2 使用游标提取数据

以下是从游标中提取每行数据进行处理的例子。

【例 5-12】 声明一个静态游标，打印一个班级的学生人数和名单，结束后关闭并释放游标。

```
use Score;
go

Declare c_student insensitive cursor      -- 声明静态游标
    for
    select col_name
        from tbl_student
        where id_tbl_class = 1;

Open c_student;                          -- 打开游标

If @@error = 0                           -- 如果没有错误
Begin
    Print '人数=' + convert(varchar(8),@@cursor_rows);    -- 打印出总行数

    Declare @name varchar(20);

    Fetch next
        from c_student
        into @name;                      -- 读取第 1 行数据
    Print '姓名 1='+ @name;
    While @@fetch_status=0               --用 while 循环控制游标活动
    Begin
```

```
        Fetch next
            from c_student
            into @name;                  -- 在循环体内将读取其余行数据
        Print '姓名 n='+ @name;
    End
End

Close c_student;                         -- 关闭游标

Deallocate c_student;                    -- 释放游标
```

5.2.3　使用游标更新数据

使用游标不仅可以查询，一次一行地处理数据，也可以一次一行地更新数据。

【例 5-13】 声明一个滚动游标，将软件班的第 3 位学生的手机号码改为 13711111111。

```
Declare c_student scroll cursor          -- 声明游标
    for
    Select *
        from tbl_student;

Open c_student;                          -- 打开游标

Fetch absolute 3                         -- 直接移动到第 3 行
    from c_student;

Update tbl_student                       -- 更新
    set col_mobile = '13711111111'
    where current of c_student;          -- 在 where 子句中指明游标的当前位置

Close c_student;                         -- 关闭游标

Deallocate c_student;                    -- 释放游标

Select *                                 -- 验证更新的结果
    from tbl_student;
```

5.3　实操任务 2：函数

微课 5-5
函数和系统函数

与其他程序设计语言类似，SQL Server 的函数分为系统提供的系统函数与用户自行创建的自定义函数两大类。

5.3.1　系统函数

SQL Server 对系统函数的称呼有多种，先后被称为系统函数、标准函数或内置函数等。

SQL Server 提供的系统函数主要有以下几类（详见附录 B）。

1. 聚合函数

聚合函数也称为统计函数，用于对一组数据进行统计，计算其总和、平均值、最小值、最大值以及计数等。聚合函数与 Select 语句配合使用，用于对表中的数据进行统计处理，在 4.3 节中已作过详细讨论。附录 B 列出了 6 个常用的聚合函数。

2. 数学函数

SQL Server 提供了一组常用的数学函数，如绝对值、开方、幂函数、对数、四舍五入、上取整、下取整、随机数、三角函数等。附录 B 列出了 12 个常用的数学函数。

【例 5-14】 数学函数。

```
Print sqrt(9);                  -- =3，9 的平方根
Print square(3);                -- =9，3 的二次方
Print power(2, 3);              -- =8，2 的三次方
Print floor(5.5);               -- =5，下取整
Print ceiling(5.5);             -- =6，上取整
Print round(5.55555, 2);        -- =5.56000，第 2 位小数处四舍五入
Print rand(5);                  -- =0.713666525097956，0~1 之间的随机数（不含 0 和 1）
```

3. 字符串函数

字符串函数是非常有用的一组函数，包括截取、查找、替换，也提供了字符串转换、剪除前后空格等常用的字符串操作功能。附录 B 列出了 16 个常用的字符串函数。

【例 5-15】 字符串函数。

```
Print len('SQL Server');                          -- =10，长度为 10
Print substring('SQL Server', 2, 3);              -- ='QL'，第 2 到第 3 个字符，从
                                                  --1 开始计数
Print charindex('Se', 'SQL Server');              -- =5，'Se'的起始位置是 5
Print left('SQL Server', 3);                      -- ='SQL'，左 3 个字符
Print right('SQL Server', 3);                     -- ='ver'，右 3 个字符
Print replace('SQL Server', 'Se', '12');          -- ='SQL 12rver'，将'Se'替换
                                                  --为'12'
Print ascii('SQL Server');                   -- =83，首字符的 ASCII 码值
Print char(97);                              -- ='a'，ASCII 码对应的字符
Print ltrim('  SQL Server  ');               -- ='SQL Server  '，去除前导空格
Print rtrim('  SQL Server  ');               -- ='  SQL Server'，去除后接空接
Print upper('SQL Server');                   -- ='SQL SERVER'，大写
Print lower('SQL Server');                   -- ='sql server'，小写
```

4. 日期和时间函数

对日期和时间的处理是比较复杂的，既有数据范围和精度的影响，又有不同国家和地区对时间格式的不同要求。这些函数有取得当前时间、取得年月日数据、计算时间差、判断一个字符串是否是合法的日期时间格式的字符串等。附录 B 列出了 9 个常用的日期和时间函数。

【例 5-16】 日期和时间函数。

```
Print getdate();                 -- =2016-10-01 15:55:22.847，当前日期时间
Print day(getdate());                     -- =1，所给日期的日子
Print month(getdate());                   -- =10，所给日期的月份
Print year(getdate());                    -- =2016，所给日期的年份
Print datediff(day, '1989-8-12', '2016-10-1');
                                          -- =9912，所给两个日期之间的天数
Print dateadd(day, 5, getdate());
                       -- =2016-10-06 15:56:20.413，所给日期加上 5 天后的时间
Print isdate('2016-10-12');               -- =1，所给日期字符串是合法的
Print isdate('2016-10--12');              -- =0，所给日期字符串是非法的
```

5. 其他函数

其他函数的分类有点复杂，主要有处理出错信息、处理返回行数、处理主键值和自动生成主键等功能。另外，还有一些无法分类的函数也属于这个类别，因此称为其他函数。附录 B 列出了 10 个常用的其他函数。

有些系统函数的命名是以@@开始的，没有参数，调用时也不需要最后的一对括号。在早期的 SQL Server 中，它们曾被称为全局变量，这种命名和使用方式仍然保留至今，其中一部分归入其他函数，另一部分归入其他函数类别中。

【例 5-17】 其他函数。

```
Print @@error;                  -- =0，前一行代码没有错误代码
Print @@rowcount;               -- =1，前一行影响行数为 1
Print newid();      -- ='F63BFB12-E6E1-4B41-8585-636BA4A4D65D'，全球唯一 ID
Print @@identity;               -- =3，新插入的自增量主键值（前一行应该是插入语句）
Print isnumeric('12');          -- =1，表达式是一个数字
Print isnumeric('12a');         -- =0，表达式不是一个数字
Print @@version;    -- ='Microsoft SQL Server 2016…'，服务器安装的版本号
Print @@servername;             -- ='HUANGNG\SQLEXPRESS'，服务器的实例名
```

其中，函数 newid()用于生成一个全球唯一标识符（Global Unique Identifier，GUID）。它是一个长度为 36 的字符串，特别适合作为主键的值（系统可以保证每次执行的输出结果在全球范围内是唯一的）。

6. 转换函数

SQL Server 支持的数据类型多达数十种，与大多数编程语言一样，有些数据类型之间可以自动转换。

【例 5-18】 自动转换。

```
Print 5 + '3';                            -- = 8 （字符串自动转换为整数）
Print '3' + 5;                            -- = 8 （字符串自动转换为整数）
Print datediff(day, '1989-8-12', '2016-10-1');
                                          -- =9912，日期字符串自动转换为日期
```

有些数据类型之间需要用转换函数进行转换。例如，表达式“'人数=' + 12”是有语法错

误的，必须将数字 12 转换为字符串'12'，然后两者才能连接成为字符串'人数=12'。下述 cast 和 convert 函数都能实现这种转换。附录 B 列出了两个常用的转换函数。

【例 5-19】 转换函数。

```
Print '人数=' + cast(12 as varchar(3));   --=人数=12（整数必须先转换为字符串）
Print '人数=' + convert (varchar(3), 12);  -- =人数=12
```

以字符串格式表示的日期可以自动转换为日期类型，而日期类型转换为字符串时可以自动转换为默认格式的字符串，也可以指定日期格式样式，其格式见表 5-2。

【例 5-20】 日期格式的转换。

```
Print getDate();                    -- =12 13 2016  8:27PM（自动转换）
Print convert(varchar(100), getDate(), 23); -- =2016-12-13（指定日期格式样式）
```

表 5-2 日 期 格 式

国家或标准	日期格式样式	输出的格式	例 子
默认值	0	mon dd yyyy hh:mmAM	12 13 2016 8:53PM
美国	1	mm/dd/yy	12/13/16
英国、法国	3	dd/mm/yy	13/12/16
（仅时间）	8	hh:mm:ss	20:53:14
ISO	12	yymmdd	161213
ODBC 规范	20	yyyy-mm-dd hh:mm:ss	2016-12-13 20:53:14
ODBC 规范（带毫秒）	21	yyyy-mm-dd hh:mm:ss.fff	2016-12-13 20:53:14.007
（仅日期）	23	yyyy-mm-dd	2016-12-13

5.3.2 自定义函数

微课 5-6
自定义函数

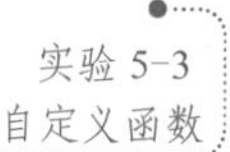

自定义函数在概念上与 C++等语言的函数相同，但是保存在数据库中，与数据表或视图一样，是数据库的一种对象。

根据返回值类型的不同，函数可以分为标量型函数和表值型函数。

1. 标量型函数

标量型函数返回单个数据值（标量值）。标量型函数可以用于表达式、计算列等，因此有比较广泛的用途。语法格式如下。

```
Create function dbo.函数名 ([形参列表]) returns 返回类型
as
Begin
    [语句组]
    Return 返回值表达式;
End;
```

- 函数名：在数据库范围内唯一的标识符，通常以 f_起头。
- 定义和调用时都必须指定函数的拥有者，默认为 dbo（Database owner，数据库拥有者）。
- 形参类型和返回类型不能是 table、text、ntext、image、cursor 和 timestamp 等数据类型。

【例 5-21】 创建一个函数，根据参数中的出生日期计算当前年龄（必须指定函数的拥有者）。

```
Create function dbo.f_age(@birth datetime) returns int
as
Begin
    Declare @curDate datetime;
    Set @curDate = getDate();
    Return year(@curDate)-year(@birth);
End;
go
```

下述语句使用上述函数。

【例 5-22】 函数的使用（调用时也必须指定函数的拥有者）。

```
Select col_name, col_sex, dbo.f_age(col_birthday) age
    from tbl_student;
```

函数体的语句组中可以有 Select 等语句，以实现比较复杂的计算。

2. 表值型函数

标量型函数返回一个单一的数值，与此不同的是，表值型函数返回的是一张数据表。表值型函数分为单语句表值型函数和多语句表值型函数。下面仅讨论单语句表值型函数。

单语句表值型函数的语法格式如下。

```
Create function dbo.函数名([形参列表]) returns table
as
Begin
    return (Select 语句)
End;
```

- 定义和调用时都必须指定函数的拥有者，默认为 dbo。
- 形参类型不能是 table、text、ntext、image、cursor 和 timestamp 等数据类型。
- 表值型函数的返回类型是 table 类型。

【例 5-23】 创建一个单语句表值型函数，根据参数班级编号查询班级的学生名单。

```
Create function dbo.f_student(@class_id int) returns table
as
    Return (Select * from tbl_student where id_tbl_class=@class_id);
go
```

使用该函数的语句如下。

【例 5-24】 单语句表值型函数的使用。

```
Select *
    from dbo.f_student(2);
```

可以看到表值型函数返回的是一张表，因此它与表或视图类似，用在 Select 语句的 from 子句里。

5.3.3 管理自定义函数

微课 5-7
管理自定义函数

1. 查看自定义函数列表

自定义函数保存在 sysobjects 表（一种系统用的表），可以用下述语句列出所有自定义函数。

【例 5-25】 列出所有自定义函数。

```
use Score
go

Select *
    from sysobjects
    where type = 'FN';
```

2. 查看自定义函数定义

用系统存储过程查看自定义函数的定义。格式如下。

```
Exec sp_helptext <函数名>;
```

3. 变更自定义函数的定义

用 Alter function 变更自定义函数的定义，其语法格式与创建函数相比，除了将 Create 改为 Alter 外，其余部分完全相同。

4. 丢弃自定义函数

使用 Drop function 丢弃自定义函数的语法格式如下。

```
Drop function dbo.函数名;
```

5.4 实操任务 3：存储过程

微课 5-8
存储过程和系统存储过程

5.4.1 存储过程概述

与函数一样，存储过程（Stored Procedure）也是定义在数据库中的一组 SQL 语句。存储过程的优点如下。

- 预编译，已优化，效率较高，是执行查询或批的最快方法。
- 可以避免大量 SQL 语句在网络传输，然后再编译的低效率。
- 存储过程可以重复使用，减少开发人员的工作量。

存储过程是大型数据库管理系统的核心，是衡量数据库管理系统优劣的重要指标，也是数据库应用开发中重要的一环。

5.4.2 系统存储过程

SQL Server 提供了一系列系统存储过程，用于完成一些预定的任务。系统存储过程的名字是以 sp_起头的，所以用户自定义的存储过程不应该以 sp_起头，以免混淆。使用下述代码可以列出系统提供的所有存储过程。

【例 5-26】 查询所有系统存储过程。

```
use master;
Select * from sys.all_objects
   where name like 'sp__%';
```

SQL Server 的系统存储过程有 1000 多个，分为 20 多个类别。常用的系统存储过程见表 5-3。

表 5-3　常用的系统存储过程

系统存储过程	说　明	例　子
sp_databases	列出服务器上的所有数据库	Exec sp_databases;
sp_helpdb	列出指定数据库或所有数据库的信息	Exec sp_helpdb Score;
sp_tables	列出当前数据库中的所有表和视图	Exec sp_tables @table_owner = 'dbo';
sp_columns	列出指定表中列的信息	Exec sp_columns tbl_student;
sp_help	列出指定表的所有信息	Exec sp_help tbl_student;
sp_helpconstraint	列出指定表的约束	Exec sp_helpconstraint tbl_student;
sp_helpindex	列出指定表的索引	Exec sp_helpindex tbl_student;
sp_helptext	列出指定存储过程、触发器或视图等的实际文本	Exec sp_helptext v_score;
sp_stored_procedures	列出当前环境中的所有存储过程	Exec sp_stored_procedures;
sp_executesql	动态执行 SQL 语句	Exec sp_executesql @cmd;
sp_renamedb	更改数据库的名称	Exec sp_renamedb 'Score','Student';

【例 5-27】 列出当前数据库中由用户创建的表。

```
Exec sp_tables @table_owner = 'dbo';
```

【例 5-28】 列出 tbl_score 表的所有列定义信息。

```
Exec sp_columns tbl_score;
```

5.4.3　自定义存储过程

微课 5-9
自定义存储过程

实验 5-4
自定义存储过程

与视图、函数等数据库对象的创建、变更和丢弃一样，存储过程也是用 Create、Alter、Drop 语句实现创建、变更和丢弃。

1. 存储过程的创建

创建存储过程的语法格式如下。

```
Create procedure <存储过程名> [形参列表]
as
Begin
   语句组
End;
```

- 存储过程名：在数据库范围内唯一的标识符，通常以 p_起头。
- 存储过程不能有 return 语句，不能直接返回值。

其中，形参列表为可选。如果提供了形参列表，则语法格式如下。

```
@形参 1 类型 [=默认值] [output], @形参 2 类型 [=默认值] [output], …
```

- 参数默认值必须是常量或 null。
- output 表示形参能返回运算结果，调用时可以通过这个形参获得返回的结果。
- 形参类型不能是 table、text、ntext、image、cursor 和 timestamp 等数据类型。

【例 5-29】编写一个存储过程 p_score，根据参数中的学号，查询该生各门课程的成绩。

```
Create procedure p_score @id varchar(20)
as
Begin
   Select tbl_student.id_tbl_student, tbl_student.col_name,
         tbl_course.col_name, col_score
      from tbl_score
         join tbl_student on tbl_score.id_tbl_student=tbl_student.id_tbl_student
         join tbl_course on tbl_score.id_tbl_course=tbl_course.id_tbl_course
      where tbl_student.col_student_no=@id
End;
go
```

该存储过程比较简单，存储过程的主体只是一条 Select 语句，但是在 where 子句中引用了参数值。

当参数类型为 varchar 时，要保证长度应该足够大；否则，可能使输入的参数值截短为形参的长度，使传入的值发生变化，这时没有任何出错提示，但结果不是预期的结果。例如，将【例 5-29】中的 varchar(20)改为 varchar(2)时，将得不到任何运行结果，除非传入的实际参数值只有 2 个字符长度。

2．存储过程的调用

存储过程的调用使用 Execute（缩写为 Exec）语句。语法格式如下。

```
Exec <存储过程名> [[实参名=]实参值[, [实参名=]实参值][,...]];
```

使用上述存储过程查询学号为'SW103104'的学生的成绩，有两种方式，代码如下。

【例 5-30】调用存储过程（1）：省略实参名。

```
Exec p_score 'SW103104';
```

【例 5-31】调用存储过程（2）：使用实参名。

```
Exec p_score @id='SW103104';
```

使用实参名的调用有一个好处，就是当存在多个参数时，不必按形参的顺序提供实参的值。

【例 5-32】编写一个存储过程 p_score1，根据参数中的学号和课程名称，查询该生的该门课程的成绩。创建后使用多种方式进行调用。

```
use Score;
```

```
go

Create procedure p_score1 @studentNo varchar(20), @cname varchar(50)
as
Begin
    Select tbl_student.id_tbl_student, tbl_student.col_name,
            tbl_course.col_ name, col_score
        from tbl_score
            join tbl_student on tbl_score.id_tbl_student=tbl_student.id_tbl_student
            join tbl_course on tbl_score.id_tbl_course=tbl_course.id_tbl_course
        where tbl_student.col_student_no=@studentNo
            and tbl_course.col_name = @cname
End;
go

-- 下述 3 条调用语句的效果相同
Exec p_score1 'SW103104', 'C++程序设计';
                                        -- 必须按定义存储过程时的顺序提供参数值

Exec p_score1 @studentNo='SW103104',@cname='C++程序设计'; -- 可以按顺序提供

Exec p_score1 @cname='C++程序设计',@studentNo='SW103104'; -- 也可以不按顺序提供
```

当 Execute 是批中的第 1 条语句时，可以省略 Execute 关键字。

【例 5-33】 调用存储过程：省略 Execute 关键字。

```
p_score1 'SW103104', 'C++程序设计';
```

3．带默认值的参数

在定义存储过程时可以为形参指定默认值。【例 5-34】中根据参数中的学号和课程名称查询该生的该门课程的成绩，如果没有提供课程名称，则查询该生的所有课程的成绩。

【例 5-34】 编写一个存储过程 p_score2，具有带默认值的参数。创建后使用多种方式进行调用。

```
use Score;
go

Create procedure p_score2 @studentNo varchar(20), @cname varchar(50) = NULL
as
Begin
    If @cname is null
    Begin
        Select tbl_student.id_tbl_student, tbl_student.col_name,
                tbl_course.col_ name, col_score
            from tbl_score
                join tbl_student on tbl_score.id_tbl_student
```

```
                =tbl_student. id_tbl_student
            join tbl_course on tbl_score.id_tbl_course
                =tbl_course. id_ tbl_course
        where tbl_student.col_student_no=@studentNo
    End
    Else
    Begin
      Select tbl_student.id_tbl_student, tbl_student.col_name,
            tbl_course. col_name, col_score
        from tbl_score
            join tbl_student on tbl_score.id_tbl_student=
               tbl_student. id_  tbl_student
            join tbl_course on tbl_score.id_tbl_course=
                tbl_course. id_ tbl_course
        where tbl_student.col_student_no=@studentNo
            and tbl_course.col_name = @cname
    End
  End;
  go

  -- 调用时可以提供所有参数值
  Exec p_score2 'SW103104', 'C++程序设计';

  Exec p_score2 @studentNo='SW103104', @cname='C++程序设计';

  Exec p_score2 @cname='C++程序设计', @studentNo='SW103104';

  -- 调用时也可以不提供具有默认值的参数值，这时存储过程根据默认值进行处理
  Exec p_score2 'SW103104';

  Exec p_score2 @studentNo='SW103104';
```

4．输出型参数

存储过程不能直接返回运行的结果，如果要返回运行的结果，可以通过输出型参数来实现。输出型参数的形参定义和实参调用都必须加上 output 关键字修饰。

输出型参数类似于 C++语言中的传地址参数（引用型参数）。下述代码中有一个输出型参数，该参数返回指定班级的学生人数。

【例 5-35】 编写一个存储过程 p_student_count，具有输出型参数。

```
Create procedure p_student_count @class_id int, @student_num int OUTPUT
as
   Select @student_num = COUNT(*)
      from tbl_student
      where id_tbl_class = @class_id;
go
```

【例 5-36】 调用存储过程：输出型参数，调用时也要加上 output 关键字。

```
Declare @num int;                    -- 必须使用变量，接收存储过程返回的值
Exec p_student_count 1, @num OUTPUT;
print @num;
```

5．存储过程的返回信息

存储过程不像函数，不能使用 return 语句返回一个值，但是应用程序调用存储过程时，可以通过下述 3 种不同的方式获得存储过程的返回信息。

（1）Select

存储过程中的 Select 语句的查询结果集将返回给调用者。例如，在查询窗口中执行一个含有 Select 语句的存储过程，将直接显示该语句的执行结果。如果在一个应用程序（如 C#中）调用这个存储过程，在应用程序中同样能够获得执行的结果。

通过这种方式，存储过程返回的信息是数据表。

（2）输出型参数

存储过程可以通过输出型参数返回一个值给调用者，可以定义多个输出型参数，其数目和类型仅受存储过程形参的限制。

通过这种方式，存储过程返回的信息是标量值。

（3）Raiserror

除此之外，存储过程还可以通过 Raiserror 将存储过程中有关的错误信息返回给调用者。

【例 5-37】 生成一个错误消息。

```
Raiserror ('这里发生了一个错误。',              -- 错误信息
    16,              -- 严重级别,              -- 通常是 0～18 之间的整数
    1);              -- 状态号,                -- 0～255 的整数
```

通过这种方式，存储过程的调用者（如 C#程序）可以使用 try…catch 结构捕获错误，进行适当的处理。

上述 3 种方式可以同时使用，调用者可以是 SQL 语句、C#程序、Java 程序或其他语言的程序。

*5.4.4　影响行数和错误号

微课 5-10
影响行数和错误号

1．影响行数

在存储过程中可以通过系统函数@@rowCount 得到前一条 SQL 语句所影响的行数，即 Select 结果集的行数，或者是 Insert 插入的行数、Update 更新涉及的行数或 Delete 删除的行数。

【例 5-38】 使用@@rowCount 记录查询结果的行数。

```
Declare @count int;
Select *
    from tbl_student
    where col_name like '王%'
```

```
Set @count = @@ROWCOUNT;
Print '王姓学生人数是' + cast(@count as char(3));
```

由于多数 SQL 语句都会影响@@rowCount 的值，因此应该在 SQL 语句执行后立即检查该值，或将其保存到一个变量中以备使用。

2. 错误号

在存储过程中可以通过系统函数@@error 得到前一条 SQL 语句执行时出现的错误，如果没有错误，则返回 0；如果有错误，则返回错误号。

例如，单独执行下述语句将会出错。

【例 5-39】 演示错误信息的代码。

```
Insert into tbl_course values ('Java 程序设计', '80', 100);
```

错误信息如下。

```
消息 547，级别 16，状态 0，第 1 行
INSERT 语句与 FOREIGN KEY 约束"FK__tbl_cours__id_tb__2F10007B"冲突。该冲突发生于数据库"Score"，表"dbo.tbl_faculty", column 'id_tbl_faculty'。
```

当需要在存储过程中处理错误时，就要先捕获异常，再从系统函数@@error 中得到错误号，根据错误号进行适当的处理。

【例 5-40】 处理错误号的代码。

```
Declare @err int;
Begin try
    Insert into tbl_course values ('Java 程序设计', '80', 100);
                                                        -- 参照了不存在的外键
End try
Begin catch
    Set @err = @@ERROR;
    If @err<>0
    Begin
        Print '错误号是：' + convert(varchar(6),@err);;
    End
End catch
```

将显示如下信息。

```
(0 行受影响)
错误号是：547
```

由于@@error 在每一条语句执行后被重置，因此应在 SQL 语句执行后立即检查该值，或将其保存到一个变量中以备使用。

错误号的相关信息保存在 master 数据库中，可以通过下述语句查询。

【例 5-41】 查询错误号 547 的相关信息，并且指定语言为中文（2052 是中文的编号）。

```
use master;
go
```

```
Select * from sys.messages
    where language_id = 2052          -- 中文信息的编号
        and message_id = 547;         -- 错误号
```

上述查询结果显示错误号为 547 的错误信息如下。

```
%1! 语句与 %2! 约束"%3!"冲突。该冲突发生于数据库"%4!"，表"%5!"%6!%7!%8!。
```

微课 5-11
存储过程实例

实验 5-5
存储过程实例

*5.4.5　存储过程实例

存储过程不仅用于查询，也用于操纵数据。例如，下述存储过程的功能是根据参数中的学号、课程名称和成绩，插入或更新该生的该门课程的成绩。如果数据库中不存在该生该门课程的数据，则插入一行，并通过输出型参数@id 返回新插入行的主键值；如果已存在数据，则更新该行的成绩，并返回 0。因此，参数@id 的返回信息为 0，表示更新；返回信息不为 0，则返回信息是新插入行的主键值。

【例 5-42】 用于操纵数据的存储过程 p_add_score。

```
use Score;
go

Create procedure p_add_score @cname varchar(50),
    @studentNo varchar(20), @score int, @id int output
as
Begin
    Declare @cid int;                    -- 课程主键
    Select @cid = id_tbl_course          -- 从课程名称查询课程主键
        from tbl_course
        where col_name = @cname;
    If(@@rowcount<>1)
    Begin
        Raiserror ('课程名称错误',16,1);
        Return;
    End;

    Declare @sid int;                    -- 学生主键
    Select @sid = id_tbl_student         -- 从学号查询学生主键
        from tbl_student
        where col_student_no = @studentNo;
    If(@@rowcount<>1)
    Begin
        Raiserror ('学号错误',16,1);
        Return;
    End;

    Print @cid;
    Print @sid;
```

```
        Select *                          -- 查询该生该课程的成绩
            from tbl_score
            where id_tbl_student=@sid and id_tbl_course = @cid;
        If(@@rowcount=1)
        Begin                             -- 如果成绩已录入，则更新该成绩
            Update tbl_score
                set col_score = @score
                where id_tbl_student=@sid and id_tbl_course = @cid;
            Set @id = 0;                  -- 返回 0，表示更新
        End
        Else
        Begin                             -- 如果成绩未录入，则插入成绩
            Insert into tbl_score
                (id_tbl_student,id_tbl_course,col_score)
                values(@sid, @cid, @score);
            Set @id = @@identity;         -- 返回新行的主键（插入时系统生成的）
        End
    End;
    go
```

调用上述存储过程的例子见例 5-43，当第 1 次调用时，由于学号 SW103101 的学生并没有选修计算机网络技术课程的记录，因此插入一行，返回信息是该行的主键；再次调用时，则只是更新该行的成绩数据。

【例 5-43】 调用存储过程插入或更新成绩数据。

```
Declare @id int;
Set @id=0;
Begin try
    Exec p_add_score '计算机网络技术', 'SW103101aa', 87, @id output;
    If(@id=0)
    Begin
        Print '更新数据';
    End
    Else
    Begin
        Print '插入数据，新行的主键是：';
        Print @id;
    End
End try
Begin catch
    Print error_message();
End catch;
```

5.4.6 管理自定义存储过程

微课 5-12
管理自定义存储过程

1. 查看自定义存储过程列表

自定义存储过程保存在 sysobjects 表，可以用下述语句列出所有自定义存储过程。

【例 5-44】 列出所有自定义存储过程。

```
use Score
go

Select *
    from sysobjects
    where type = 'P';
```

2. 查看自定义存储过程定义

用系统存储过程查看自定义存储过程的定义。语法格式如下。

```
Exec sp_helptext <存储过程名>;
```

3. 变更自定义存储过程的定义

用 Alter procedure 变更自定义存储过程的定义，其语法格式与创建存储过程相比，除了将 Create 改为 Alter 外，其余部分完全相同。

4. 丢弃自定义存储过程

使用 Drop procedure 丢弃自定义存储过程。语法格式如下。

```
Drop procedure <存储过程名>;
```

5.5 实操任务 4：触发器

微课 5-13
触发器概述

5.5.1 触发器概述

SQL Server 提供了数据完整性约束和触发器两种机制来强制业务规则和数据的完整性。第 2 章介绍了各种数据完整性约束，但是有些业务规则过于复杂，不能通过数据完整性约束来实现，这时可以采用触发器来实现。

1. 定义

触发器（Trigger）是一种特殊类型的存储过程，不能被直接调用，而是当用户对数据库进行某些操作（如插入、更新或删除行时）被自动激活。触发器类似于其他语言的事件处理机制，触发器对应的事件有 Insert、Update 和 Delete 等多种。

2. 特点

触发器的功能十分强大，优势明显，但缺点也非常突出，应该根据项目的需求选择使用。

（1）优点

- 实现复杂约束：触发器可以实现比检查约束等更加复杂的约束。例如，触发器可以引用其他表中的列，通过其他表中的数据来决定如何操作。
- 比较数据状态：触发器可以比较数据修改前后的差异，并根据这些差异采取不同的操作。

（2）缺点

- 可移植性差：不同的数据库管理系统对触发器有不同的实现，因此触发器的可移植性较差，是其最大的缺点。

- 占用资源：触发器占用服务器端较多的资源，对服务器造成较大的压力，有时会严重影响服务器的性能。
- 维护困难：触发器可能造成排错困难，有时反而会造成数据不一致，后期维护不方便。

3. 触发器的类型

SQL Server 提供了多种触发器，但本书只介绍 Instead of 和 After 两种触发器。这两种触发器的差别在于被激活的时机不同。

- After 触发器：After 触发器是在引起触发器执行的 DML 语句（Insert、Update 或 Delete）成功完成之后执行。如果 DML 语句因错误（如违反约束）而执行失败，触发器便不会执行。可以为每个触发操作（Insert、Update 或 Delete）建立多个 After 触发器。
- Instead of 触发器：Instead of 触发器称为替代触发器，当引起触发器执行的 DML 语句开始执行时，该触发器代替 DML 语句执行操作，原有的 DML 语句将被替换而不再执行。对于每个触发操作（Insert、Update 或 Delete）只能定义一个 Instead of 触发器。

5.5.2 触发器的创建和应用

1. 语法格式

创建触发器的语法格式如下。

```
Create trigger <触发器名>
on <表名>
   after | instead of [insert , update , delete]
as
Begin
   <SQL 语句块>;
End;
```

- 触发器名：在数据库范围内唯一的标识符，通常以 t_起头。
- 表名：每个触发器都是基于某张表，在该表上发生的事件将触发该触发器。
- after | instead of：指定触发器的类型。
- insert、update、delete：指定触发的事件，可以是其中之一，也可以是三者的任意组合。
- SQL 语句块：触发器的主体，被触发时执行，其中可以包含 DML 和 Select 语句，但不能包含 DDL 语句。

2. 体验触发器

触发器比较难于理解，首先通过两个最简单的触发器来体验一下。

（1）After 触发器

【例 5-45】 一个简单的 After 触发器。

实验 5-6
体验触发器

```
use Score;
go

Create trigger t_score        -- After 触发器
```

```
    on tbl_score
    after update
as
Begin
    print '更新了成绩表的数据';
End;
go
```

触发器不能被直接调用执行，而是在某个事件发生时被触发执行。对于上述触发器，这个事件就是对 tbl_score 表进行的 Update 操作，因此下述代码的 Update 语句将会触发上述触发器。

【例 5-46】 触发 t_score 的代码。

```
Select *                                   -- 查询更新前的数据
    from tbl_score
    where id_tbl_score=2;

Update tbl_score
    set col_score = col_score + 1
    where id_tbl_score=2;

Select *                                   -- 查询更新后的数据，以便比较
    from tbl_score
    where id_tbl_score=2;
```

在执行【例 5-46】的代码后，在消息窗口将会显示“更新了成绩表的数据”，并且从更新前后的数据看，成绩加了一分。

（2）Instead of 触发器

【例 5-47】 一个简单的 Instead of 触发器。

```
Drop trigger t_score;                      -- 丢弃原来的触发器
go

Create trigger t_score                     -- 重新创建一个 Instead of 触发器
    on tbl_score
    instead of Update
as
    Print '试图更新成绩表的数据，但更新不了';
go
```

接着执行与【例 5-46】完全相同的语句，触发上述 Instead of 触发器。

【例 5-48】 触发 t_score 的代码。

```
Select *                                   -- 查询更新前的数据
    from tbl_score
    where id_tbl_score=2;

Update tbl_score
    set col_score = col_score + 1
```

```
    where id_tbl_score=2;

Select *                                    -- 查询更新后的数据，以便比较
    from tbl_score
    where id_tbl_score=2;
```

这时消息窗口显示的是“试图更新成绩表的数据，但更新不了”，并且 Update 语句不被执行，从更新前后的数据看，成绩没有变化。这是因为 Instead of 触发器替代了触发它的语句，Update 语句没有执行，成绩也就没有变化。

3. Inserted 表和 Deleted 表

微课 5-14
Inserted 表和
Deleted 表

实验 5-7
Inserted 表和 Deleted 表

SQL Server 在触发器被触发时，为该触发器创建两个临时的专用表：Inserted 表和 Deleted 表。这两张表的特点如下。

- 这两张表是临时表，由系统自动创建和维护，用户不能对它们进行修改。
- 这两张表存放在内存而不是数据库中。
- 这两张表的结构总是与该触发器作用的表的结构相同。
- 这两张表的作用域范围是在触发器内部，一旦触发器执行完毕，这两张表立即被删除。

（1）Inserted 表

Inserted 表存放由于执行 Insert 或 Update 语句而向表中插入的所有行。在 Insert 或 Update 执行的内部，新的行同时添加到激活触发器的表和 Inserted 表中。Inserted 表中的内容是激活触发器的表中的新行的复制内容。

（2）Deleted 表

Deleted 表存放由于执行 Delete 或 Update 语句而要从表中删除的所有行。在执行 Delete 或 Update 操作时，被删除的行从激活触发器的表中被移到 Deleted 表中，Deleted 表和激发触器的表不会有相同的行。

因此，与插入、更新、删除 3 种数据操纵相关的触发器内部将出现下述情况。

- Insert 语句：Inserted 表含有插入的数据，而 Deleted 表为空。
- Delete 语句：Deleted 表含有被删除的数据，而 Inserted 表为空。
- Update 语句：Deleted 表和 Inserted 表中都有数据，一个 Update 操作可以被看作先执行一个 Delete 操作，再执行一个 Insert 操作。因此，Inserted 表含有新的数据，而 Deleted 表含有旧的数据。

在触发器内部可以通过 Inserted 表和 Deleted 表比较 DML 执行前后的数据，从而决定下一步的处理。通过下述代码可以直观地查看 Inserted 表和 Deleted 表。

【例 5-49】 用于演示 Inserted 表和 Deleted 表的触发器。

```
use Score
go

Create trigger t_inserted_deleted
    on tbl_class
```

```
        after Insert, Update, Delete
as
    Select '插入行' as 'Inserted表',* from inserted
    Select '删除行' as 'Deleted表',* from deleted
go
```

然后分别执行下述 Insert、Update 和 Delete 语句。

【例 5-50】 触发 t_inserted_deleted 的代码，将显示 Inserted 表和 Deleted 表的内容。

```
Declare @id int;

Insert into tbl_class
    (col_name)
    values ('物联网1031');
Set @id = @@identity;

Update tbl_class
    set col_name = '更新的数据'
    where id_tbl_class=@id;

Delete
    from tbl_class
    where id_tbl_class=@id;
```

Insert、Update 和 Delete 操作触发的 Inserted 表和 Deleted 表的内容如图 5-1 所示，其中第 1 列是为了区别是 Inserted 表还是 Deleted 表而加入的计算列。

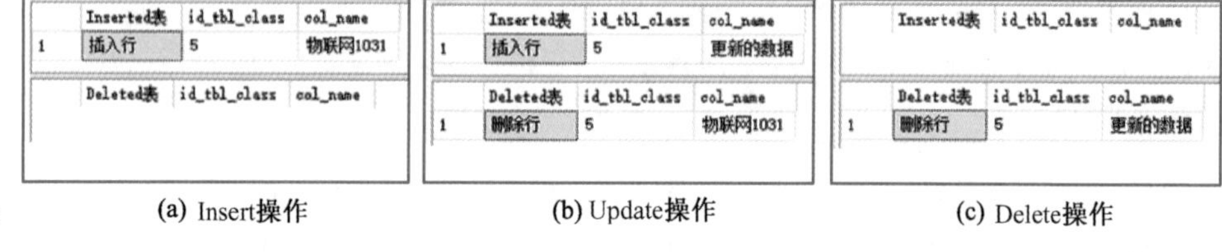

图 5-1
DML 操作与 Inserted 表和 Deleted 表

5.5.3 触发器实例

微课 5-15
After 触发器

实验 5-8
After 触发器

1. After 触发器

下面用一个例子说明 After 触发器的应用。先为班级表增加一列 col_count，用于统计班级人数。当向学生表插入学生时，自动更新班级表 col_count 列的值为该班级的最新学生人数。

【例 5-51】 修改班级表的结构，增加一列，用于演示触发器的执行结果。

```
use Score
go

Alter table tbl_class
    add col_count int null;
go
```

【例 5-52】 为学生表编写一个 After 触发器 t_student_count，自动更新班级表 col_count 列的值。

```
Create trigger t_student_count
   on tbl_student
   after Insert
as
   Declare @id int;
   Declare @count int;
   Select @id = id_tbl_class
      from inserted;
   Select @count = count(*)
      from tbl_student
      where id_tbl_class=@id;
   Update tbl_class
      set col_count=@count
      where id_tbl_class=@id;
go
```

下述代码可以验证当向学生表插入行时，自动更新班级表 col_count 列的值为该班级的学生人数。

【例 5-53】 触发前述 After 触发器的代码。

```
Select *
   from tbl_class;

Insert into tbl_student
   values ('xxxx','xxx','F',1,'1990-5-7','xxxx','xxx',1);

Select *
   from tbl_class;                    -- 从查询结果中可以看到 col_count 列的值
```

2. Instead of 触发器*

下面用一个例子说明 instead of 触发器的应用。

视图与表都是二维表，同样可以为视图创建触发器。下述代码创建一个名为 v_score_insert 的视图，该视图显示课程名、学号、姓名和成绩。

微课 5-16
Instead of 触发器

实验 5-9
Instead of 触发器

【例 5-54】 创建一个视图，从成绩表、课程表和学生表查询课程名、学号、姓名和成绩。

```
Create view v_score_insert -- 创建一个视图，连接成绩表、课程表和学生表
as
select tbl_course.col_name as course_name, tbl_student.col_student_no as
student_no,
      tbl_student.col_name as student_name, col_score
   from tbl_score
      join tbl_course on tbl_score.id_tbl_course = tbl_course.id_tbl_course
      join tbl_student on tbl_score.id_tbl_student = tbl_student. id_tbl_student;
```

```
go
```

当向这个视图插入数据，例如执行下述语句。

```
Insert into v_score_insert values('计算机网络技术', 'SW103104', null, 88);
 -- 列数与视图的相同
```

会显示如下错误信息。

```
消息 4405，级别 16，状态 1，第 31 行
视图或函数 'v_score_insert' 不可更新，因为修改会影响多个基表。
```

这是因为插入的数据“'计算机网络技术','SW103104', null, 91”分别与课程表、学生表和成绩表有关，Insert 语句无法判断应该向哪张表插入什么样的数据。

下面为这个视图创建一个 instead of 触发器，用于实现数据插入或更新操作。该触发器名为 t_score_insert，作用是当向视图 v_score_insert 插入数据或更新时，从 inserted 表中取得将要插入的数据，然后调用【例 5-42】的存储过程实现数据插入或更新。

【例 5-55】 在视图上创建一个 instead of 触发器，支持对视图的数据插入或更新。

```
Create trigger t_score_insert   -- 在视图上创建触发器，支持对 v_score_insert
的数据插入或更新
    on v_score_insert
    instead of insert, update
as
    Declare @course_name varchar(100);
    Declare @student_no varchar(100);
    Declare @score int;
    Declare @id int;

    -- 从 inserted 表查询将要插入的数据，引用视图的列名，而非基表的列名
    Select @course_name=course_name,
            @student_no=student_no, @score=col_score
        from inserted;
    -- 调用【例 5-42】的存储过程实现插入数据
    Execute p_add_score @course_name, @student_no, @score, @id;
go
```

执行下述语句向视图插入数据，这时 Instead of 触发器接管了 insert 操作，向视图的基表插入数据。

```
Insert into v_score_insert values('计算机网络技术', 'SW103104', null, 88);
```

由于 Instead of 触发器的存在，使这个视图可以接受数据插入或更新命令。

5.5.4　管理触发器

1. 查看触发器列表

触发器保存在 sysobjects 表，可以用下述语句列出所有自定义触发器。因为还应该列出与触发器相关的表，因此需要与 sysobjects 表进行自连接，从而能够同时看到触发器名和表名。

【例 5-56】 列出所有触发器。

```
use Score;
go

Select trigger_obj.name as triggername,
        table_obj.name tablename, trigger_obj.status
    from sysobjects as trigger_obj
        join sysobjects as table_obj on trigger_obj.parent_obj = table_obj.id
    where trigger_obj.type='TR';
```

2．查看触发器定义

用系统存储过程查看触发器的定义。语法格式如下。

```
Exec sp_helptext <触发器名>;
```

3．变更触发器的定义

可以使用 Alter trigger 变更触发器的定义，其语法格式与创建触发器相比，除了将 Create 改为 Alter 外，其余部分完全相同。

4．丢弃触发器

使用 Drop trigger 丢弃触发器。语法格式如下。

```
Drop trigger <触发器名>;
```

5.6 学习任务 2：事务与锁

微课 5-17
事务入门

5.6.1 事务

1．事务的概念

事务（Transaction）是由多个操作组成的一个序列，序列中每个操作单元要么都执行，要么都不执行。如果所有操作成功，则事务**提交**（Commit）；如果其中任何一个操作失败，则事务失败，已成功的操作将**回滚**（Rollback），所有被影响的数据将恢复到事务发生之前的状态。

这里用一个例子加以说明。首先创建一个极其简单的银行表（bank），其中有 2 个账户 A 和 B，分别存入 2000 元和 3000 元。

【例 5-57】 说明事务概念用的数据结构（说明概念的代码，无需执行）。

```
Create table bank(
    account varchar(20) not null primary key, -- 账户，主键
    ammount money                             -- 存款数目
);
Insert into bank values('A', 2000);           -- 账户 A 有存款 2000 元
Insert into bank values('B', 3000);           -- 账户 B 有存款 3000 元
```

存款总数是 5000 元。现在账户 A 想转 500 元钱给账户 B，这时的操作应该如下。

【例 5-58】 说明事务概念的例子（说明概念的代码，无需执行）。

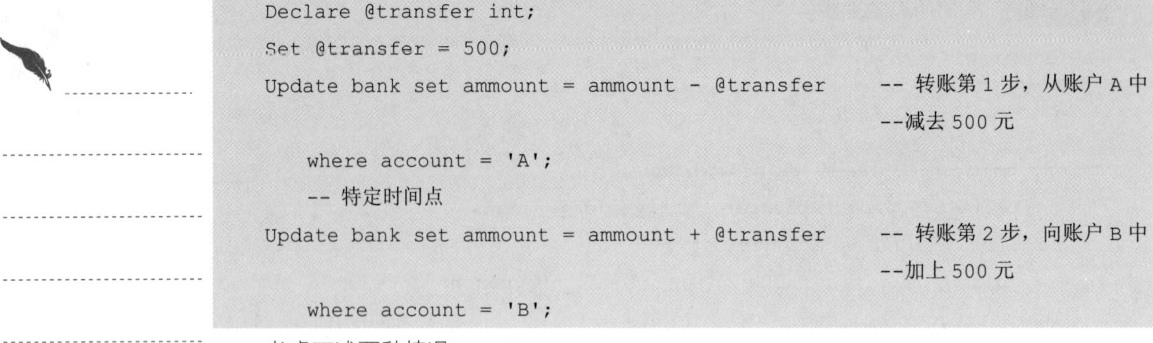

```
Declare @transfer int;
Set @transfer = 500;
Update bank set ammount = ammount - @transfer      -- 转账第 1 步，从账户 A 中
                                                   --减去 500 元
    where account = 'A';
    -- 特定时间点
Update bank set ammount = ammount + @transfer      -- 转账第 2 步，向账户 B 中
                                                   --加上 500 元
    where account = 'B';
```

考虑下述两种情况。

- 第 1 种情况：在第 1 条 Update 语句执行后，第 2 条 Update 语句还没有执行时，由于某种原因（如停电）在这个特定的时间点出现一个致命的错误，而使第 2 条 Update 语句无法执行。这时账户 A 的转账没有完成，但是钱却被意外地扣除了。这种情况出现的概率极其微小，但并不是不可能出现，一旦出现，将给银行的信誉带来毁灭性的打击。
- 第 2 种情况：另一个用户（如银行经理）想要查询银行的存款总额，如果他是在第 1 条 Update 语句执行完后的那个特定时间点进行的，那么查询到的结果是存款总额为 4500 元，而不是 5000 元。引起这个错误的原因是因为 2 个用户（转账用户和银行经理用户）的操作是在时间上极其接近的情况下执行的，而系统又没有任何的防范措施。

因此，一个完善的数据库管理系统必须提供一个妥善的解决办法来正确处理上述两类事件对数据库的影响，这个机制就是事务。事务能够保证上述 2 条语句要么都执行，要么都不执行，并且一个事务的内部处理不会对其他操作造成影响。

2．事务的特性

两个或多个事务在同一时刻（时间间隔极其短暂）访问同一个数据库对象（如同一行）的现象称为并发（Concurrency）。并发控制（Concurrency control）是确保在多个事务同时存取数据库中同一数据时不破坏事务的隔离性、一致性以及数据库的一致性。

事务是并发控制的基本单位，事务应该保证下述两类事件发生时，数据库管理系统能够正常运行。

- 事务在运行过程中被强行停止（如停电、系统崩溃等）。这时，数据库管理系统必须保证被强行终止的事务对数据库和其他事务没有任何影响。
- 多个事务并发运行时，不同事务的操作交叉执行。这时，数据库管理系统必须保证多个事务的交叉运行，而不会产生相互影响。

因此，事务具有 4 个特性：原子性（Atomicity）、一致性（Consistency）、隔离性（Isolation）和持续性（Durability）。这 4 个特性也简称为 ACID 特性。

- **原子性**：原子性是事务的最基本的特性，是指一个事务中的操作要么全部完成（提交），要么全部撤销（回滚）。
- **一致性**：若数据库只包含成功事务提交的结果，则称数据库处于一致性状态。在事务的执行过程中，数据库会从一个一致性状态（执行前）变到另一个一致性状态（执行后），而不会处于中间状态（不一致的状态）。

- 隔离性：并发执行的事务之间不能相互干扰，将并发事务间保持互斥的特性称为隔离性。
- 持久性：事务一旦提交，事务对数据库中数据的改变是永久的，接下来的其他操作或故障不应该对其执行结果有任何影响。这种特性称为持久性。

3. 事务控制语句

一个事务的开始、提交与回滚可以用 SQL 语句实现。在 SQL 语言中，控制事务的语句主要有以下 3 条。

（1）Begin transaction 语句

Begin transaction 表示一个事务的开始。事务通常是以 Begin transaction 开始，以 Commit 或 Rollback 结束。

（2）Commit 语句

Commit 表示提交，即提交事务的所有操作。具体地说，就是将事务中所有对数据库的更新写到磁盘上的物理数据库中去，事务正常结束。

（3）Rollback 语句

Rollback 表示回滚，即在事务运行的过程中发生了错误或故障，事务无法继续执行，数据库管理系统将事务中对数据库的所有已执行的操作全部撤销，回滚到事务开始时的状态。

事务的开始与结束可以由用户使用上述控制事务的语句显式控制。如果用户没有显式地定义事务，则由数据库管理系统按一定的策略自动处理事务。

SQL Server 的默认事务处理策略是，将每一条 SQL 语句作为一个独立的事务，一旦执行完成，立即提交。而使用 Begin transaction 语句则可以定义一个事务，将多条 SQL 语句作为一个整体提交，或者在出现故障时回滚。

下面是将前述的银行转账问题用一个事务来处理的例子。

【例 5-59】 采用事务机制，安全地从账户 A 转 500 元钱给账户 B（说明概念的代码，无需执行）。

```
Declare @transfer int;
Set @transfer = 500;

Begin transaction;              -- 开始一个事务，保证事务内的操作的 ACID 特性
Update bank set ammount = ammount - @transfer
   where account = 'A';
If @@error<>0                   -- 如果出现错误
   Begin
      Rollback;                 -- 出现错误，回滚事务，回滚后，数据恢复原状
      Return;
   End;
Update bank set ammount = ammount + @transfer
```

```
    where account = 'B';
If @@error<>0                              -- 如果出现错误
    Begin
        Rollback;                          -- 出现错误，回滚事务，回滚后，数据恢复原状
        Return;
    End;
Commit;                                    -- 没有错误，提交事务，提交后，数据永久保存
```

回滚是理解事务处理的一个难点。下面用一个例子来演示回滚的现象。

【例 5-60】 演示回滚的现象。

```
use Score;
go

Select '原记录' as '状态',*
    from tbl_score
    where id_tbl_course=2;              -- 有 5 行

Begin transaction;                      -- 开始 1 个事务
Delete from tbl_score
    where col_score >60
        and id_tbl_course=2;            -- 删除及格的行
Select '删除后' as '状态',*
    from tbl_score
    where id_tbl_course=2;              -- 只有 1 行，只留下不及格的成绩
Rollback;                               -- 回滚；撤销前面的所有操作（即删除操作）

Select '回滚后' as '状态',*
    from tbl_score
    where id_tbl_course=2;              -- 仍然有 5 行，恢复到事务前的状态
```

演示效果如图 5-2 所示。

结果　消息

	状态	id_tbl_score	col_score	id_tbl_course	id_tbl_student
1	原记录	13	66	2	10
2	原记录	14	79	2	11
3	原记录	15	94	2	12
4	原记录	16	70	2	14
5	原记录	17	42	2	15

	状态	id_tbl_score	col_score	id_tbl_course	id_tbl_student
1	删除后	17	42	2	15

	状态	id_tbl_score	col_score	id_tbl_course	id_tbl_student
1	回滚后	13	66	2	10
2	回滚后	14	79	2	11
3	回滚后	15	94	2	12
4	回滚后	16	70	2	14
5	回滚后	17	42	2	15

图 5-2
事务的回滚

4. 事务实例*

下面用一个例子来演示事务的应用。首先假设在这个系统中不会出现同名同姓的教师，编写一个存储过程，接受课程名和教师姓名作为参数，功能如下。

- 从教师表查询参数中指定的教师的主键。
- 如果该教师在教师表中不存在，插入该教师的数据，并得到新插入的主键值。
- 向课程表插入一行，数据是参数中指定的课程名和前面得到的教师主键值。

微课 5-18
事务实例

实验 5-10
事务实例

这里的一个问题是，如果教师在教师表中不存在，插入了一行数据之后，再向课程表插入数据时，如果课程名已经存在，这时由于课程名有唯一性约束，插入失败。而前面的教师数据却已经插入，导致整个操作过程只完成了一半，说明事务没有全部完成。因此，需要通过 Begin transaction、Commit 和 Rollback 实现事务处理，以保证数据的完整性和一致性。

【例 5-61】 事务实例

```
Drop procedure if exists p_course;
go

Create procedure p_course  -- 存储过程，同时向课程表和老师表插入数据
   @course_name varchar(100), @faculty_name varchar(100)
as
   Declare @faculty_id int;
   Declare @count int;
   Declare @err int;

   BEGIN TRANSACTION
   Print '从教师表查询教师的主键'
   Select @faculty_id = id_tbl_faculty
      from tbl_faculty
      where tbl_faculty.col_name = @faculty_name;
   Print '教师主键是 ' + cast(@faculty_id as varchar(6));

   Set @count = 0;
   If @faculty_id is null
   Begin
      Print '该教师不存在，向教师表插入数据'
      Insert into tbl_faculty (col_name)
         values (@faculty_name);
      Set @faculty_id = @@identity;
      Set @count = @@rowcount;
      Print '新插入的教师主键是 ' + cast(@faculty_id as varchar(6));
   End
   Begin try
      Insert into tbl_course (col_name, id_tbl_faculty)
         values (@course_name, @faculty_id);
      Set @err = @@ERROR;
   End try
   Begin catch
      If @count = 1
         Raiserror('向课程表插入失败，事务回滚，已插入的教师数据被回滚',10,1);
      Else
```

```
                Raiserror ('向课程表插入失败，事务回滚',10,1);
            Print '事务回滚';
            ROLLBACK;
        End catch
        If @err = 0
        Begin
            Print '已向课程表插入数据，事务成功';
            COMMIT;
        End
go
```

【例 5-62】 调用存储过程

```
-- 调用存储过程
Exec p_course '软件工程','陈老师';
```

第一次调用存储过程时，由于课程“软件工程”和教师“陈老师”都不存在，存储过程显示“事务成功”，成功向教师表和课程表各插入一行。如果再一次调用，则由于课程“软件工程”已经存在，存储过程显示“事务回滚”，插入数据失败。

如果修改存储过程的教师参数为另外一个不存在的教师，这时由于教师不存在，插入了教师数据后，再插入课程数据时，由于“软件工程”已经存在，插入失败。存储过程显示“事务回滚，已插入的教师数据被回滚”，这是通过 Rollback 实现的。多次重复这个过程，可以从显示的结果中看到每次插入的教师主键都是不同的，显示的结果如下所示。

```
从教师表查询教师的主键

该教师不存在，向教师表插入教师数据

(1 行受影响)
新插入的教师主键是 57

(0 行受影响)
向课程表插入失败，事务回滚，已插入的教师数据被回滚
事务回滚
```

也就是说，每次插入时，教师表的主键自动增加 1，但插入的教师数据被回滚了，下次再插入教师时又要生成一个新的主键值。

5.6.2 DML 语句执行流程

微课 5-19
DML 语句执行流程

在默认情况下，每一条 DML 语句的执行都是一个事务。每条 DML 语句的执行在内部都是按照图 5-3 所示的流程执行的。该流程对理解事务和触发器都有很大的帮助。

执行一条 DML 语句时，先要进行各种约束的检查，包括数据完整性约束检查，其中任何一个检查或操作失败，都将出现一个错误，导致流程的结束。经过一系列检查，直到外键约束检查后才进行 DML 的执行步骤，并将操作记录写到事务日志文件中，然后执行 After 触发器，在 After 触发器内还可以回滚事务。在 After 触发器之后就是提交事务，最终写入

数据文件，整个流程结束。

如果存在 Instead of 触发器，则会用 Instead of 触发器替代一系列的检查和操作，包括主键和外键约束检查，以及 DML 语句本身，执行完 Instead of 触发器后，整个流程结束。

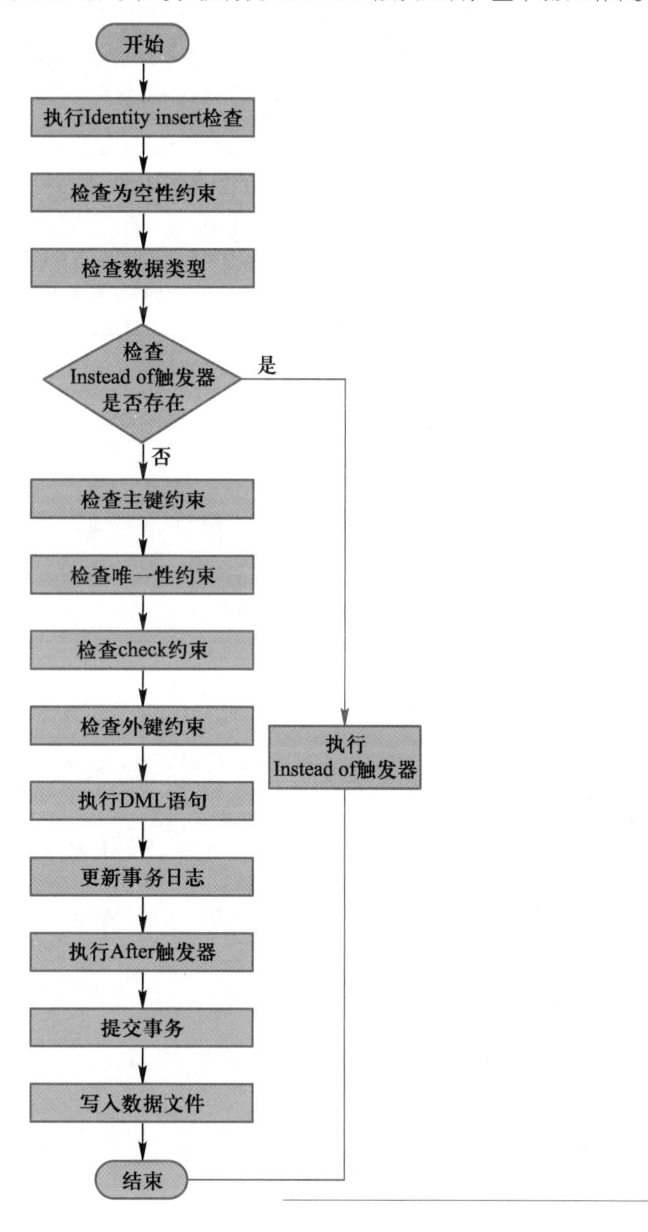

图 5-3
DML 语句的执行流程

*5.6.3 锁机制

微课 5-20
锁机制

前面的例子说明了事务的原子性和持久性，即事务是作为一个整体提交的，如果无法成功地整体提交，则回滚到事务前的状态。

事务的隔离性和一致性还需要另外的机制来保障。因此先讨论在多用户的环境下，多个用户同时对数据库并发操作时，可能出现的数据不一致问题，按其严重程度排列，见表 5-4。

表 5-4 并发问题

并发问题	问题描述	严重程度
第一类更新丢失	两个用户更新同一数据，A 用户已经更新了数据，B 用户由于中断而回滚了事务，导致把已提交的 A 用户的数据覆盖掉，这时 A 用户的更新丢失了	极其严重
脏读	A 用户修改了数据但未提交，随后 B 用户读出修改后的数据，但 A 用户因为某些原因取消了对数据的修改，数据恢复原值，这时 B 得到的数据就与数据库内的数据产生了不一致	很严重
不可重复读	A 用户读取数据，随后 B 用户读出该数据并修改，这时 A 用户在同一个事务中再次读取数据时发现前后两次的值不一致	较严重
幻影行	A 用户读取数据，随后 B 用户插入/删除了一条或多条数据，这时 A 用户在同一个事务中再次读取数据时发现数据条数不一致	比较严重
第二类更新丢失	A 用户和 B 用户同时读取同一数据，A 用户先更新数据，随后 B 用户更新数据，结果是 B 用户提交的数据覆盖了 A 用户的数据，这时 A 用户的更新丢失了	不严重

1. 锁

实验 5-11
体验锁

数据库管理系统采用锁机制，很好地解决了事务间严重的并发问题。

根据锁的大小，锁可以分为行锁、页锁、表锁、数据库锁和键锁等。例如行锁，用于锁定一行或多行。根据锁的用途，锁可以分为共享锁、排它锁、更新锁、意向锁和架构锁等。例如，排它锁可以在更新时防止其他用户读取到不一致的数据。

下述两段代码演示了一个排它锁。打开两个并排的查询窗口，在其中一个查询窗口（窗口 1），输入下述代码，并执行。

【例 5-63】 演示排它锁的代码之一。

```
Set transaction isolation level read committed --设置隔离级别为 read committed
Begin transaction                               -- 开始一个事务
Update tbl_score
 set col_score = col_score + 1;
```

这时显示“(2 行受影响)”，并且对 score 表加上了排它锁，禁止任何其他用户访问这张表。由于这个事务已经开始，但没有结束（提交或回滚），这个排它锁没有被释放。

在另一个查询窗口（窗口 2）输入下述代码，并执行。

【例 5-64】 演示排它锁的代码之二。

```
Select *
   from tbl_score;
```

这时无法得到查询结果，该语句一直在等待窗口 1 的事务的结束，只要窗口 1 的事务不结束，这条 Select 语句就得不到查询结果。

切换到窗口 1，输入 Rollback 或 Commit 语句，并执行。这时可以发现，窗口 2 立即显示出查询的结果。

2. 隔离级别

通过设置隔离级别来设置事务之间的隔离程度，隔离级别越高，事务的隔离性和一致性越好，同时数据库的性能则越低。SQL-92 标准定义了 4 个隔离级别，见表 5-5。

表 5-5 隔离级别

隔离级别	脏读	不可重复读	幻影行	性能
Read uncommitted	可能	可能	可能	高
Read committed	避免	可能	可能	较高
Repeatable read	避免	避免	可能	较低
Serializable	避免	避免	避免	低

SQL Server 使用锁来实现隔离级别。由于锁会影响性能，因此必须在性能和隔离级别之间进行权衡。SQL Server 的默认隔离级别是 Read committed，这时可以保持较好的性能，又达到了基本的隔离性和一致性，对于大多数应用来说是可以接受的。

*5.6.4 更新丢失

微课 5-21
更新丢失

第一类更新丢失是不允许出现的，SQL Server 已经避免了这类更新丢失。而第二类更新丢失则由于其严重程度很低，并且用锁机制来解决会导致严重的性能下降，因此数据库管理系统将避免第二类更新丢失的任务交给应用程序来实现。为此，许多数据库管理系统都特别设计了一种名为时间戳（Timestamp）的数据类型来解决这个问题。SQL Server 把这种数据类型称为行版本（Rowversion）或时间戳。

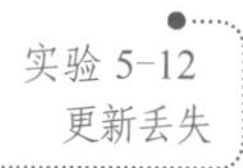

1．更新丢失的原因

第二类更新丢失是指两个或多个事务读取同一数据并进行修改，其中一个事务的修改结果破坏了另一个事务修改的结果。在多数情况下，第二类更新丢失并不会有严重的后果，但是对于有些业务来说，有可能造成严重的后果。

例如，在一个购物网站上的购物流程如下：客户下订单→审核员审核订单→发货员根据审核后的订单发货。客户在订单审核之前可以取消订单。

现有一个具体的订单，客户在 11:58 通过网页下了一个订单，购买《SQL Server 数据库》这本书，12:00 时后台审核员检查订单时发现这个订单，网页上显示这个订单是有效的。12:01 时客户发现订单下错了，很快地取消了这个订单。12:03 时审核员根据 12:00 时网页上显示的状态将订单的状态改为审核通过。这样，客户明明取消了订单，却收到了书。其原因见表 5-6。

表 5-6 更新丢失的原因

时间	客户	审核员	相关的操作	订单状态
11:58	下订单		insert 操作	有效
12:00		读取订单状态	select 操作	有效
12:01	取消订单		update 操作	取消
12:03		审核	update 操作	审核通过

后来，审核员受到了处分，原因是为一个取消了的订单通过了审核。这对审核员是不公

平的，因为这时发生了更新丢失，即取消订单这个更新丢失了。

如果修改业务流程，客户提交订单后不允许再修改订单，则不会出现更新丢失。在不允许修改业务流程的情况下，就需要正确处理更新丢失的问题。

2．更新丢失的避免

如果不能修改业务流程，又不能出现更新丢失，通常的做法是，为表增加一个时间戳列，时间戳的值是系统自动维护的，对行的每次插入或更新操作都将改变这个值，这个值是唯一的，查询数据时该时间戳的值不会改变。在审核时，根据时间戳的值是否被修改来决定审核操作是否成功，见表 5-7。

表 5-7　更新丢失的防止

时间	客户	后台审核员	相关的操作	订单状态	时间戳
11:58	下订单		insert 操作	有效	0x07D7
12:00		读取订单状态	select 操作，并记录时间戳的值 0x07D7	有效	0x07D7
12:01	取消订单		update 操作，自动改变时间戳的值	取消	0x07D8
12:03		为订单审核	update 操作，如果时间戳仍然是 0x07D7，审核成功	审核	0x07D8
			update 操作，如果时间戳不是 0x07D7，审核失败	取消	0x07D8

【例 5-65】 防止更新丢失。

```
use Score;
go

Drop table if exists book_order;

-- 演示用的数据结构，注意 timestamp 列，其列名是固定的，与数据类型同名
Create table book_order(
    id int PRIMARY KEY,          -- 主键，不是自增量的
    title varchar(50),           -- 书名
    status varchar(10),          -- 状态
    timestamp);                  -- 时间戳列，列名必须是 timestamp，无须指定数据类型

Insert into book_order           -- 客户下订单，时间戳列是自动维护的
    (id, title, status) values (2, 'SQL Server 数据库', '提交');
Select *, '下订单' 状态           -- 订单情况，重点观察时间戳列的值的变化
    from book_order;

Declare @version timestamp;          -- 审核员查询时，保存时间戳信息
Select @version = timestamp
    from book_order
    where id=2;
Select *, '审核前' 状态               -- 审核前的数据
```

```
    from book_order;

Update book_order         -- 客户取消订单的 Update 语句（第 2 次执行时删除这条语句）
    set status='取消'     -- 改状态为取消的订单
    where id=2;           -- Update 语句将自动修改时间戳的值
Select *, '取消后' 状态   --客户取消后的数据（第 2 次执行时将“取消后”改为“没取消”）
    from book_order;

Update book_order         -- 审核员审核的 Update 语句
    set status='审核'     -- 改状态为已审核的订单
    where id=2
        and timestamp = @version;     -- 只有时间戳没有改变才能 Update 成功

If @@rowCount=1
Begin
    Print '审核成功';
End;
Else
Begin
    Print '审核失败';
End;

Select *, '审核后' 状态                -- 审核后的数据
    from book_order;
```

执行上述代码两次，每次执行前都先丢弃表 book_order，并重新创建表。第 1 次执行时保留代码中客户取消订单的 Update 语句，第 2 次执行时删除代码中客户取消订单的 Update 语句。如图 5-4 所示，比较两次执行的结果，由于审核的 Update 语句会根据时间戳列是否还是原来的值来决定是否更新，结果是只要审核的 Update 语句执行成功，就说明没有发生更新丢失，如果执行失败，则避免了一次更新丢失。

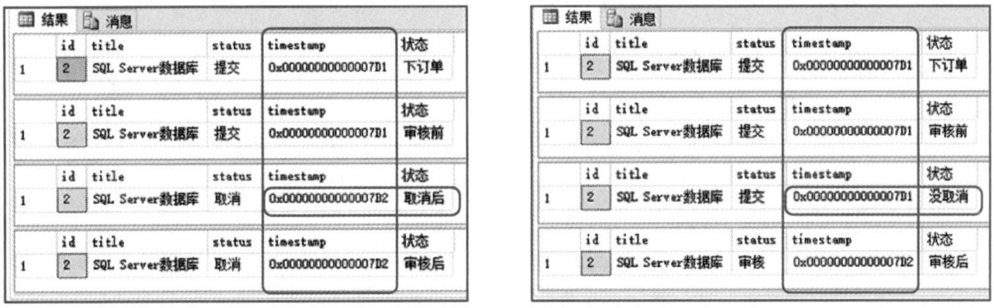

结果　消息

	id	title	status	timestamp	状态
1	2	SQL Server数据库	提交	0x00000000000007D1	下订单

	id	title	status	timestamp	状态
1	2	SQL Server数据库	提交	0x00000000000007D1	审核前

	id	title	status	timestamp	状态
1	2	SQL Server数据库	取消	0x00000000000007D2	取消后

	id	title	status	timestamp	状态
1	2	SQL Server数据库	取消	0x00000000000007D2	审核后

(a)

结果　消息

	id	title	status	timestamp	状态
1	2	SQL Server数据库	提交	0x00000000000007D1	下订单

	id	title	status	timestamp	状态
1	2	SQL Server数据库	提交	0x00000000000007D1	审核前

	id	title	status	timestamp	状态
1	2	SQL Server数据库	提交	0x00000000000007D1	没取消

	id	title	status	timestamp	状态
1	2	SQL Server数据库	审核	0x00000000000007D2	审核后

(b)

图 5-4
防止更新丢失

使用时间戳列来避免更新丢失是一种标准的方法，在更新丢失会导致业务流程冲突时，应用程序应该采用这种方法来避免更新丢失，也不会造成性能上的损失。如果业务有这个需求时，在设计数据结构时应该考虑到这种情况，为表增加一个时间戳列。

5.7　实训任务：商店管理系统的编程

在第 3.4 节完成的小型商店管理系统数据库的基础上，参考 4.8 节的实训结果，按下述要求写出函数、存储过程和触发器的语句（这些函数、存储过程和触发器有可能用于第 8 章的实训中）。

1．编写一个函数 f_ammount，参数是订单编号，功能是统计该订单的金额并返回。

2．编写一个存储过程 p_order，参数是订单编号，功能是查询该订单的详细数据（包括订单头和订单尾的信息）。

3．编写一个存储过程 p_order_line，参数是订单编号，功能是查询该订单行的详细数据。

4．编写一个触发器 t_sum_update，功能是在订单行表（es_order_line）的增加、删除、修改操作时（只考虑单行的增加、删除、修改），将该订单的各订单行的合计金额更新到订单表（es_order）中。为此，订单表 es_order 中需要添加一列 col_order_sum，列的默认值为 0，用于保存订单的金额。然后测试该触发器。

5.8　习题

1．什么是脚本？什么是批？它们有什么区别和联系？

2．利用循环语句，编写一个程序，计算 1 ~ 12 连乘的积。

3．什么是游标？游标有什么作用？

4．使用游标，逐一打印出成绩管理系统中的课程名称。

5．简述标量型函数和表值型函数的区别。

6．什么是存储过程？存储过程是如何执行的？

7．如果要列出 tbl_student 表的结构信息，可以用哪一个系统存储过程？

8．如果要列出存储过程 p_add_score 中的 SQL 语句，应该如何做？

9．什么是触发器？触发器是如何执行的？触发器与存储过程有什么不同？

10．什么是事务？事务的特性是什么？

11．第二类更新丢失的原因是什么？简述采用什么方法来防止第二类更新丢失。

第 6 章　数据库安全

数据库安全包括身份认证、授权、加密、审计等，SQL Server 提供了一套完善的机制，包括认证模式、认证过程、登录名和用户管理、角色管理和权限授予及撤回。

本章讨论认证和授权，认证是指只有认证的用户才能连接数据库系统，授权是指只有授权的用户才能访问指定的数据库和数据对象，执行相应的操作。

教学导航

◎ 本章重点

1. 数据库的四级安全体系：操作系统、服务器、数据库、数据库对象
2. 主体、安全对象、权限和角色的概念
3. Windows 身份验证、SQL Server 身份验证、身份验证模式（单一模式、混合模式）
4. 权限的授予和撤回：通过固定角色隐式授予、通过 Grant 和 Revoke 显式授予和撤回
5. 服务器的安全：主体是登录名和服务器角色，安全对象是服务器、数据库和登录名等
6. 数据库的安全：主体是用户和数据库角色，安全对象是数据库、用户和数据库角色等
7. 数据库对象的安全：主体是用户和数据库角色，安全对象是数据库对象

◎ 本章难点

1. 数据库的四级安全体系：操作系统、服务器、数据库、数据库对象
2. 主体、安全对象和权限的概念，角色也是主体的一种
3. Windows 身份验证和 SQL Server 身份验证的区别，两种身份验证模式
4. 权限的授予和撤回：通过固定角色隐式授予、通过 Grant 和 Revoke 显式授予和撤回
5. 服务器的安全、数据库的安全、数据库对象的安全

◎ 教学方法

1. 以数据库安全的目标“哪些人可以对哪些资源做哪些操作”来引入安全话题
2. 讲清主体、安全对象、权限和角色的概念，角色是主体的一种，主体也可以作为安全对象
3. 讲清 Windows 身份验证和 SQL Server 身份验证之间的区别
4. 通过第 6.2.4 节的一系列例子，说明各种权限授予和撤回的过程

◎ 学习指导

1. 充分理解数据库安全的目标“哪些人可以对哪些资源做哪些操作”
2. 理解主体、安全对象、权限和角色的概念，角色是主体的一种，主体也可以作为安全对象
3. 理解 Windows 身份验证和 SQL Server 身份验证，学会两种身份验证模式的切换
4. 通过第 6.2.4 节的一系列例子，理解各种权限授予和撤回的过程
5. 紧紧围绕“哪个主体可以对哪个安全对象拥有哪些权限”来学习

◎ 资源

1. 微课：手机扫描微课二维码，共 5 个微课，重点观看 6-1、6-2 共 2 个微课
2. 实验实训：Jitor 实验 2 个，实训 1 个
3. 数据结构和数据：http://www.ngweb.org/sql/ch4 ~ 7.html（成绩管理系统及相关实验演示用表）

微课 6-0
第 6 章　导读

微课 6-1
数据库安全概述

6.1　学习任务：数据库安全概述

数据库安全的核心是限制访问者的权力，简单地说，就是这样一句话："哪些人可以对哪些资源做哪些操作"。在 SQL Server 中，"哪些人"、"哪些资源"、"哪些操作"分别对应着**主体**（Principals）、**安全对象**（Securables）和**权限**（Permissions），见图 6-1。

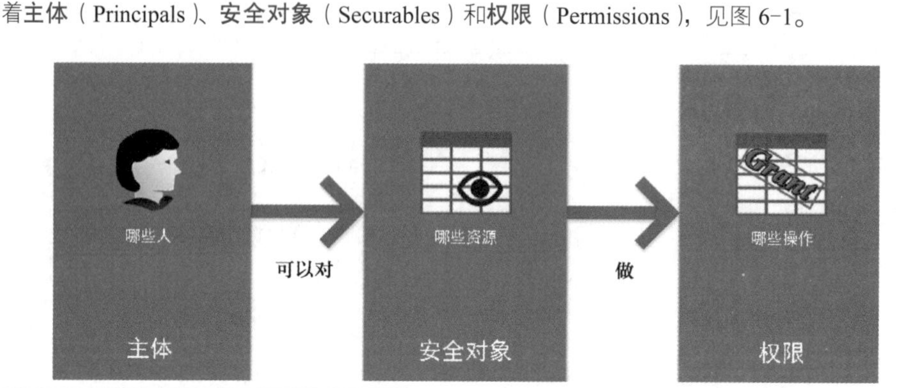

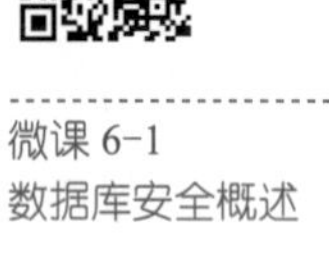

图 6-1
数据库安全

SQL Server 的最高权力者是安装 SQL Server 服务器的用户，即系统管理员，其他用户的权限都是直接或间接地由该用户授予的。

6.1.1　数据库的安全体系

SQL Server 数据库的安全体系包括了以下 4 个级别的安全机制，也就是 4 个层次的保护范围，如图 6-2 所示。

图 6-2
SQL Server 数据库的安全结构体系

- 操作系统的安全：必须通过操作系统的身份验证，才能登录操作系统。
- 服务器的安全：必须通过 SQL Server 服务器的身份验证，才能连接到服务器。
- 数据库的安全：必须具有访问某个数据库的权限，才能访问该数据库。

- 数据库对象的安全：必须具有访问某个数据库对象（表、视图、函数、存储过程等）的权限，才能访问该对象。

用一个例子来进行解释，假设学校新来了一位教师李明，他需要读取数据库 Score 中 tbl_score 表的数据，这时系统管理员需要为李明进行如下的安全设置。

- 为李明新建一个 Windows 账号，使他能够登录操作系统。
- 为李明新建一个 SQL Server 登录名，使他能够连接到 SQL Server 服务器。
- 允许李明访问 Score 数据库。
- 赋予李明访问 tbl_score 表的读权限，而没有其他的权限。

本书从第 1 章~第 5 章使用的都是拥有最高权限的系统管理员账号，所以不曾遇到无法访问或无法操作数据库的问题。

6.1.2 主体

登录名和用户都表示“哪些人”，是 SQL Server 数据库管理系统中的不同但又有关联的两个主体，这两个概念与账号有相近或相同的含义，现将账号、登录名、用户和访问者 4 个术语的确切含义说明如下。

- **账号**（Account）：指访问 Windows 操作系统的访问者的名字和密码，账号由 Windows 操作系统创建和管理，因此修改密码是在 Windows 操作系统中实现的。账号不是 SQL Server 数据库的主体，但账号可以关联到登录名。
- **登录名**（Login）：指访问 SQL Server 服务器的访问者的名字和密码，登录名由 SQL Server 创建和管理，因此修改密码是在 SQL Server 服务器中实现的。
- **用户**（User）：全称是**数据库用户**，指有权使用数据库的访问者的名字，用户是登录名在某个数据库中的一个别名，通过“用户映射”机制建立关联，因此用户没有密码。在每个数据库中都有一套用户系统，不同数据库的用户系统相互独立。
- **访问者**：泛指一般的访问者，可以是账号、登录名和用户三者中的任何一种。

6.1.3 安全对象

服务器、数据库和数据库对象都表示“哪些资源”，是 SQL Server 数据库管理系统的 3 个不同层次的安全对象，它们有比较严格的定义。

- **服务器**（Server）：全称是**数据库服务器**，也就是 SQL Server 数据库管理系统，通常在一台计算机上只安装一个 SQL Server 数据库管理系统。如果安装了多个不同版本或相同版本的 SQL Server 数据库管理系统，这时就有多个不同的服务器。
- **数据库**（Database）：在服务器上创建的某个数据库，如 Score 数据库，在一个服务器上可以创建多个数据库，如销售管理数据库和图书管理数据库。一个数据库包含一个应用所需要的数据结构和数据，数据库通常是独立的，数据库之间没有明确的关联性。
- **数据库对象**（Object）：在某个数据库内的表、索引、视图、函数、存储过程、触发器等，例如一个图书管理数据库中包含了多张与图书有关的表、多个索引、各种视图，以及与处理图书相关的函数和存储过程等。在一个数据库内的数据库对象之间有很强的关联性，所有这些数据库对象都是为了实现一个应用的需求而设计的。

6.1.4 权限

权限表示“哪些操作”，数据库安全的核心是哪些人可以对哪些资源做哪些操作，也就是“哪个登录名或用户”对“哪个服务器或数据库或数据库对象”有哪些操作。

权限（Permission）是对资源访问的一种许可。SQL Server 通过验证访问者是否被授予适当的权限来控制访问者对资源的操作。SQL Server 2008/2012/2014/2016 分别拥有 195、214、219、230 种权限。

权限可以分为服务器权限、数据库权限和数据库对象权限等几类，将在第 6.2.3 节讨论。

权限的授予、撤回和拒绝是通过 Grant、Revoke 和 Deny 命令实现的，见表 6-1，具体例子见第 6.2.3 节。

表 6-1 权限相关的 SQL 命令

权限操作	SQL 语句
授予权限	Grant <**权限**> [on <**安全对象**>] to <**主体**>;
撤回权限	Revoke <**权限**> [on <**安全对象**>] from <**主体**>;
拒绝权限	Deny <**权限**> [on <**安全对象**>] to <**主体**>;

6.1.5 角色

角色（Role）用于标识具有相同权限的一组访问者，因此角色的图标常常用多个人形图像来表示。如果某个访问者属于某个角色，意味着拥有该角色所拥有的权限。

角色代表的是一组访问者，因此也是主体的一种。SQL Server 主要有以下 2 种角色。

- **服务器角色**（Server role）：服务器角色是在服务器级别上具有相同权限的一组登录名的标识。
- **数据库角色**（Role）：数据库角色是在某个数据库上具有相同权限的一组用户的标识。

SQL Server 的主体、安全对象、权限和角色之间的关系如图 6-3 所示。因此安全问题可以细化为“哪个登录名可以对哪个服务器做哪一个服务器权限的操作”。

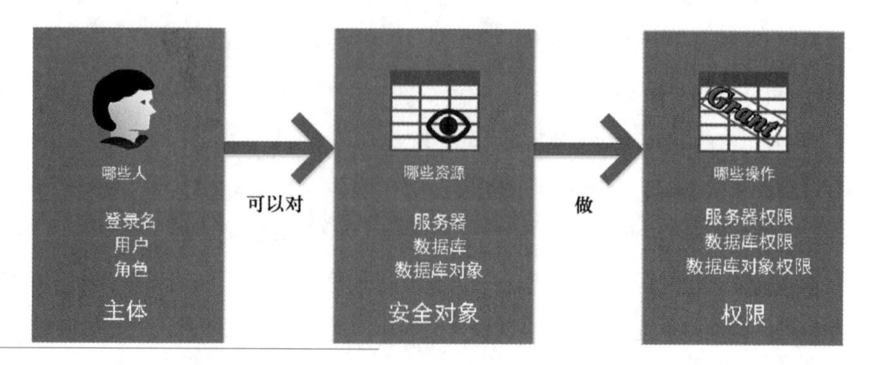

图 6-3
主体、安全对象和权限

6.2　实操任务 1：身份验证和身份验证模式

微课 6-2
身份验证和身份验证模式

6.2.1　服务器身份验证

SQL Server 身份验证有两种：SQL Server 身份验证和 Windows 身份验证，如图 6-4 所示。

图 6-4
SQL Server 身份验证和 Windows 身份验证

1. SQL Server 身份验证

采用 SQL Server 身份验证时，要用 Windows 账号登录 Windows 操作系统，再用 SQL Server 登录名连接（即登录）SQL Server 服务器。访问者通过了 Windows 的身份验证后，在连接 SQL Server 服务器时，还需要通过 SQL Server 服务器的身份验证来决定是否允许该访问者访问 SQL Server 服务器，如图 6-4（a）所示。

这时，需要在 SQL Server 服务器上为访问者创建独立的登录名和密码，SQL Server 服务器使用登录名和密码验证访问者的身份。

SQL Server 身份验证支持远程连接，这时不需要 Windows 账号，直接使用 SQL Server 登录名和密码，通过网络就可以登录到 SQL Server 服务器，因此安全性差一些。

2. Windows 身份验证

采用 Windows 身份验证时，可以用同一个 Windows 账号登录 Windows 操作系统和 SQL Server 服务器。访问者通过了 Windows 的身份验证后，在连接 SQL Server 服务器时，SQL Server 用 Windows 的身份验证结果来决定是否允许该访问者访问 SQL Server 服务器，如图 6-4（b）所示。

这时，需要在 SQL Server 服务器上为该 Windows 账号创建关联的登录名（无需密码），登录名的名字就是 Windows 账号。当该账号通过了 Windows 的身份验证后，SQL Server 服务器便认为关联的登录名通过了 SQL Server 的身份验证。

在安装 SQL Server 时，安装程序自动为安装 SQL Server 服务器时所使用的 Windows 账号设置 SQL Server 登录名，该登录名属于 SQL Server 服务器的系统管理员角色（sysadmin），拥有最高权限。

因此，用安装 SQL Server 服务器时所使用的 Windows 账号登录 Windows 后，再连接 SQL Server，该访问者就是系统管理员，拥有最高权限。如果在安装之后，换一个账号登录 Windows，这时虽然能登录 Windows 操作系统，但是不能连接 SQL Server 服务器。

实验 6-1
身份验证模式

6.2.2 服务器身份验证模式

1．身份验证模式

SQL Server 服务器的身份验证模式有两种，一种是单一模式（Windows 身份验证模式），另一种是混合模式（SQL Server 和 Windows 身份验证模式）。在安装时和安装后都可以在两种模式之间切换。

（1）单一模式（Windows 身份验证模式）

这是安装 SQL Server 时使用的默认模式，在这种模式下，只能通过 Windows 身份验证登录，而不能通过 SQL Server 身份验证登录（连接）。这种方式安全性好，但不够灵活。

（2）混合模式（SQL Server 和 Windows 身份验证模式）

在这种模式下，既能通过 Windows 身份验证登录，又能通过 SQL Server 身份验证登录（连接）。在开发时通常使用这种模式。

2．更改服务器身份验证模式

切换的方法是以系统管理员身份连接到服务器，从 SQL Server 管理器中节点树的根项的右键菜单中选择“属性”命令，在打开的“服务器属性”对话框中，选择“安全性”选项卡，如图 6-5（a）所示，在右侧的服务器身份验证中选择“Windows 身份验证模式”或“SQL Server 和 Windows 身份验证模式”。

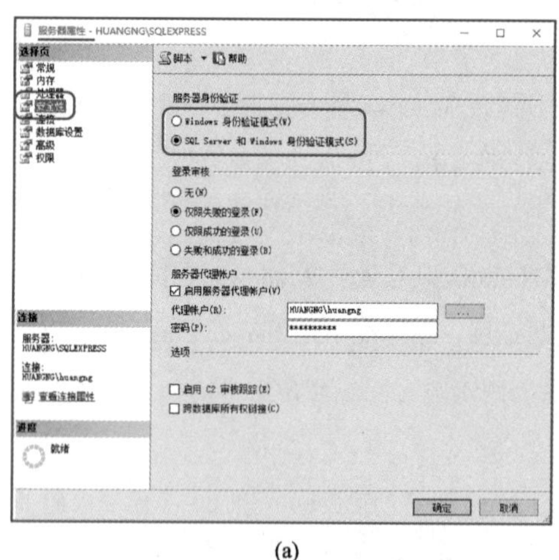

(a)

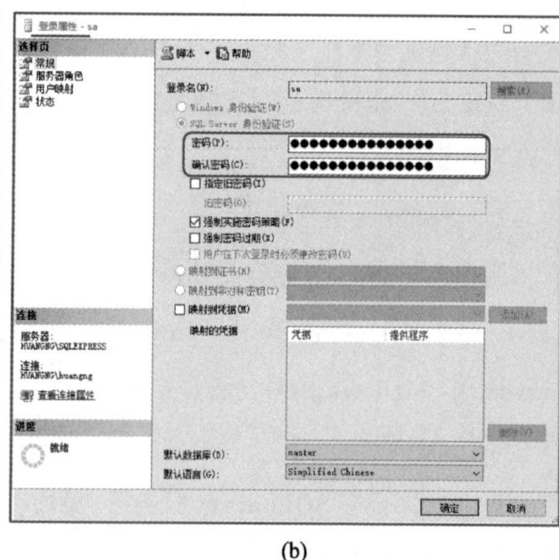

(b)

图 6-5
更改服务器身份验证模式和修改系统管理员密码

第一次切换为混合模式时，还需要完成下述三项配置。

- 修改 sa 登录名的密码：sa 是 System administrator 的缩写，是内置的系统管理员的登录名，具有最高权限。修改密码的方法是展开 SQL Server 管理器节点树中的“安全性”→“登录名”，找到名为 sa 的登录名，从其右键菜单中打开“属性”对话框，确认登录名为 sa，这时就可以修改密码，如图 6-5（b）所示。
- 启用 sa 登录名的登录功能：在 sa 登录名的属性中选择“状态”，然后按如图 6-6 所示，选择“授予”和“已启用”。

- 在“SQL Server 配置管理器”中开启 TCP/IP：从 Windows 的开始菜单中找到“SQL Server 2016”→“配置工具”→“SQL Server 2016 配置管理器”，打开这个配置管理器，展开“SQL Server 网络配置”，点选“SQLEXPRESS 的协议”，再双击右侧的“TCP/IP”，在弹出的窗口中将“Enabled”改为是，如图 6-7 所示。如果需要指定端口（TCP Port）时，应该使用默认的端口号 1433。

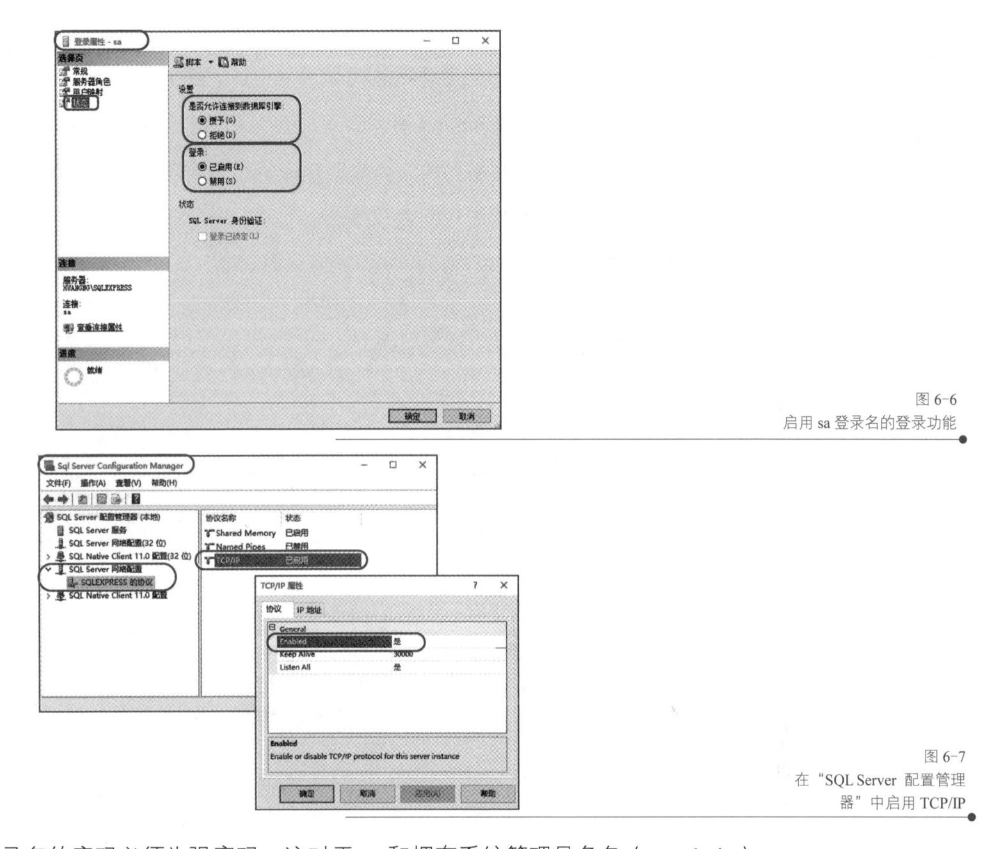

图 6-6
启用 sa 登录名的登录功能

图 6-7
在“SQL Server 配置管理器”中启用 TCP/IP

SQL Server 登录名的密码必须为强密码，这对于 sa 和拥有系统管理员角色（sysadmin）的登录名尤为重要。

完成上述修改后，可以尝试用 sa 账号连接服务器，在连接时弹出的对话框中选择身份验证方式为“SQL Server 身份验证”，如图 6-8 所示，然后输入登录名 sa 和密码，单击“连接”按钮后就能连接成功，这个账号与前述 Windows 账号一样，具有最高权限。

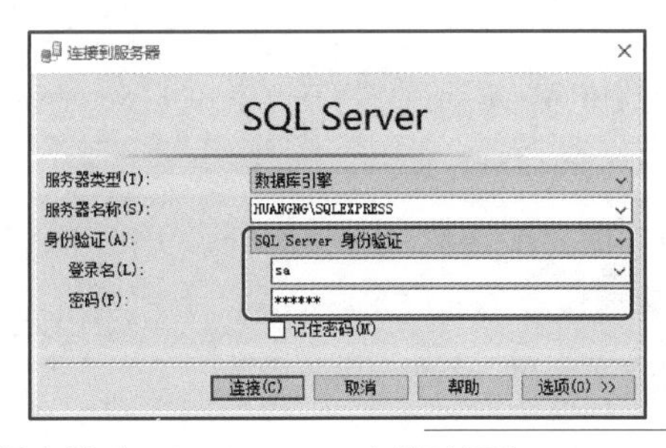

图 6-8
用 SQL Server 身份验证方式连接

本书后续部分采用混合模式，即 Windows 身份验证和 SQL Server 身份验证同时使用，以便验证 SQL Server 的各种安全配置。

微课 6-3
安全配置实例

6.2.3　安全配置实例

下面用一个较为简单的例子体验安全配置的过程，可以采用 SQL 语句或图形界面两种方法实现这个例子，但不要同时用这两种方法。

本节以 SQL 语句直接配置进行讨论。图形界面仅作为参考。

实验 6-2
安全配套实例

1．创建登录名

这一步的目标是为访问者李明创建登录名 jack，密码 123456，从而允许他连接服务器。已有条件是李明有一个 Windows 账号，可以登录到服务器所在的计算机上。

因此，系统管理员在服务器上为李明创建一个登录名 jack。

（1）SQL 语句（系统管理员身份）

【例 6-1】 创建登录名 jack，允许连接到服务器。

```
Create login jack
    with password = '123456';
go
```

（2）图形界面（系统管理员身份）

如果采用图形界面，则依次展开“服务器”→“安全性”→“登录名”节点，从其右键菜单中选择“新建登录名”命令，在打开的如图 6-9 所示“登录名-新建”对话框中进行操作。

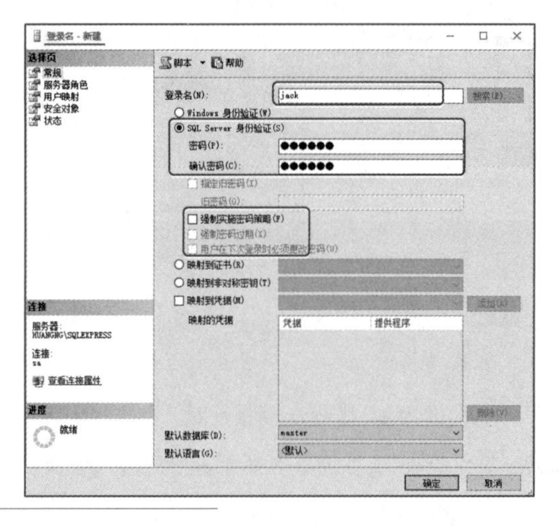

图 6-9
创建登录名 jack

（3）测试（jack 身份）

为演示李明对服务器的访问，需要另外打开一个 SQL Server 管理器，用登录名 jack 连接，连接成功则说明李明有权访问服务器。

连接后发出创建数据库的 SQL 语句：Create database test;，Jack 将会看到如下错误信息。

“在数据库 'master' 中拒绝了 CREATE DATABASE 权限。”

这是因为 jack 缺少相应的权限，不能创建数据库。

2．授予创建数据库权限

这一步的目标是为李明授予创建任意数据库权限，前提条件是李明已经拥有登录名

jack，可以连接到服务器。

因此，系统管理员授予登录名 jack 创建任意数据库的权限。

（1）SQL 语句（系统管理员身份）

切换到系统管理员身份的 SQL Server 管理器窗口中，运行下述代码。

【例 6-2】 授予 jack 创建任意数据库的权限。

```
Grant create any database to jack;     -- 为 jack 授权创建任意数据库
```

（2）图形界面（系统管理员身份）

如果采用图形界面，则从登录名 jack 的属性中，按图 6-10 所示，即勾选“授予”和“创建任意数据库”交叉格中的选项。

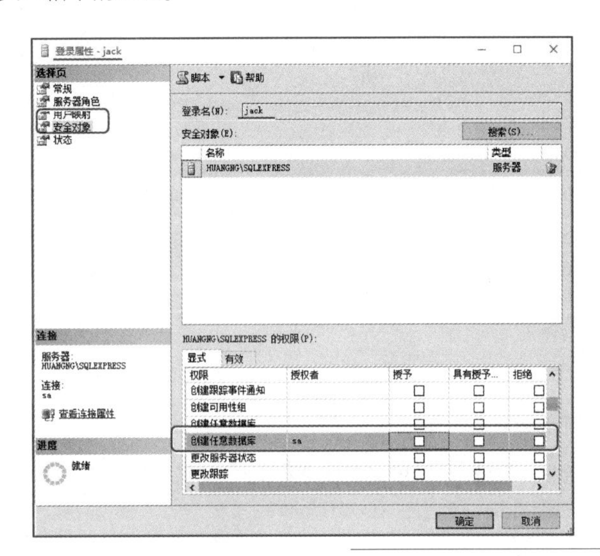

图 6-10
授予 jack 创建任意数据库的权限

（3）测试（jack 身份）

这时切换到 jack 身份的 SQL Server 管理器窗口中，再次发出创建数据库的命令，这一次将会成功。但是 jack 没有权限访问 Score 数据库，更没有访问其中表的权限。

3. 授予访问 Score 数据库的权限

这一步的目标是允许李明访问 Score 数据库，前提条件是李明已经拥有登录名 jack。

因此，系统管理员在 Score 数据库上创建一个基于登录名 jack 的用户 jack1，本例采用相似的名字 jack1，以便更好地理解登录名和用户，就是说，将登录名 jack 映射为 Score 数据库用户 jack1，然后为用户 jack1 授权。

（1）SQL 语句（系统管理员身份）

【例 6-3】 在 Score 数据库上为 jack 创建用户。

```
use Score;               -- 在 Score 数据库上创建用户
go

Create user jack1        -- 为 jack 创建一个 Score 数据库上的用户，用户名为 jack1
   for login jack;
```

（2）图形界面（系统管理员身份）

如果采用图形界面，则依次展开“数据库”→选中 Score→“安全性”→“用户”节点，从其右键菜单中选择“新建用户”命令，在打开的如图 6-11 所示对话框中进行操作。

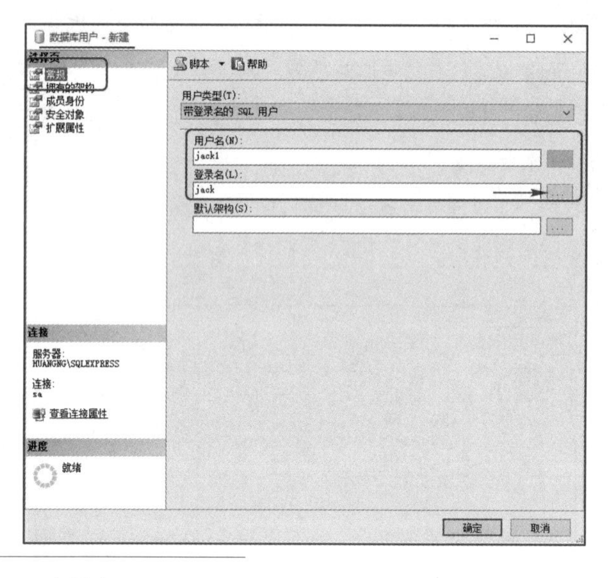

图 6-11
在 Score 数据库创建用户 jack1，并映射到 jack

（3）测试（jack 身份）

切换到 jack 身份的 SQL Server 管理器窗口中，这时李明可以访问数据库。

4. 授予读取 tbl_score 表的权限

这一步的目标是授予李明读取 tbl_score 表的权限，前提条件是李明已有访问 Score 数据库的权限。

（1）SQL 语句（系统管理员身份）

【例 6-4】 在 Score 数据库上授予 jack1 读取 tbl_score 表的权限。

```
use Score;
go

Grant select on object::dbo.tbl_score to jack1;  -- 为 jack 授权，在 Score
                                                 --数据库中 jack 的别名是 jack1
```

（2）图形界面（系统管理员身份）

如果采用图形界面，则在图 6-11 的基础上，按图 6-12 进行操作，即勾选“授予”和“选择”交叉格中的选项。

（3）测试（jack 身份）

这时李明在服务器上的身份是 jack，在 Score 数据库中的身份是 jack1。李明以 jack 的身份连接到服务器，在 Score 数据库中以 jack1 的身份拥有被赋予的权限。

这时，jack 可以在他自己的 SQL Server 管理器窗口中查询 tbl_score 表。但如果 jack 要删除 tbl_score 表，则会提示没有权限，显示“拒绝了对对象 'tbl_score'（数据库 'score'，架构 'dbo'）的 DELETE 权限。”的出错信息。

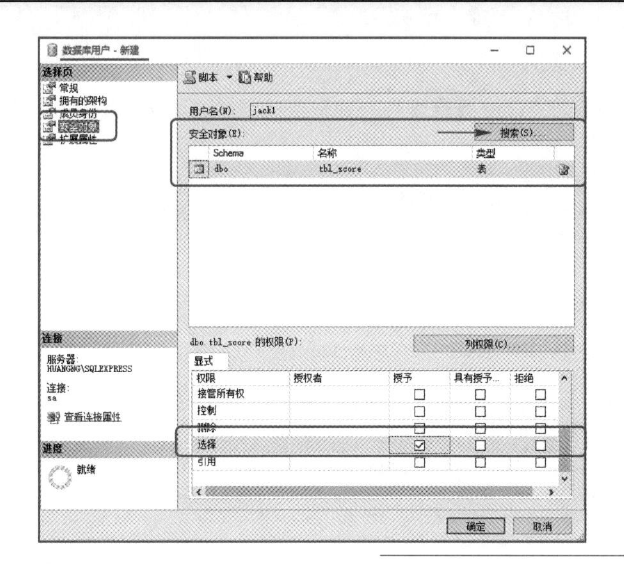

图 6-12
在 Score 数据库授予 jack1
读取 tbl_score 表的权限

5．撤回读取 tbl_score 表的权限

现在开始演示撤回前述步骤授予的权限和丢弃（删除）用户和登录名。

这一步的目标是撤回前面授予李明读取 tbl_score 表的权限。

（1）SQL 语句（系统管理员身份）

【例 6-5】 撤回【例 6-4】中授予 jack（用户 jack1）的权限。

```
use Score;
go

Revoke select on object::dbo.tbl_score to jack1;
```

（2）图形界面（系统管理员身份）

如果采用图形界面，则在用户 jack1 的属性窗口中，按图 6-13 进行操作，即取消“授予”和“选择”交叉格中的勾选。

图 6-13
撤回在 Score 数据库授予
jack 的权限

（3）测试（jack 身份）

这时仅仅撤回读取 Score 数据库 tbl_score 表的权限，而没有取消其访问 Score 数据库的权限。

6. 撤回访问 Score 数据库的权限

（1）SQL 语句（系统管理员身份）

系统管理员丢弃数据库 Score 上的用户 jack1。

【例 6-6】 丢弃数据库 Score 上的用户 jack1。

```
use Score;
go

Drop user jack1;
```

（2）图形界面（系统管理员身份）

如果采用图形界面，则从用户 jack1 的右键菜单上，选择“删除”命令。

（3）测试（jack 身份）

李明不再能够访问 Score 数据库。

7. 撤回创建数据库的权限

（1）SQL 语句（系统管理员身份）

【例 6-7】 撤回【例 6-2】中授予 jack 的权限。

```
use master;
go

Revoke create any database to jack;          -- 撤回创建数据库的权限
```

（2）图形界面（系统管理员身份）

如果采用图形界面，则在登录名 jack 的属性窗口中，按图 6-14 进行操作，即取消“授予”和“创建任意数据库”交叉格中的勾选。

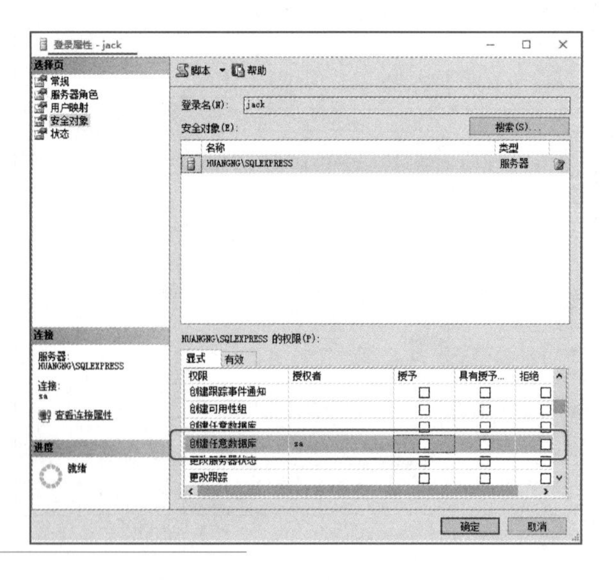

图 6-14
撤回 jack 创建任意数据库的权限

（3）测试（jack 身份）

这时 jack 还能够连接服务器，但不再能创建数据库。

8．撤回连接服务器的权限

（1）SQL 语句（系统管理员身份）

【例 6-8】 丢弃登录名 jack。

```
Drop login jack;
```

在下述情况下，无法删除登录名（不论是 SQL 语句还是图形界面操作）。

- 登录名当前正处于连接状态。
- 登录名拥有数据库，即创建的数据库。

（2）图形界面（系统管理员身份）

如果采用图形界面，则从登录名 jack 的右键菜单上，选择“删除”命令。

（3）测试（jack 身份）

这时一切恢复原状，jack 无法连接服务器，不再具有任何权限。

表 6-2 总结了上述例子中权限授予和撤回的过程。对于 jack 来说，他只知道自己的登录名是 jack，而不需要知道他在 Score 上的用户名是 jack1。

其中第 1 步和第 2 步涉及的是服务器级别的安全，第 3 步涉及的是数据库级别的安全，第 4 步涉及的是数据库对象的安全。

表 6-2　权限分配过程

例子	系统管理员授予权限	访问者 jack 获得权限
【例 6-1】	创建登录名 jack	能够连接服务器，但不能创建数据库
【例 6-2】	授予 jack 创建任意数据库的权限	可以创建数据库，但不能打开 Score 数据库
【例 6-3】	为 jack 创建 Score 上的用户 jack1	可以打开 Score 数据库
【例 6-4】	授予 jack1 读取 tbl_score 表的权限	可以读取 tbl_score 表，但不能进行其他操作
【例 6-5】	在 Score 上撤回用户 jack1 读取 tbl_score 表的权限	不再能读取 tbl_score 表
【例 6-6】	在 Score 上丢弃用户 jack1	不再能打开 Score 数据库
【例 6-7】	撤回登录名 jack 创建数据库的权限	不再能够创建数据库
【例 6-8】	丢弃登录名 jack	不再能连接服务器

6.3 实操任务 2：四级安全机制

微课 6-4
四级安全机制

6.3.1 操作系统的安全

操作系统的安全是通过 Windows 身份验证实现的，Microsoft Windows 操作系统需要验证访问者的身份，才能允许访问者登录 Windows 操作系统。

当访问者正常登录到操作系统后，通常情况下对整个系统拥有很大的权限，可以读、写、修改系统的大多数数据文件。但是对于数据库来说，不能允许任何访问者都能读、写、修改数据，需要为不同的访问者赋予不同的权限。

6.3.2 服务器的安全

服务器级别的权限涉及的范围是整个数据库服务器，也就是 SQL Server 服务器，这个范围内的安全是指在 SQL Server 服务器上能够进行些什么操作，例如是否有权创建或删除数据库、是否有权创建登录名等，如图 6-15 所示。

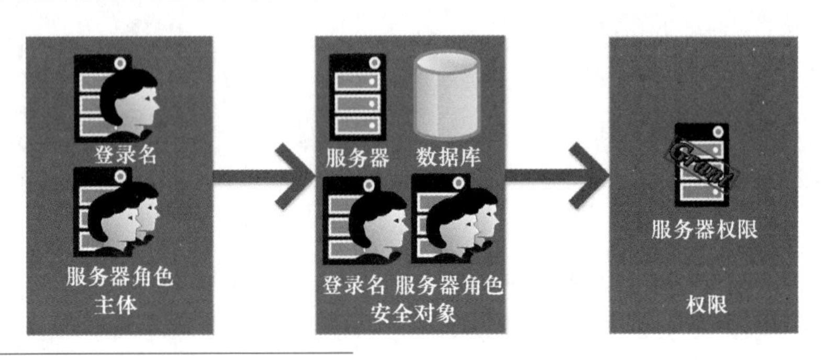

图 6-15
服务器级别的主体、安全对象与权限

从图 6-13 中可以看到，服务器级别的主体有登录名和服务器角色，安全对象有服务器、数据库、登录名等，也包括服务器角色。

其中登录名和服务器角色既可以是主体，也可以是安全对象，这是因为登录名作为主体时，表示该登录名可以连接到服务器，登录名作为安全对象时，表示该登录名是一个被操作的对象。例如一个登录名（主体）修改另一个登录名（安全对象）的密码。

服务器角色作为主体时，实际执行操作的主体是拥有该服务器角色的登录名。

1. 主体

（1）登录名

连接服务器需要有登录名，登录名有两种：一种是从 Windows 账号映射，即 Windows 身份验证，另一种是在 SQL Server 服务器上创建，即 SQL Server 身份验证。

在安装时，安装程序会创建 sa 登录名（系统管理员，System administrator 的缩写），具有最高权限，不可删除。该登录名只有在混合模式下才能使用。

除此之外，可以根据需要创建新的服务器登录名，这种登录名只授予有限的和必要的权限，并且当登录名不再使用时，需要及时删除，以保证数据库系统的安全。

（2）服务器角色

服务器角色是服务器上的一组权限的集合。服务器角色有系统管理员角色、安全管理员角色、服务器管理员角色等。表 6-3 列出了固定服务器角色，这些角色是内置的，不需要修改，也不可删除。从 SQL Server 2012 开始，还可以创建自定义的服务器角色。

表 6-3 固定服务器角色

服务器角色名称	服务器角色	说 明
sysadmin	System Administrators（系统管理员角色）	执行 SQL Server 中的任何操作，最高权限
public	Public	拥有基本权限，每个登录名都属于 public 角色
securityadmin	Security Administrators（安全管理员角色）	管理服务器的登录名
serveradmin	Server Administrators（服务器管理员角色）	配置服务器范围内的设置
setupadmin	Setup Administrators	安装、删除服务器实例，管理扩展的存储过程
processadmin	Process Administrators	管理运行在 SQL Server 中的进程
diskadmin	Disk Administrators	管理磁盘文件
dbcreator	Database Creators	创建和更改数据库
bulkadmin	Bulk Insert Administrators	执行大容量的插入操作

系统管理员角色（sysadmin）具有最高的权限，拥有 sysadmin 角色就拥有了最高权限，因此应该尽量限制拥有该角色的人数。默认情况下，有 2 个访问者拥有这个角色，分别是安装 SQL Server 的 Windows 用户和名为 sa 的 SQL Server 登录名。

2．安全对象

服务器级别上的安全对象有服务器、数据库、登录名和服务器角色。

3．服务器权限

服务器级别上的权限是语句权限，是指是否可以执行一些服务器范围内的 SQL 语句。表 6-4 列出了一些常用的服务器语句权限。

表 6-4 常用的服务器语句权限

服务器语句权限	说 明
Create any database	允许用户创建数据库
Create any login	允许用户创建登录名
Create server role	允许用户创建服务器角色（SQL Server 2012 起）
Alter any database	允许用户修改数据库
Alter any login	允许用户修改登录名
Shutdown	允许用户关闭 SQL Server 服务器

4．权限授予或撤回

服务器级别上的权限授予方法有以下 3 种，如图 6-16 所示。

- 直接授权：这是直接将某个权限授予登录名。这种方法会导致权限管理的混乱，不建议使用。
- 隐式授权（固定服务器角色）：将固定服务器角色指定给登录名，或将登录名加入到固定服务器角色，其结果是登录名拥有固定服务器角色所拥有的一组权限。
- 间接授权（自定义服务器角色）：与隐式授权方法不同的是，先自定义一个服务器角色，将一组权限授予自定义服务器角色，然后再指定给登录名，或将登录名加入到自定义服务器角色，其结果是登录名拥有自定义的一组权限。这种方法只适用于 SQL Server 2012 及以后的版本。

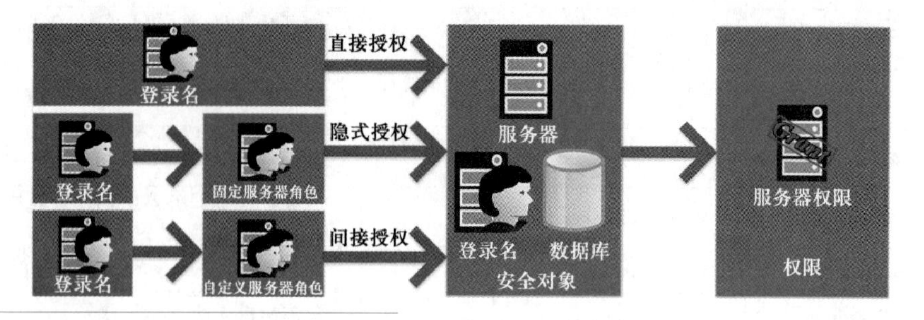

图 6-16
3 种授权方式

权限的撤回是权限授予的逆过程，上述 3 种授权方法有各自的逆过程。

6.3.3 数据库的安全

数据库级别的权限涉及的范围是某个具体的数据库，如 Score 数据库，这个范围内的安全一是指是否有权访问这个数据库，二是指当有权访问这个数据库时，在数据库的范围可以进行些什么操作，如创建表、删除表等，如图 6-17 所示。

在图 6-17 中可以看到，数据库级别的主体有用户和数据库角色，安全对象有数据库、用户等，也包括数据库角色。

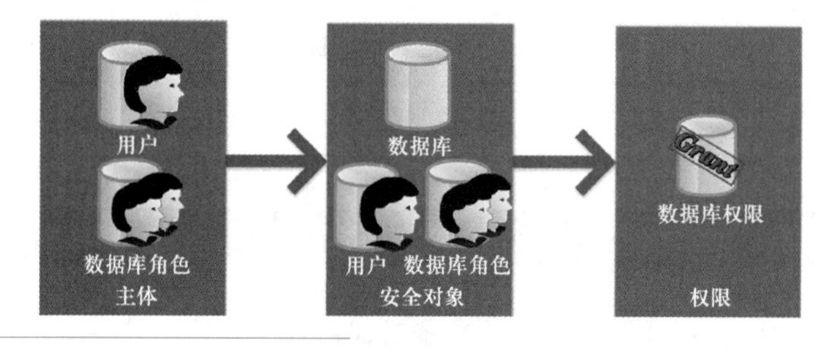

图 6-17
数据库级别的主体、安全对象与权限

1. 主体

（1）数据库用户

服务器登录名的权限范围是在服务器内，在默认情况下并没有访问用户数据库的权限（系统管理员除外，拥有最高权限）。因此，SQL Server 数据库需要有一个机制，决定哪个登录名有权访问哪个数据库，以及权限的大小。

每个数据库都有一套用户系统，数据库的用户依赖于服务器的登录名，可以说数据库的用户是登录名在数据库上的别名，它们之间的关系称为“用户映射”。

（2）数据库角色

服务器角色是服务器上的一组权限的集合，而数据库角色则是数据库上的一组权限的集合，数据库角色有安全管理员角色、备份操作员角色等。表 6-5 中的固定数据库角色是内置的，不可修改，也不可删除，另外还可以创建自定义的数据库角色。

表 6-5 固定数据库角色

数据库角色	说　明
public	默认的选项，仅拥有最低的权限
db_owner（数据库所有者角色）	在数据库中拥有全部权限
db_accessadmin	可以添加或删除用户
db_securityadmin（安全管理员角色）	可以管理全部权限、对象所有权、角色和角色成员资格
db_addladmin	可以创建、删除和修改数据库中的任何对象
db_backupoperator(备份操作员角色)	可以备份数据库
db_datareader	可以选择数据库内任何用户表中的所有数据
db_datawriter	可以更改数据库内任何用户表中的所有数据
db_denydatareader	不能选择数据库内任何用户表中的任何数据
db_denydatawriter	不能更改数据库内任何用户表中的任何数据

数据库所有者角色（db_owner）在数据库内具有最高的权限，拥有 db_owner 角色就拥有了最高权限，如内置数据库用户 dbo 就拥有 db_owner 角色。

（3）内置数据库用户

内置数据库用户是数据库用户中的一类用户，这些用户是内置的，具有特殊的用途，不需要修改，也不可删除。SQL Server 具有 4 个内置数据库用户，分别是 dbo、guest、sys 和 INFORMATION_SCHEMA。

- dbo 用户：dbo（数据库拥有者，Database owner）是数据库内具有最高权限的用户，可以执行与数据库有关的一切操作。
- guest 用户：guest 用户是数据库内具有基本权限的用户。
- sys 用户和 INFORMATION_SCHEMA 用户：这是供 SQL Server 内部使用的用户，不能修改和删除。

2．安全对象

数据库级别上的安全对象有数据库、用户和数据库角色等。另外，表、视图、函数和存储过程等通常称为数据库对象，是数据库对象级别上的安全对象。

3．数据库权限

数据库级别上的权限是语句权限，是指是否可以执行一些数据库范围内的 SQL 语句。表 6-6 列出了一些常用的数据库语句权限。

表 6-6 常用的数据库语句权限

数据库语句权限	说　明
Back database	允许用户备份数据库
Backup log	允许用户备份日志
Create function	允许用户创建函数
Create procedure	允许用户创建存储过程
Create table	允许用户创建表
Create view	允许用户创建视图

4. 权限授予或撤回

与服务器上权限的授予相似，数据库上权限授予的方法也有以下 3 种。

- 直接授权：这是直接将某个权限授予用户。这种方法会导致权限管理的混乱，不建议使用。
- 隐式授权（固定数据库角色）：将固定数据库角色指定给用户，或将用户加入到固定数据库角色，其结果是用户拥有固定数据库角色所拥有的一组权限。
- 间接授权（自定义数据库角色）：与隐式授权方法不同的是，先自定义一个数据库角色，将一组权限授予自定义数据库角色，然后再指定给用户，或将用户加入到自定义数据库角色，其结果是用户拥有自定义的一组权限。

权限的撤回是权限授予的逆过程，上述 3 种授权方法有各自的逆过程。

6.3.4 数据库对象的安全

数据库对象级别的权限涉及的范围是某个具体的数据库对象，如针对 Score 数据库中的 tbl_score 表的某种访问权限。其主体、安全对象与权限关系如图 6-18 所示。

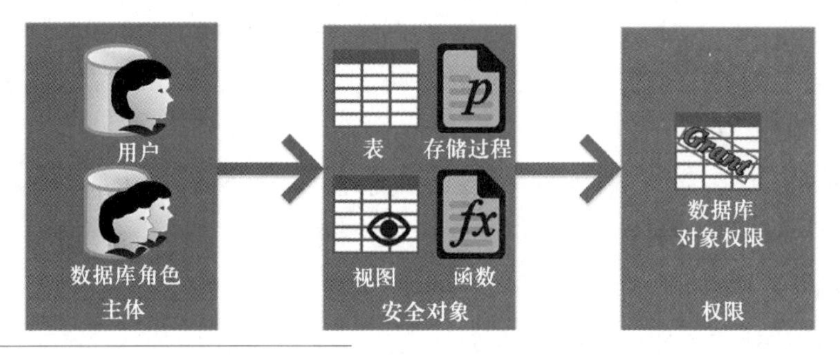

图 6-18
数据库对象级别的主体、安全对象与权限

1. 主体

数据库对象的安全基于数据库的安全，主体是数据库用户和数据库角色等。

2. 安全对象

数据库对象级别上的安全对象是数据库对象，包括表、视图、标量型函数、表值型函数和存储过程等。另外，数据库、用户和数据库角色等是数据库级别上的安全对象。

3. 数据库对象权限

数据库对象级别上的权限是对象权限，是指用户对数据库中的表、视图、函数和存储过程等对象的操作权限。表 6-7 列出了一些常用的数据库对象权限。

表 6-7 常用的数据库对象权限

数据库对象	对象权限
表	Delete、Insert、References、Select、Update
视图	Delete、Insert、References、Select、Update
存储过程	Execute
表值函数	Delete、Insert、References、Select、Update
标量函数	Execute、References

4．权限授予或撤回

数据库对象级别上的权限的授予或撤回与数据库级别上的权限的授予或撤回是相同的，不同的是权限的类型不同，数据库级别上的权限是语句权限，而数据库对象级别上的权限是对象权限。

6.4 实训任务：商店管理系统的安全管理

在第 3.4 节完成的小型商店管理系统数据库的基础上，创建一个名为 eshop 的登录名，密码 123456，授予该登录名下述权限（第 8 章的实训有可能使用）。

① 访问 eshop 数据库。

② 备份 eshop 数据库的权限。

③ 赋予对 eshop 数据库的 db_owner 权限（即数据库的最高权限）。

6.5 习题

1．什么是主体、安全对象和权限？三者之间有什么联系？

2．账号、登录名和用户三者之间有什么区别和联系？

3．简述 Windows 身份验证和 SQL Server 身份验证。

4．简述两种 SQL Server 身份验证模式。

5．什么是用户映射？它的作用是什么？

6．什么是服务器角色？什么是数据库角色？

7．什么是直接授权？什么是隐式授权？什么是间接授权？它们各自有什么特点？

第 7 章　数据库维护

数据库维护是数据库管理员（DBA）的重要职责，数据库维护工作内容多、范围广，包括数据备份与恢复、数据转换、服务器性能、安全和环境的监测和分析，目的是确保数据库的稳定运行，降低问题发生的风险。

本章讨论数据备份与恢复和日常维护工作两方面的内容。

教学导航

◎ 本章重点

1．数据备份概述
2．备份类型与恢复模式
3．备份和恢复策略
4．用户数据库的备份与恢复
5．系统数据库的备份与恢复
6．SQL Server 日志和 Windows 日志

◎ 本章难点

1．3 种备份类型、3 种恢复模式
2．备份和恢复策略的意义、制定和相互间的关系
3．用户数据库的备份与恢复
4．SQL Server 日志和 Windows 日志

◎ 教学方法

1．讲清数据库维护工作的重要性
2．讲清为什么要有多种备份类型和恢复模式，以及备份和恢复策略的目的
3．讲清全库备份、差异备份和事务日志备份的特点，三者组合成合适的备份策略
4．通过例子加深对 3 种备份的理解
5．通过操作了解 SQL Server 日志和 Windows 日志

◎ 学习指导

1．要理解备份的目的：出现灾难后，恢复尽可能多的数据
2．要理解备份策略的目的：备份时不影响系统的性能，3 种备份类型组合成合适的备份策略
3．通过实际操作来熟悉 3 种备份类型，学会从备份中恢复数据
4．要理解维护工作的内容非常广泛，最终目的是保证数据库的安全、稳定、可靠
5．SQL Server 和 Windows 都提供了许多维护工具，日志只是其中之一

◎ 资源

1．微课：手机扫描微课二维码，共 8 个微课，重点观看 7-1、7-2 共 2 个微课
2．实验实训：Jitor 实验 2 个，实训 1 个
3．数据结构和数据：http://www.ngweb.org/sql/ch4 ~ 7.html（成绩管理系统及相关实验演示用表）

注：正文中标题有*星号标注的内容为拓展学习的内容，难度较大，但没有列入本章重点和难点。

7.1　实操任务 1：数据备份与恢复

微课 7-0
第 7 章　导读

数据库备份是指制作数据库结构、数据库对象和数据的拷贝，保存在存储介质上，以便在数据库遭到破坏时能够恢复数据库。而数据库恢复是指将存储介质上的备份数据还原到数据库管理系统中。

7.1.1　数据备份概述

微课 7-1
数据备份与恢复

1．常见数据库故障

可能造成数据损失，导致数据库故障的因素很多，主要有以下几个方面。

- 硬件故障：如保存有数据库文件的磁盘驱动器损坏。
- 系统故障：装有数据库的服务器发生故障，如感染计算机病毒等。
- 非法操作：用户无意或恶意在数据库上进行了非法操作，如错误地使用 Update 和 Delete 语句。
- 遭受攻击：黑客通过网络进行攻击，如黑客破解密码后进入数据库偷盗或修改数据库中的数据。
- 程序错误：由于应用程序本身的问题而导致数据库的数据丢失、数据改动等。
- 自然灾害：如发生火灾、洪水、地震等。

2．数据备份设备

数据备份设备是用来存储备份数据的存储介质，常见的备份设备包括磁盘设备、磁带设备和云存储设备。

（1）磁盘备份设备

以磁盘设备为存储介质，也就是将数据备份到备份文件上，备份文件可以保存在本地磁盘上，也可以保存在网络磁盘上。由于本地磁盘与数据库存在于同一空间，在发生故障或自然灾害时，容易出现数据库和备份数据同时遭受损失的情况，所以数据库备份最好是通过网络存放在远程服务器上，特别是远程的磁盘矩阵上。

（2）磁带备份设备

在过去，磁带机是备份设备的首选，现在随着磁盘矩阵以及云存储的出现，磁带机已日渐式微。

（3）云存储

SQL Server 2016 开始支持使用 Microsoft Azure Blob 存储服务进行 SQL Server 备份和恢复。需要通过指定 URL 作为备份目标，实现备份到 Microsoft Azure 存储。

7.1.2　备份类型与恢复模式

数据库文件通常体积庞大，常常达到几十 GB、几百 GB，因此用备份文件的形式来进行备份，是一种十分低效的方式，无法进行频繁的备份操作。

为提高数据库备份的效率，不影响数据库系统的正常运行，SQL Server 提供了多种类型的备份形式，适应不同的需求。

1. 备份类型

SQL Server 常用的备份类型有以下 3 种。

（1）全库备份

全库备份是对整个数据库的完整备份，包括所有的数据以及数据库对象。全库备份是备份策略的基础。全库备份的特点如下。

- 优点是操作和规划比较简单，还原操作非常容易。
- 缺点是备份速度较慢，需要占用大量磁盘空间，无法经常进行，还原时无法恢复全库备份之后的修改。

全库备份通常在非高峰活动时（用户少、负载低的下半夜）进行，尽量避免对正常的业务操作造成干扰。

（2）差异备份

差异备份是将最近一次数据库全库备份以来发生了变化的数据进行备份。 差异备份的特点如下。

- 优点是备份的数据量较小，备份和还原所用的时间较短。
- 缺点是备份速度还不够快，无法非常频繁地进行，恢复时仍然无法还原最后一次差异备份之后的数据。

（3）事务日志备份

事务日志备份（简称日志备份）是将最近一次日志备份以来所有的事务日志进行备份。日志备份的优点是备份数据很小，节省时间和空间，而且恢复时基本上可以做到无损还原。

在下列几种情况下，建议在前述备份的基础上，增加日志备份的使用。

- 数据重要，不允许在最近一次差异备份之后发生数据丢失或损坏。
- 数据量大，而存储备份文件的磁盘空间有限或者备份操作的时间有限。
- 数据更新速度很快，数据库变化较为频繁。

2. 恢复模式

SQL Server 的恢复模式有简单（Simple）、完整（Full）和大容量日志（Bulk-logged）3 种，表 7-1 是恢复模式的比较。

表 7-1 恢复模式的比较

恢复模式	特 点	优 点	缺 点
简单	无日志备份	日志空间需求比较少	如果数据库损坏，面临极大的数据丢失风险
完整	需要日志备份	理论上可以还原到任意时点	完整执行所有事务，占用大量空间
大容量日志	需要日志备份	节省日志存储空间	不支持时点还原

在简单模式下，无法进行事务日志的备份和恢复。在完整模式下，则可以进行事务日志的备份，并保证在数据库损坏时，可以还原到任意时点。因此，在生产环境下，通常采用完整模式。语法格式如下。

```
Alter database <数据库名> set recovery [simple | full | bulk-logged];
```

本节以下均采用完整模式，因此使用如下命令设置数据库恢复模式为完整模式。

【例 7-1】 设置恢复模式为完整模式。

```
use Score;
Alter database Score set recovery full;
```

7.1.3 备份和恢复策略

微课 7-2
备份和恢复策略

为最大限度地减少数据库备份和还原所需的时间和降低数据的损失，应考虑各种备份类型的优缺点，规划合适的备份和恢复策略。

1. 备份策略

综合利用全库备份、差异备份和日志备份的特点，制定下述备份策略。

① 首先根据系统运行的实际情况（如数据库的实际大小）有规律地进行全库备份，如每星期进行一次。 对数据非常重要的数据库可考虑每天进行一次。由于全库备份所需时间长，对数据库的正常运行影响大，因此一般安排在凌晨进行。

② 其次以较小的时间间隔进行差异备份，如每隔几个小时进行一次。对更新非常频繁的数据库可以将时间间隔设置得更小。

③ 最后在相邻的两次差异备份之间进行日志备份，最好是每隔 5 分钟或更短的时间进行一次。

例如，某数据库的备份策略如图 7-1 所示，即每周日凌晨 2 时对数据库进行一次全库备份（F1、F2 为全库备份点），每日凌晨 2 时（周日全库备份时除外）进行一次差异备份（D1、D2…、Dn 为差异备份点），每隔 5 分钟进行日志备份（T 为日志备份点，图中无法全部画出）。

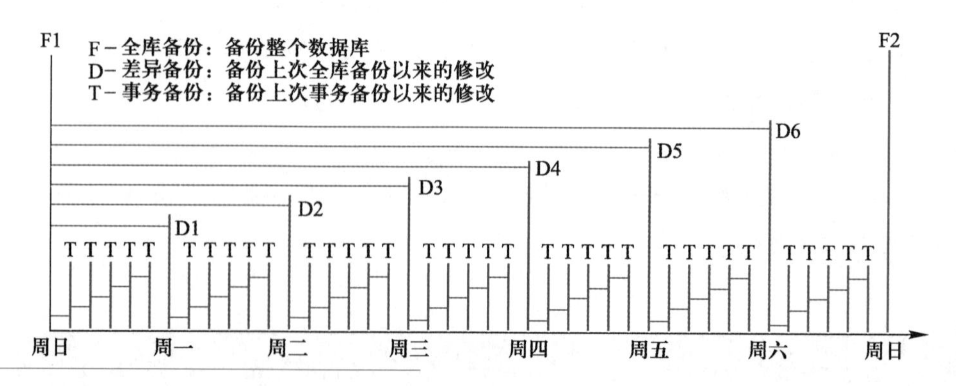

图 7-1
备份策略

在如图 7-1 所示的备份策略中，F1 和 F2 是全库备份，差异备份 D1 备份的是 F1 与 D1 之间修改了的数据，D2 备份的是 F1 与 D2 之间修改了的数据，以此类推，每次日志备份 T 备份的是 T 与前一次 T 之间修改过的数据。

2．恢复策略

① 首先还原最近一次的全库备份。

② 其次还原最近一次的差异备份。

③ 最后按时间顺序，依次还原最近一次差异备份后的所有日志备份。

如图 7-2 所示，如果数据库在周五下午 A 时间点发生故障，为使数据库的损失最小，采用的恢复策略为：首先还原最近一次的全库备份 F1；其次还原最近一次的差异备份 D5；最后按时间顺序依次还原 D5 与故障点 A 之间的所有日志备份。

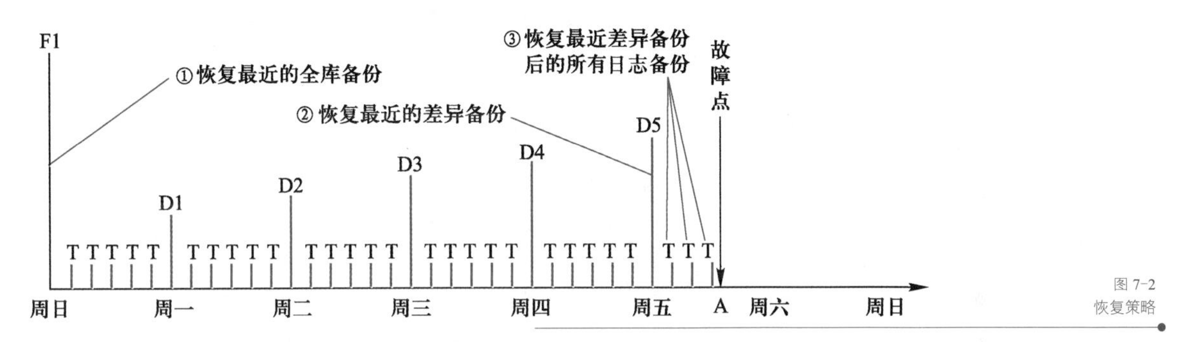

图 7-2
恢复策略

在如图 7-2 所示的恢复策略中，可以还原发生故障前所有备份过的数据，损失的数据只有最后一次日志备份之后修改过的数据。

7.1.4 数据库的备份和恢复

微课 7-3
数据库的备份和恢复

本节全部采用 SQL 语句直接备份。图形界面的使用可以参考图 7-3 ~ 图 7-5，通过“备份数据库”或“还原数据库”的图形界面进行相应操作。

图 7-3
备份和还原菜单

本节讨论用户数据库的备份与恢复。用户数据库是指用户创建的数据库，如 Score，以便与系统数据库相区别。

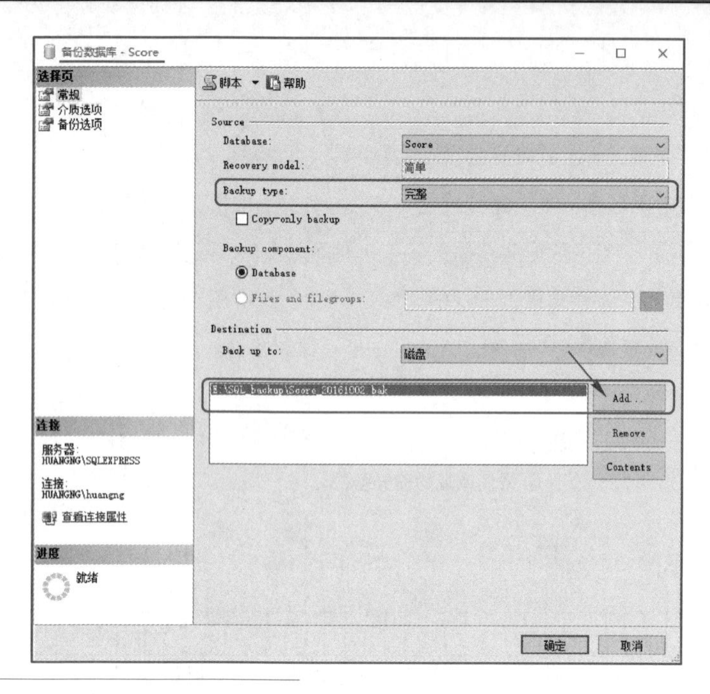

图 7-4
备份操作界面

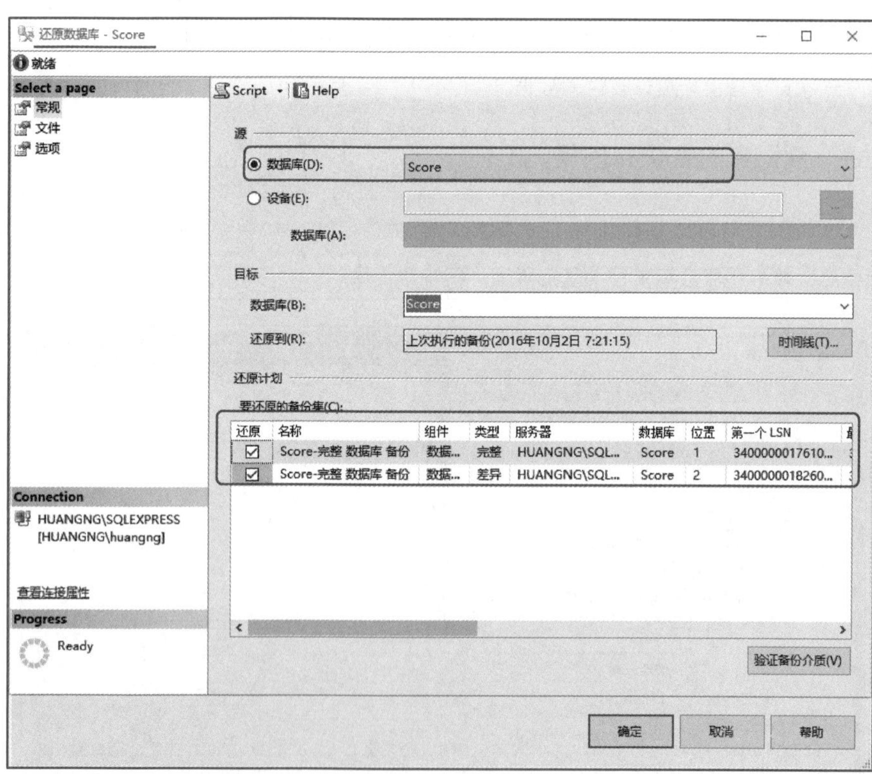

图 7-5
还原操作界面

1. 全库备份和差异备份

全库备份和差异备份的语法格式如下。

```
Backup database <数据库名>
    to <备份设备>
    [with differential];
```

可选参数 with differential 表示差异备份。

例如 Score 数据库的全库备份。

【例 7-2】 全库备份。

```
Backup database Score
   to disk = 'e:\sql_Backup\score_data.bak';            -- 全库备份
```

微课 7-4
安装 SQL Server 2014 评估版

例如 Score 数据库的差异备份。

【例 7-3】 差异备份。

```
Backup database Score
   to disk = 'e:\sql_Backup\score_diff.bak'              -- 差异备份
   with differential;
```

2. 事务日志备份

日志备份的语法格式如下。

```
Backup log <数据库名>
 to <备份设备>;
```

例如 Score 数据库的日志备份。

【例 7-4】 日志备份。

```
Backup log Score
   to disk = 'e:\sql_Backup\score_log.bak';              -- 日志备份
```

微课 7-5
连接两个不同实例

如果出现错误提示："当恢复模式为 SIMPLE 时，不允许使用 BACKUP LOG 语句。请使用 BACKUP DATABASE 或用 ALTER DATABASE 更改恢复模式"，这时需要修改恢复模式为完整模式，改为完整模式后还需要再次进行全库备份，然后才能进行日志备份。

3. 查看备份文件的内容

在默认情况下，备份的内容是依次追加到备份文件中的，因此一个备份文件中可能包括了多次备份的内容。通过下述命令可以查看备份文件中的内容。

```
Restore headeronly
   from disk = <备份设备> ;
```

例如下述代码可以查看备份文件 score_data.bak 中的内容。

【例 7-5】 查看备份文件中的内容。

```
Restore headeronly
   from disk = 'E:\sql_Backup\score_data.bak';
```

从图 7-6 可以看到，这个备份文件中有一个全库备份（BackupType 为 1），其中的部分列名含义见表 7-2。

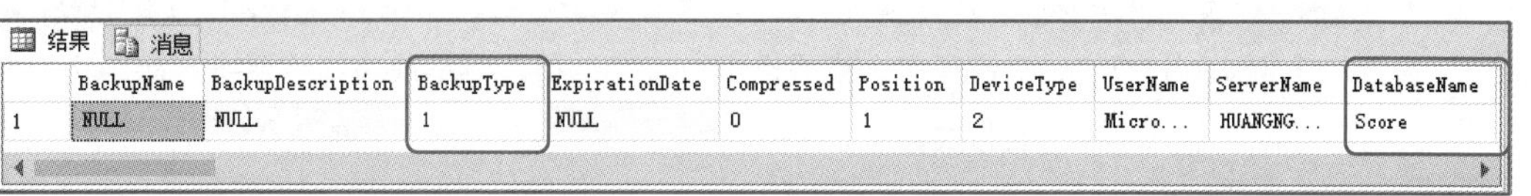
结果 消息

	BackupName	BackupDescription	BackupType	ExpirationDate	Compressed	Position	DeviceType	UserName	ServerName	DatabaseName
1	NULL	NULL	1	NULL	0	1	2	Micro...	HUANGNG...	Score

图 7-6
备份文件中的内容

表 7-2 备份文件信息的部分列名含义

标　识	含　义
BackupName	备份集名称
BackupDescription	备份集说明
BackupType	备份类型：1＝全库备份、2＝日志备份、5＝差异备份
ServerName	写入备份集的服务器名称
DatabaseName	已备份的数据库名称

4. 数据恢复

从全库备份和差异备份中还原数据的语法格式如下。

```
Restore database <数据库名>
    from <备份设备>
    [with <recovery | norecovery>];
```

其中 norecovery 表示还原后还需要按顺序还原后面的其他备份，recovery 表示还原后不再需要还原其他备份，还原过程全部结束。因此 recovery 选项应该仅用于一组还原过程中的最后一个还原。

从日志备份中还原数据的语法格式如下。

```
Restore log <数据库名>
    from <备份设备>
    [with <recovery | norecovery>];
```

【例 7-6】 顺序从备份文件中还原 Score 数据库的全库备份、差异备份和日志备份。

```
use master;
Drop database score;          -- 删除数据库，模拟数据库崩溃
go

Restore database score
    from disk = 'e:\sql_Backup\score_data.bak'     -- 全库备份的还原
    with NORECOVERY;                               -- 不是最后一个备份的还原

Restore database score
    from disk = 'e:\sql_Backup\score_diff.bak'     -- 差异备份的还原
    with NORECOVERY;                               -- 不是最后一个备份的还原

Restore log score
    from disk = 'e:\sql_Backup\score_log.bak'      -- 日志备份的还原
    with RECOVERY;                                 -- 这是最后一个备份的还原
```

【例 7-6】的代码演示了多个还原操作的恢复过程，不是最后的还原操作都必须使用 norecovery 选项，这时数据库处于“正在还原”状态，等待下一个还原操作，如图 7-7 所示，直到使用选项 recovery 的还原操作，结束完整的还原过程。处于“正在还原”状态的数据库是不能正常使用的，另一方面，一旦数据库结束了还原状态，完成了数据恢复，就不能再进

行更多的还原。

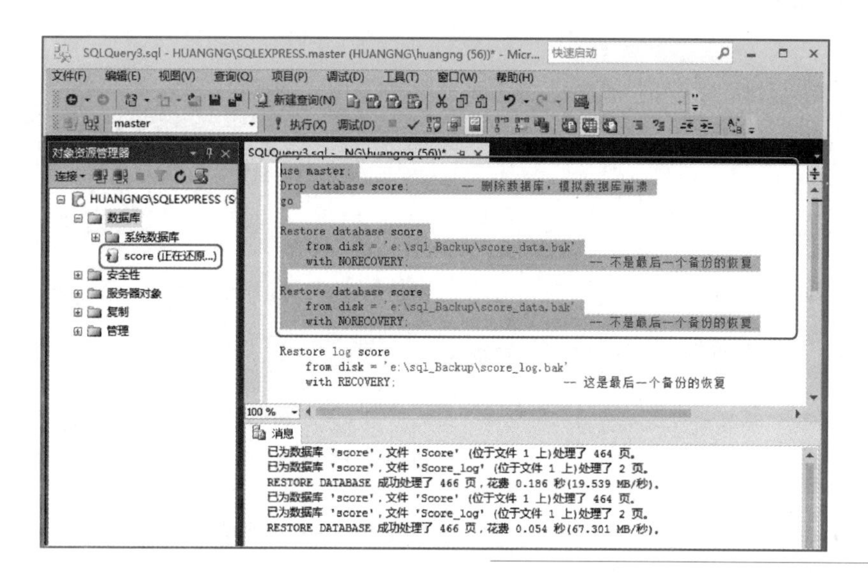

图 7-7
"正在还原"中的数据库（未执行最后一个还原操作）

7.1.5 系统数据库的备份和恢复

SQL Server 有 4 个系统数据库，其中 master、msdb 和 model 这 3 个数据库是非常重要的，因为这 3 个系统数据库保存了其他数据库的信息，一旦系统数据库损坏，其他数据库也将受到损害。而 tempdb 中的数据是用于临时用途的，完全不需要备份。

备份系统数据库的目的是在发生系统故障（如硬盘损坏）时恢复 SQL Server 系统。在下述几种操作后需要进行系统数据库的备份，备份系统数据库与备份用户数据库的操作是相同的。

- 创建、变更或丢弃用户数据库。
- 创建登录名，或进行与登录名有关的操作。
- 其他与 SQL Server 服务器有关的操作。

*7.1.6 备份策略的实施

微课 7-6
备份策略的实施

在如图 7-1 所示的备份策略中，全库备份和差异备份是在凌晨时进行，日志备份是间隔较短的时间定时进行的。因此需要一种方法实现数据库的定时自动备份，避免烦琐的手工操作。SQL Server 提供了图形界面的"维护计划"和系统存储过程两种方式实现定时自动备份，由于 SQL Server Express 版本不提供这两个功能，因此下述代码只能在 SQL Server 的正式版本中才能使用。

- sp_add_job：创建作业。
- sp_add_jobstep：向作业添加作业步骤。
- sp_add_jobserver：指定执行作业的服务器。
- sp_add_schedule：创建计划，在计划中指定运行的时间和间隔。
- sp_attach_schedule：将作业附加到计划上，实现定时运行作业。

【例 7-7】 每周日凌晨 1:30 定时运行全库备份（运行该例子需要启动 SQL Server 代理服务）。

```
use msdb;                                  -- 切换到 msdb 数据库
go

Exec dbo.sp_add_job                        -- 创建一个作业
    @job_name = 'backup_full' ;

Exec dbo.sp_add_jobstep                    -- 指定作业要执行的内容，本例是备份语句
    @job_name = 'backup_full',
    @step_name = 'backup',
    @command = 'backup database score to disk = ''c:\sql_backup\score_data''';
                                           -- 定时运行备份

Exec dbo.sp_add_jobserver                  -- 指定作业在本地服务器上执行
    @job_name = 'backup_full' ;

Exec dbo.sp_add_schedule                   -- 创建一个计划，指定定时的策略
    @schedule_name = 'run_week',
    @freq_type = 8,                              -- 8 表示每周
    @freq_interval = 1,                          -- 1 表示星期日
    @freq_recurrence_factor = 1, -- 相隔的周数或月数，当 freq_type 为 8、16、32 时
    @active_start_time = 013000;           -- 以 hhmmss 表示，013000 表示凌晨 1:30

Exec dbo.sp_attach_schedule              -- 将作业添加到计划中，定时执行作业中的备份语句
    @job_name = 'backup_full',
    @schedule_name = 'run_week' ;
```

上述代码能够实现每周日的凌晨 1:30 进行一次全库备份，将数据库的全部数据备份到指定目录中的文件 score_data.bak 中。

其中@freq_type 的值可以是 1（执行一次）、4（每日）、8（每周）、16（每月）。如果@freq_type 的值为 8 时，@freq_interval 的值可以是 1（星期日）、2（星期一）、4（星期二）、8（星期三）、16（星期四）、32（星期五）和 64（星期六），因此如果需要在星期一和星期四定时执行，则可以设置为 18（=2+16）。

系统存储过程 sp_add_schedule 的参数有许多，通过指定参数@freq_subday_type 的值为 4（表示分钟）和@freq_subday_interval 的值为 5，可以实现每隔 5 分钟执行一次日志备份的定时任务。

微课 7-7
日常维护

7.2 实操任务 2：日常维护

计算机系统中各种软硬件故障、用户误操作以及黑客恶意破坏都有发生的可能性，一旦发生，将影响到数据库的正常运行，甚至造成数据损失、服务器崩溃等致命后果。

作为数据库管理员，需要对数据库进行日常维护，包括每天、每周、每月和每季度的维护任务，确保数据库系统的正常运行、安全和稳定。

实验 7-2
日志检查

7.2.1 日志检查

维护工作的一个重要而具体的任务是检查日志，从日志中发现系统中的一些异常，及时解决问题，防止问题的扩大化。与 SQL Server 有关的日志有下述几种。

本节讨论的日志不是事务日志，与事务日志文件和事务日志备份没有关联。

1. SQL Server 日志

这是 SQL Server 内置的日志，记录的信息比较详细。日志内容包含信息性消息、警告和重要事件的信息。日志还包含有关用户的信息以及审核信息，如连接（登录）事件（成功和失败），进程（如备份和还原操作、批处理命令或其他脚本和进程）的完成情况，自动恢复消息（如 SQL Server 重新启动）、内核消息或其他服务器级别的错误消息。如图 7-8 所示显示了两条连接数据库的失败信息，显示有人使用登录名 sa 试图连接数据库，如果频繁出现这类信息，说明有人在通过尝试系统管理员 sa 的密码来攻击服务器。

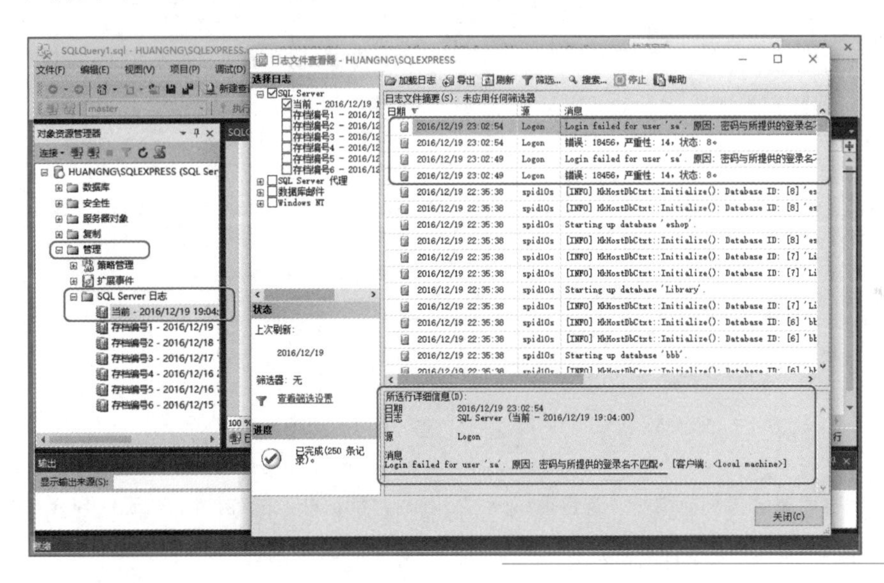

图 7-8
SQL Server 日志

2. 事件查看器

这是 Windows 操作系统的事件日志，记录了 Windows 操作系统以及安装的各种应用软件的日志记录，其中包括了 SQL Server 的日志记录。

从 Windows 的资源管理器中，选择“我的电脑”，从其右键菜单中选择“管理”命令，在打开的“计算机管理”窗口中，选择“事件查看器”选项，如图 7-9 所示。

由于事件查看器中记录的事件包括了操作系统本身以及安装的所有的应用软件的事件日志，所以需要设置过滤器，只检查感兴趣的部分。因此要创建一个自定义视图，选择关注的事件级别和事件来源等，如图 7-10 所示的视图被命名为“SQL 相关事件”，图中还显示了记录下来的与 SQL Server 有关的事件日志。

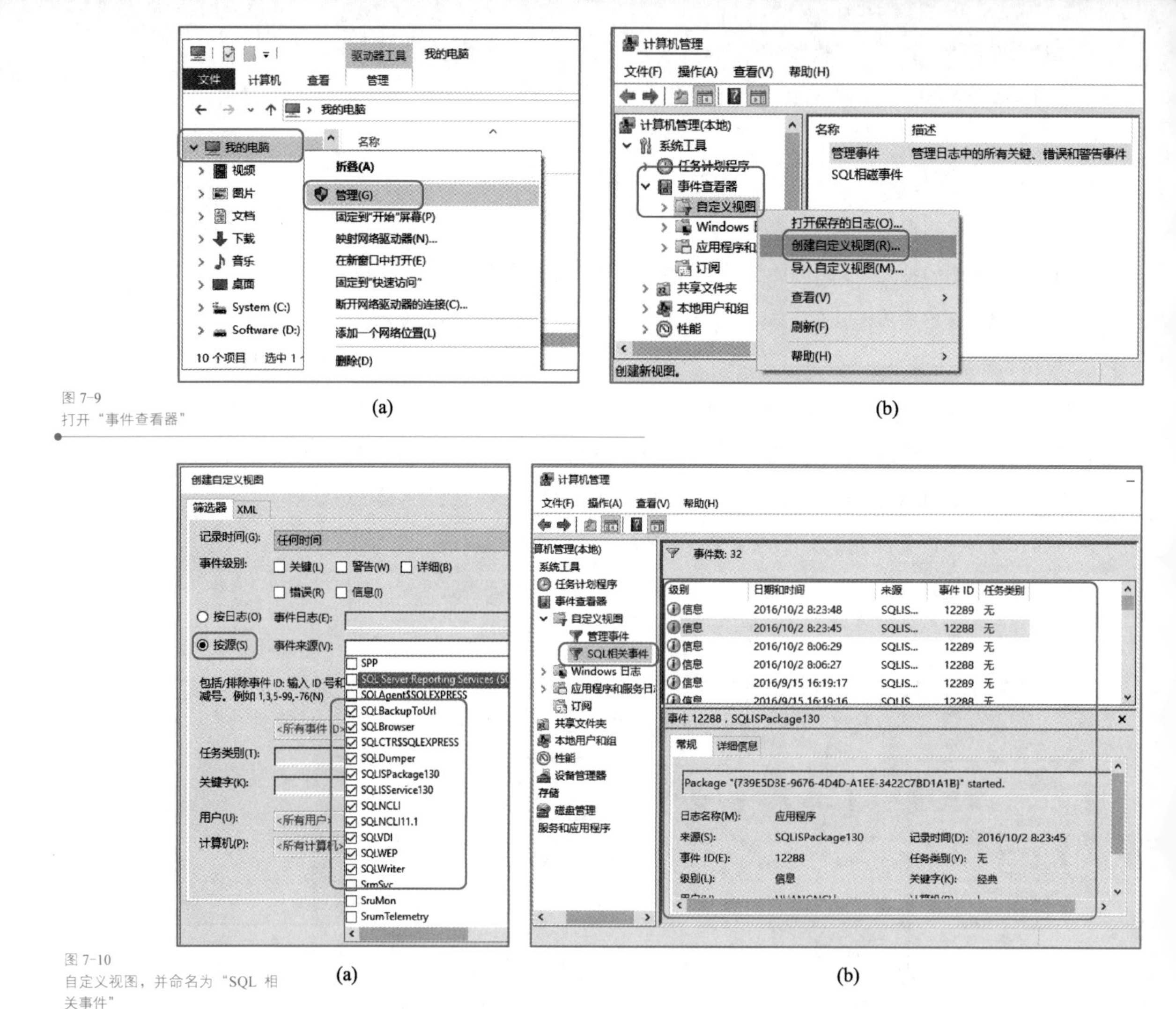

(a) (b)

图 7-9
打开"事件查看器"

(a) (b)

图 7-10
自定义视图，并命名为"SQL 相关事件"

7.2.2 例行维护任务

数据库管理员例行维护任务包括每天、每周、每月和每季度的维护任务，确保 SQL Server 数据库的正常运行、安全和稳定。

1. 每天的例行维护

数据库管理员应该每天关注以下维护任务，确保系统的可靠、稳定和安全。

① 检查是不是所有被请求的 SQL Server 服务都正常运行。

② 检查日志中备份操作的成功、警告或者失败的记录。

③ 检查 Windows 事件日志有没有错误记录。

④ 检查 SQL Server 日志有没有安全警告记录，如非法连接（登录）。

⑤ 执行全库备份或差异备份，或检查自动的备份是否得到执行。

⑥ 核实 SQL Server 作业没有失败。

⑦ 检查数据库文件和事务日志文件所在的磁盘有足够的空间。

⑧ 通过操作系统工具监控处理器、内存或者磁盘计数器是否出现瓶颈。

2. 每周的例行维护任务

每周进行一次的例行检查包括如下内容。

① 执行全库备份或差异备份，或自动的备份是否得到执行。

② 检查以前执行的维护计划报告。

③ 检查数据库完整性。

④ 通过重新生成索引任务为数据页和索引页重新组织数据。

⑤ 更新所有用户表和系统表的统计信息。

⑥ 清除执行维护计划残留下来的文件。

3. 每月或每季度的维护任务

有一些维护计划不需要执行得过于频繁，可以每个月或每个季度执行一次。

① 在测试环境中执行备份的还原操作，验证备份计划的有效性。

② 将历史数据归档。

③ 分析收集到的性能统计数据，与基准值相比较。

④ 检查并更新维护文档。

⑤ 检查并安装最新的 SQL Server 补丁和补丁包。

⑥ 更新 SQL Server 灾难恢复文档。

⑦ 更新维护计划列表。

⑧ 修改管理员口令。

7.3 实训任务：商店管理系统的维护管理

在第 3.4 节完成的小型商店管理系统数据库的基础上和第 6.4 节创建的登录名 eshop 的基础上，以该登录名连接服务器，进行 3 种类型的数据库备份，并测试恢复策略的有效性。

1．对 eshop 数据库进行全库备份。

2．对 eshop 数据库进行一些修改，然后进行差异备份。

3．对 eshop 数据库进行一些修改，然后进行事务日志备份。

4．删除 eshop 数据库，然后从 3 种备份文件中还原数据，并验证还原出来的数据的正确性。

7.4 习题

1．什么是数据库的备份和恢复?

2．数据库备份的类型有哪几种? 它们各自有什么特点?

3．请为一家企业的财务管理系统设计一个备份与恢复策略，要求是不能丢失 10 分钟以上的数据。

4．日志的作用是什么? SQL Server 相关的日志有哪几种?

第 8 章　数据库应用开发——图书管理系统的开发

数据库应用系统是向用户提供友好的图形界面，将用户的要求（如查询请求）翻译成 SQL 语句，传送到数据库服务器上执行，并将执行结果显示在用户的屏幕上。

本章讨论数据库应用系统的开发过程，讨论需求分析、数据结构设计，创建数据库和表，编写 SQL 程序，最后用 C#语言编写一个 C/S 应用程序，用 ASP.NET 技术编写一个 B/S 应用程序，分别展示数据库技术的两个最主要应用领域。

教学导航

◎ 本章重点

1．应用系统开发过程的 6 个阶段
2．图书借阅系统设计：需求分析、数据结构设计
3．数据库实施：服务器端编程，编写视图、函数、存储过程、触发器
4．C/S 客户端应用开发：项目的创建和运行、登录功能的实施、借还书功能的实施

◎ 本章难点

1．应用系统开发过程的 6 个阶段
2．图书借阅系统：需求分析、结构设计、项目实施
3．图书借阅系统的需求分析：数据收集、业务处理流程，并进行功能设计
4．图书借阅系统的结构设计：实体分析、扩展 ER 图、表结构
5．图书借阅系统的项目实施：数据库编程、C/S 项目开发

◎ 教学方法

1．第 1 章 ~ 第 7 章的目标是要求掌握所学的知识，本章的目标是要求了解所学知识的应用
2．可以将开发过程的 6 个阶段简化为 3 个阶段：需求分析、结构设计、项目实施
3．需求分析：详细讲解数据收集、业务处理流程，并进行功能设计
4．结构设计：详细讲解实体分析、扩展 ER 图、表结构
5．项目实施：讲解和演示数据库编程、C/S 项目开发，要求学生模仿

◎ 学习指导

1．理解数据库应用系统的地位和作用
2．通过项目开发理解需求分析在项目中的作用
3．通过项目开发理解数据结构设计的过程
4．通过项目开发理解视图、函数、存储过程、触发器在项目中的作用
5．通过项目开发了解 C#客户端与数据库服务器之间的关系
6．最后通过复制本书源代码，完成 C#客户端并能够调试运行

◎ 资源

1．微课：手机扫描微课二维码，共 13 个微课，重点观看 8-1、8-3、8-12 共 3 个微课
2．实验实训：Jitor 实验 4 个，实训 1 个
3．小型图书借阅系统项目源代码：http://www.ngweb.org/sql/ch8.html（小型图书借阅系统）

注：正文中标题有*星号标注的内容为拓展学习的内容，难度较大，但没有列入本章重点和难点。

微课 8-0
第 8 章　导读

微课 8-1
应用系统开发概述

8.1　学习任务：应用系统开发概述

8.1.1　数据库应用系统

数据库应用系统是指开发人员基于数据库管理系统开发出来的，面向某一实际应用的软件系统，如以数据库为基础的财务管理系统、人事管理系统、图书管理系统等。无论是面向内部业务和管理的管理信息系统，还是面向外部，提供信息服务的开放式信息系统，从技术上来说，都是以数据库为基础的数据库应用软件。

本书第 1 章 ~ 第 5 章讨论了关系型数据库的规范化设计、数据定义、数据操纵、数据查询等，学习了 SQL 编程，这些功能都是提供给数据库的开发人员和管理人员使用的，并且需要通过 SQL Server 管理器来使用这些功能。但是，普通的数据库用户不需要、也不可能直接使用这些功能，对数据库用户来说，需要的是一个使用方便的数据库应用软件，而不是用 Insert 语句来录入数据，用 Select 语句来查询数据。

本章讨论在数据库管理系统的基础上，开发数据库应用程序，这个应用程序向普通用户提供一个图形界面或网站，从而方便地对数据进行增加、删除、修改、查询以及统计等。应用程序的作用是将普通用户的要求（如输入一行数据，请求一个查询）翻译为 SQL 语句，传送到数据库服务器上执行，然后将执行的结果返回给用户，显示在用户的屏幕上。

8.1.2　C/S 和 B/S 结构

1．客户机/服务器

客户机/服务器（C/S，Client/Server）是一种网络应用模式。客户进程向服务器进程发出要求某种服务的请求，服务器进程响应该请求。在这种模式下，需要分别编写客户机程序和服务器程序，每台客户机都需要安装客户端程序，C++、C#、Delphi 和 Java 等语言都是实现客户机程序的技术。

2．浏览器/服务器

浏览器/服务器（B/S，Browser/Server）是另一种网络应用模式。用户利用浏览器向服务器进程发出要求某种服务的请求，服务器进程响应该请求。在这种模式下，只需编写服务器程序，任何客户机都不需安装客户端程序，客户机通过浏览器访问服务器。Web 应用就是 B/S 结构的，ASP.NET、PHP 和 JSP 都是实现 Web 应用的技术。

本章讨论用 C#语言编写 C/S 应用程序，用 ASP.NET 技术编写 B/S 应用程序，分别展示数据库技术的两个最主要应用领域。

8.1.3　应用系统开发过程

数据库应用系统的开发是一个长期的过程，经历下述 6 个阶段。

1．需求分析

需求分析是通过调研，深入了解客户的业务流程和业务使用情况，以及数据的规模、流量和流向等，并进行分析，最终按照一定的规范要求以文档的形式撰写需求规格说明书。

本阶段的首要工作是收集客户的业务和数据处理需求，内容包括数据边界、数据环境、数据的内部关系、数据字典、数据性能需求等。然后对需求进行分析和描述，准确描述出用户的需求，内容包括数据清单、业务活动清单、业务处理流程、完整性及一致性要求、预期变化的影响等。此外，还需要对需求进行分析和总结，提出系统的功能结构图、数据流图等。

需求分析阶段的主要成果是**需求规格说明书**，这是一个最重要的开发文档，也是项目结束时，项目验收的依据。

2．概念结构设计

概念结构设计的任务是在需求分析阶段产生的需求规格说明书的基础上，按照一定的方法把用户的需求抽象为一个不依赖于任何具体机器的数据模型，即概念模型。概念模型使设计者的注意力从复杂的实现细节中解脱出来，只集中在最重要的信息的组织结构和处理模式上。

概念结构设计的主要工具是 ER 图，标识出系统中的每一个实体、实体的属性、以及实体之间的联系。概念结构设计的主要成果通常是 **ER 图**。

3．逻辑结构设计

逻辑结构设计是将概念模型转化为特定数据库管理系统支持下的数据模型，并对数据模型进行优化。最常见的是将 ER 模型转换为关系模型，将 ER 图中的实体、实体的属性和实体之间的联系转化为关系和关系的属性，具体步骤见第 1.2.4 节。然后还要对关系模型进行优化，即规范化设计，具体方法见第 1.2.5 节和第 1.2.6 节。

逻辑结构设计的主要成果通常是**优化的关系模型**。

4．物理结构设计

物理结构设计的主要内容如下。

- 确定数据库的物理结构（如数据类型），确定数据库的存取方法和存储结构。
- 根据客户需求，确定索引的数量和类型。
- 对物理结构进行评价，评价的重点是时间和空间效率。

物理结构设计的主要成果通常是**扩展 ER 图和数据库的表结构**。

5．数据库实施

这是编码实施的过程，包括如下内容。

- 用 SQL 的 DDL（数据定义语言）定义数据结构。
- 用 SQL 的 DML（数据操纵语言）装载初始数据入库。
- 编写数据库程序，如视图、函数、存储过程和触发器等。
- 编写代码，如果是 C/S 应用程序，则用合适的语言编写客户端程序，如果是 B/S 应用程序，则用合适的技术编写动态网站。

- 数据库应用程序的调试和运行。

6. 运行维护

运行维护期间的主要工作如下。

- 数据库的运行和日常维护。
- 数据库的备份和恢复。
- 数据库的安全性、完整性控制。
- 数据库性能的监督、分析和改进。
- 数据库的重组织和重构造。

8.2 实操任务 1：图书借阅系统设计

微课 8-2
图书借阅系统设计
——需求分析

8.2.1 需求分析

1. 项目名称

中文名：小型图书借阅系统

英文名：library

2. 项目需求

本章讨论一个小型图书借阅系统的开发过程，适用于 100～200 人的小公司内部使用，管理人员都是兼职的，基本需求如下。

- 图书管理人员能够管理图书、读者，以及借书和还书。
- 读者能够查询所借图书的情况，包括本人已归还和未归还图书的信息。

3. 信息收集

首先收集相关实体的信息。

（1）图书信息

图书的信息有书名、作者、出版社、ISBN 书号等。但是仔细观察图书馆里的图书，与书店里的图书有些不同，每本书都贴上了图书分类号和副本序列号，如图 8-1 所示，图书分类号是打印粘贴在书脊上的，同一种书的图书分类号是相同的，目的是分类排放图书，方便从书架上找到。副本序列号是一个条形码，同一种书的每一个副本都有一个唯一的副本序列号，目的是区别每一本图书，如果张三和李四都借了同一种书，但借的是不同的一本，因此还书时是根据副本的序列号来确定谁的书还到了图书馆。

（2）读者信息

读者的信息有姓名、性别、电话等，还有一项重要的信息是借书卡号。如果允许读者自行查看借书的信息，那么还需要一个登录密码，登录账号可以采用借书卡号。

（3）图书管理员信息

图书管理员的信息有姓名、性别、电话和登录密码等。

图 8-1
图书信息

（4）借书信息

借书的信息有借书的时间、办理借书的管理人员等信息。

（5）还书信息

还书的信息有还书的时间、办理还书的管理人员等信息。

4．业务处理流程

需求分析的一个重要内容是分析每一项业务的具体处理流程。为简化本项目，本章只考虑借书和还书两项功能。

（1）借书流程

一个典型的借书流程是，读者根据图书分类号在书架上找到图书，持该书到登记处办理借书手续，图书管理员通过 RFID 阅读器读取借书卡上的 RFID 信息，得到读者的信息，通过扫描图书上的条形码，得到所借图书的副本序列号，再从副本序列号得到图书的书名。

然后把借书卡号、副本序列号、借书经手人账号、借书日期这 4 项信息保存到数据库的借还书记录中。

（2）还书流程

一个典型的还书流程是，借阅者本人或他人持图书到登记处办理还书手续，管理人员通过扫描图书上的条形码，得到所借图书的副本序列号。

然后从数据库借还书记录中未归还图书的部分中找出该副本序列号，将归还标识更新为已还，归还日期更新为当前日期和时间，归还经手人更新为经手人的账号。

还书的唯一依据是图书的副本序列号，这时不需要读者的任何信息。如果张三归还了李四所借的图书，这时实际归还的是李四所借的图书（依据是副本序列号），而不是张三所借的图书，虽然这两本书可能是同一种图书。

5. 业务需求

借期 30 天整，以天计数，而不是以月计数。

8.2.2　功能设计

从上述需求归纳出本项目的功能，如图 8-2 所示。

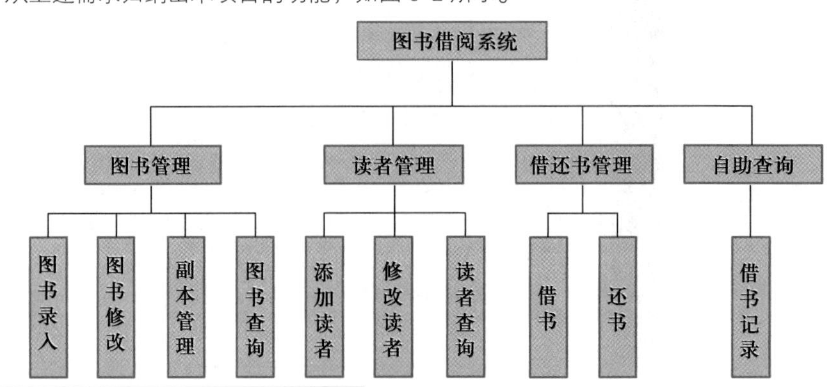

图 8-2
系统功能设计

一个较为完整的系统应该包含如图 8-2 所示的功能。为简化本项目，本章只考虑借还书功能，以及自助查询功能。

- 借还书管理：因为借还书手续只在登记处办理，因此可以采用 C/S 结构实现。如果本书读者有兴趣，可以自行实现其他部分的功能。
- 自助查询：因为自助查询是针对所有读者，因此采用 B/S 结构，可以提供最大的方便。如果本书读者有兴趣，可以自行实现更多的功能，如网上预约图书。

8.2.3　数据结构设计

微课 8-3
图书借阅系统设计
——数据结构设计

1. 规范化设计

按照第 1.2.6 节的规范化设计实施方法，对图书借阅系统进行规范化设计，步骤如下。

① 列出所有二维表，并填入测试数据：从需求分析的结果，列出实体和测试数据，如图 8-3 所示，其中用户表包含了普通读者和图书管理员，并且也包含了系统管理员。

② 设置主键和外键：为每张表添加一个无含义的主键，并设置相应的外键。并在下面的步骤中及时添加主键和设置外键。

③ 检查属性值的原子性：本例中没有违反属性值原子性的情况。

④ 检查属性值是否重复：有 3 列出现重复，用户表的类型列，采用内部编码处理（0=普通读者，1=图书管理员，2=系统管理员）；用户表的性别列，采用内部编码处理（M=男，F=女）；借还表的书名列，深入分析可以发现，借还表的书名和图书表的书名虽然有关联，但两者是不同的，因为图书表中保存的是**每种图书**，而借还表保存的是**每本图书**，即图书的副本，因此还需要一张**图书副本表**来保存每本图书的信息，其中还包括了遗漏了的副本序列号，即副本条码信息，这个实体应该独立出来。

⑤ 检查表是否包含多个实体：经过前述两个步骤，已经将实体拆分完毕。

⑥ 合并相同的实体：本例中没有这种情况。

用户表

姓名	密码	类型	性别	手机
admin	123456	系统管理员	男	13912345678
jack	123456	图书管理员	男	13987654321
amy	123456	图书管理员	女	13512345678
zhangs	123456	普通读者	男	13587654321
lisi	123456	普通读者	男	13712345678

(a) 用户表

图书表

书名	作者	出版社	国际书号	分类号
Microsoft SQL Server 2000 宝典	[美]鲍尔	中国铁道出版社	ISBN9787113057091	TP311.1-4-489
数据库原理（第 5 版）	[美]大卫	清华大学出版社	ISBN9787302263432	TP311.1-4-497
SQL Server 2012 数据库应用	李萍等编著	机械工业出版社	ISBN9787111505082	TP311.1-4-591

(b) 图书表

借还表

读者	书名	借出时间	归还时间	借出经手人	归还经手人
zhangs	Microsoft SQL Server 2000 宝典	2016-06-09 09:16:19	未归还	jack	
zhangs	数据库原理（第 5 版）	2016-06-09 09:16:19	2016-06-19 15:36:21	jack	jack
amy	数据库原理（第 5 版）	2016-06-12 10:12:29	未归还	jack	

(c) 借还表

图 8-3
图书借阅系统的所有二维表和测试数据

规范化后的关系模型如下所示，相应的表和测试数据可以改写如图 8-4 所示。

图书表

图书 id	书名	作者	出版社	国际书号	分类号
1	Microsoft SQL Server 2000 宝典	[美]鲍尔	中国铁道出版社	ISBN9787113057091	TP311.1-4-489
2	数据库原理（第 5 版）	[美]大卫	清华大学出版社	ISBN9787302263432	TP311.1-4-497
3	SQL Server 2012 数据库应用	李萍等编著	机械工业出版社	ISBN9787111505082	TP311.1-4-591

(a) 图书表

副本表

副本 id	副本条码	状态	图书 id
1	101	1	1
2	102	1	2
3	103	1	2
4	104	1	3
5	105	1	3

(b) 副本表

用户表

用户 id	姓名	密码	类型	性别	手机
1	admin	123456	2	M	13912345678
2	jack	123456	1	M	13987654321
3	amy	123456	1	F	13512345678
4	zhangs	123456	0	M	13587654321
5	lisi	123456	0	M	13712345678

(c) 用户表

借还表

借还 id	副本 id	读者 id	借出经手人 id	归还经手人 id	借书日期	归还日期
1	1	4	2		2016-06-09 09:16:19	
2	3	4	2	2	2016-06-09 09:16:19	2016-06-19 15:36:21
3	2	3	2		2016-06-12 10:12:29	

(d) 借还表

图 8-4
图书借阅系统规范化后的二维表和测试数据

用户（用户 id，姓名，密码，类型，性别，手机）
图书（图书 id，书名，作者，出版社，国际书号，分类号）

副本（<u>副本 id</u>，副本条码，状态，*图书 id*）
借还书（<u>借还 id</u>，*副本 id*，*读者 id*，*借出经手人 id*，*归还经手人 id*，借书日期，归还日期）

另外，借书卡号可以直接使用自动增量的主键，以简化项目的设计，实际项目中应该有一列 RFID 作为借书卡号，用于保存 RFID 的卡号。归还标识可以采用归还时间来标识，如果归还时间为 null，表示未归还。

2．扩展 ER 图

采用第 2.1.1 节中关于小型项目的设计中提出的方法，设计出如图 8-5 所示的图书借阅系统的扩展 ER 图和数据库的表结构，见表 8-1 ~ 表 8-4。

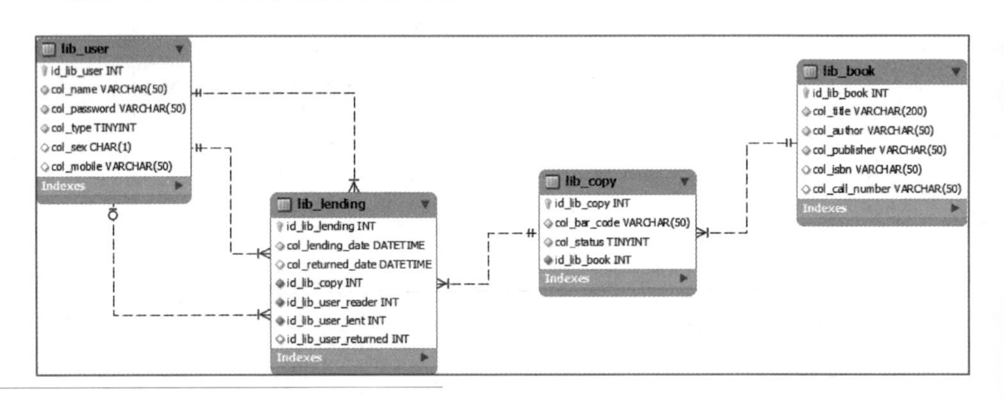

图 8-5
扩展 ER 图

扩展 ER 图可以提供对于数据结构全局的和直观的认识，从图 8-5 可以看到，借还表有 3 个外键参照用户表，这 3 个外键分别是借书的读者、借出经办人和归还经办人，其列名是被参照的主键名加上表示一定含义的后缀。

3．表结构

整个系统一共有 4 张表，详细结构信息见表 8-1 ~ 表 8-4。

表 8-1　用户（读者、管理人员）表（lib_user）

序号	列　　名	类　　型	完整性约束	中文列名（说明）
1	id_lib_user	int	非空，主键（自增量）	主键
2	col_name	varchar(50)	非空，唯一性约束	姓名
3	col_password	varchar(50)	非空	密码
4	col_type	tinyint	非空	类别（0=普通读者，1=图书管理员，2=系统管理员）
5	col_sex	char(1)	允许空	性别
6	col_mobile	varchar(50)	允许空	手机号

表 8-2　图书表（lib_book）

序号	列　　名	类　　型	完整性约束	中文列名（说明）
1	id_lib_book	int	非空，主键（自增量）	主键
2	col_title	varchar(200)	非空	书名
3	col_author	varchar(50)	非空	作者
4	col_publisher	varchar(50)	非空	出版社
5	col_isbn	varchar(50)	允许空	国际书号
6	col_call_number	varchar(50)	允许空	分类号

表 8-3 副本表（lib_copy）

序号	列　　名	类　　型	完整性约束	中文列名（说明）
1	id_lib_copy	int	非空，主键（自增量）	主键
2	col_bar_code	varchar(50)	非空	副本条码（副本序列号）
3	col_status	tinyint	非空	状态（0=内部用，1=可借出，2=未归还，3=损坏）
4	id_lib_book	int	非空，外键	外键（图书 id）

表 8-4 借还表（lib_lending）

序号	列　　名	类　　型	完整性约束	中文列名（说明）
1	id_lib_lending	int	非空，主键（自增量）	主键
2	col_lending_date	datetime	非空	借书时间
3	col_returned_date	datetime	允许空	还书时间
4	id_lib_copy	int	非空，外键	外键（参照副本表）
5	id_lib_user_reader	int	非空，外键	外键（参照用户表，借阅人 id）
6	id_lib_user_lent	int	非空，外键	外键（参照用户表，借出经办人 id）
7	id_lib_user_returned	int	允许空，外键	外键（参照用户表，归还经办人 id）

8.2.4 C/S 结构设计

1．功能设计

本书以最简单的功能演示 C/S 应用的开发，实现功能如下。

- 登录：管理人员登录系统。
- 借书：管理人员为读者办理借书手续。
- 还书：管理人员为读者办理还书手续。

2．技术选型

在技术上可以采用 C++、C#、Delphi 和 Java 等语言实现，本书采用 C#实现。

8.2.5 B/S 结构设计

1．功能设计

本书以最简单的功能演示 B/S 应用的开发，实现功能如下。

- 登录：读者登录系统。
- 查询借书记录：读者查询本人的借阅记录，包括未归还和已归还的图书信息。
- 注销：退出登录状态。

2．技术选型

在技术上可以采用 ASP.NET、PHP 和 JSP 等技术实现。本书采用 ASP.NET 技术。

8.3　实操任务 2：数据库实施

微课 8-4
数据库实施——数据定义和操纵

8.3.1　创建数据库和数据表

数据库名采用英文项目名称 Library，创建一个数据库。

实验 8-1
数据库实施——数据定义和操纵

【例 8-1】 创建图书借阅系统数据库。

```
use master;
go

/* *****************************************************************
创建数据库：
    创建数据库 Library，如果已存在，则删除后重新创建
    为方便起见，数据库文件保存在默认目录中
***************************************************************** */
Drop database if exists Library;-- SQL Server 2014 及之前版本不能用 if exists 选项
go

-- 创建数据库
Create database Library;
go
```

根据表 8-1～表 8-4 的数据表结构信息分别创建 4 张表，分别是用户表、图书表、副本表和借还表。

【例 8-2】 创建 4 张表。

```
use Library;
go

/* *****************************************************************
创建数据表：
    创建 4 张数据表，用户表、图书表、副本表和借还表
***************************************************************** */
-- 用户表
Create table lib_user (
    id_lib_user int not null primary key identity,
    col_name varchar(50) unigue not null,
    col_password varchar(50) not null,
    col_type tinyint not null,
    col_sex char(1) null,
    col_mobile varchar(50) null
);

-- 图书表
Create table lib_book (
```

```
    id_lib_book int not null primary key identity,
    col_title varchar(200) not null,
    col_author varchar(50) not null,
    col_publisher varchar(50) not null,
    col_isbn varchar(50) null,
    col_call_number varchar(50) null
);

-- 副本表
Create table lib_copy (
    id_lib_copy int not null primary key identity,
    col_bar_code varchar(50) not null,
    col_status tinyint not null,
    id_lib_book int not null references lib_book (id_lib_book )
);

-- 借还表
Create table lib_lending (
    id_lib_lending int not null primary key identity,
    col_lending_date datetime not null,
    col_returned_date datetime null,
    id_lib_copy int not null references lib_copy (id_lib_copy ),
    id_lib_user_reader int not null references lib_user (id_lib_user ),
    id_lib_user_lent int not null references lib_user (id_lib_user ),
    id_lib_user_returned int null references lib_user (id_lib_user )
);
go
```

8.3.2 初始化测试数据

为了方便程序的调试，以及测试程序的运行结果，需要准备一些测试数据。测试数据应该与真实数据相近，但比较简单，容易理解。

1. 基础数据

测试数据见图 8-4 中的用户表、图书表和副本表，相应的初始化测试数据代码如下。

【例 8-3】 初始化测试数据的代码。

```
use Library;
go

/* ****************************************************************
初始化测试数据：
    只有 3 张表需要初始化，借还表的数据是在运行过程中产生的
**************************************************************** */
-- 用户表
```

```
Insert into lib_user
   values ('admin', '123456', 2, 'M', '13912345678');
Insert into lib_user
   values ('jack', '123456', 1, 'M', '13987654321');
Insert into lib_user
   values ('amy', '123456', 1, 'F', '13512345678');
Insert into lib_user
   values ('zhangs', '123456', 0, 'M', '13587654321');
Insert into lib_user
   values ('lisi', '123456', 0, 'M', '13712345678');

-- 图书表
Insert into lib_book
   values ('Microsoft SQL Server 2000 宝典', '[美]鲍尔', '中国铁道出版社',
      '9787113057091', 'TP311.1-4-489');
Insert into lib_book
   values ('数据库原理（第 5 版）', '[美]大卫', '清华大学出版社',
      '9787302263432', 'TP311.1-4-497');
Insert into lib_book
   values ('SQL Server 2012 数据库应用', '李萍等编著', '机械工业出版社',
      '9787111505082', 'TP311.1-4-591');

-- 副本表
insert into lib_copy values ('101', 1, 1);
insert into lib_copy values ('102', 1, 2);
insert into lib_copy values ('103', 1, 2);
insert into lib_copy values ('104', 1, 3);
insert into lib_copy values ('105', 1, 3);
go
```

通过下述代码检查测试数据的正确性。

【例 8-4】 查询用户和图书，检查测试数据的正确性。

```
use Library;
go

/* ******************************************************************
检查测试数据的正确性：
****************************************************************** */
Select *
   from lib_user;

Select *
   from lib_copy
      join lib_book on lib_copy.id_lib_book=lib_book.id_lib_book;
go
```

2. 借还书流程

下面的代码测试借还书流程，图书管理员为 2 位读者借出 3 本书，然后归还了其中 1 本，测试数据如图 8-4 所示中的借还表。

【例 8-5】 测试借还书流程。

```
/* *******************************************************************
2 位读者借出 3 本书，然后归还 1 本
******************************************************************* */
-- 借书三本
insert into lib_lending values (getDate(), null,1,4,2,null); -- 借还表
update lib_copy                                        -- 更新副本状态为 2（未归还）
   set col_status=2
   where id_lib_copy=1;
insert into lib_lending values (getDate(), null,3,4,2,null);
update lib_copy
   set col_status=2
   where id_lib_copy=2;
insert into lib_lending values (getDate(), null,2,3,2,null);
update lib_copy
   set col_status=2
   where id_lib_copy=3;

-- 还书一本
update lib_lending                                     -- 更新借还表
   set col_returned_date = getDate(),
   id_lib_user_returned=2
   where id_lib_lending=2;
update lib_copy                                        -- 更新副本状态为 1（可借出）
   set col_status=1
   where id_lib_copy=3;
```

下述代码查询上述借还书所产生的数据，如图 8-6 所示，对照图 8-6 和图 8-4 的借还表，可以比较直观地理解借还书流程和数据库中数据之间的联系。

【例 8-6】 查询借还书后的数据。

```
/* *******************************************************************
查询借还书所产生的数据
******************************************************************* */
-- 查询图书副本
select col_bar_code 副本条码,col_title 书名,
       col_author 作者, col_publisher 出版社,
       状态 =
       case col_status
          when 0 then '内部用'
          when 1 then '可借出'
```

```
            when 2 then '未归还'
            when 3 then '损坏'
        end
    from lib_copy
        join lib_book on lib_copy.id_lib_book=lib_book.id_lib_book;

-- 查询借还情况
select reader.col_name 读者,col_title 书名,
        col_lending_date 借出日期,
        归还日期=
        case
            when col_returned_date is null then '未归还'
            else convert(varchar, col_returned_date, 120)
        end,
        lent.col_name 借出经手人,
        returned.col_name 还书经手人
    from lib_lending
        join lib_copy on lib_lending.id_lib_copy=lib_copy.id_lib_copy
        join lib_book on lib_copy.id_lib_book=lib_book.id_lib_book
        join lib_user as reader
            on lib_lending.id_lib_user_reader=reader. id_lib_user
        join lib_user as lent
            on lib_lending.id_lib_user_lent=lent. id_ lib_user
        left join lib_user as returned
            on lib_lending.id_lib_user_returned= returned.id_lib_user;
```

结果　消息

	副本条码	书名	作者	出版社	状态
1	101	Microsoft SQL Server 2000宝典	[美]鲍尔	中国铁道出版社	未归还
2	102	数据库原理（第5版）	[美]大卫	清华大学出版社	未归还
3	103	数据库原理（第5版）	[美]大卫	清华大学出版社	可借出
4	104	SQL Server 2012数据库应用	李萍等编著	机械工业出版社	可借出
5	105	SQL Server 2012数据库应用	李萍等编著	机械工业出版社	可借出

	读者	书名	借出日期	归还日期	借出经手人	还书经手人
1	zhangs	Microsoft SQL Server 2000宝典	2016-12-21 11:17:26.347	未归还	jack	NULL
2	zhangs	数据库原理（第5版）	2016-12-21 11:17:26.347	2016-12-21 11:17:26	jack	jack
3	amy	数据库原理（第5版）	2016-12-21 11:17:26.347	未归还	jack	NULL

图 8-6
测试借还书流程的结果

微课 8-5
数据库实施——
数据库编程

实训 8-2
数据库实施——
数据库编程

8.3.3　数据库编程

根据项目的功能需求，设计并编写有关的视图、函数、存储过程和触发器。

1．视图

视图在实际项目中非常有用，并大量得到应用。

列出副本的信息需要内连接，因该查询在多处需要使用，所以编写一个视图，以便重用这些代码。

【例 8-7】 列出副本的信息的视图。

```
use Library;
go

/* *****************************************************************
-- 视图：列出副本的信息
-- 功能：连接副本表和图书表，返回副本的主键、书名、图书条码和副本状态
***************************************************************** */
Create View v_book_copy
as
Select id_lib_copy, col_title, col_bar_code, col_status
    from lib_copy
        join lib_book on lib_copy.id_lib_book=lib_book.id_lib_book;
go

-- 测试视图
Select * from v_book_copy;
```

2．函数

函数可以用一种简洁的方式实现一些特殊的业务需求。

根据业务需求，借期 30 天，因此，编写一个函数，计算图书的应还日期。

【例 8-8】 计算图书的应还日期的函数。

```
use Library;
go

/* *****************************************************************
函数：计算图书的应还日期
返回数据类型：字符串
参数：
@date：借书日期
@returndate：归还日期
功能：如果归还日期不为空，返回“已归还”；如果归还日期为空，返回借书日期之后 30 天的日期
***************************************************************** */
Create function dbo.f_due_date(@date datetime, @returndate datetime)
      returns varChar(10)
as
begin
    if (@returndate is null)
    begin
        return convert(varchar(10),dateadd(day, 30, @date),23);
                                        -- 返回日期字符串
    end
    begin
        return '已归还';                -- 返回文字说明
```

```
    end
end;
go

-- 测试函数
Select dbo.f_due_date(getdate(), null);
```

3. 存储过程

存储过程是数据库编程中最重要的一种手段。

（1）登录

登录是大多数应用系统都需要的功能，不论是 C/S 还是 B/S 的应用程序都有这个需求，并且需求是相同的，因此服务器端的登录存储过程可以同时用于C/S和B/S结构的应用程序。

【例 8-9】 登录用的存储过程。

```
use Library;
go

/* *******************************************************************
存储过程：登录验证
参数：
@account：登录账号
@password：密码
@type：登录类型（=0 表示所有人员登录，=1 表示管理人员登录）
@id：返回登录账号的主键值， 输出型参数
    （@id=0 表示登录失败，@id>0 时表示登录者的主键值
功能：根据提供的参数，对账号和密码与数据库中预留的信息进行比对，
    相符时返回用户的主键值（登录成功），不相符时返回 0（登录失败）
****************************************************************** */
Create procedure p_login (@account varchar(20),
     @password varchar(20), @type int output)
as
if @type=0                -- 所有人员登录
    begin
        select @id = id_lib_user
            from lib_user
            where col_name=@account
                and col_password=@password;
        if (@@ROWCOUNT <>1)
        begin
            set @id=0; -- 登录失败
        end
    end
else                    -- 管理人员登录
    begin
```

```
        select @id = id_lib_user
            from lib_user
            where col_name=@account
                and col_password=@password
                and col_type > 0;  -- 必须是管理员
        if (@@ROWCOUNT <>1)
        begin
            set @id=0; -- 登录失败
        end
    end
go

-- 测试登录存储过程
Declare @id int;
Set @id=1;
Exec p_login 'jack','123456', 1,@id output;
Print @id
```

（2）借书

在本项目中借书功能只用于满足 C/S 客户端的需求，如果 B/S 客户端有这个需求，也可以使用这个存储过程。

【例 8-10】 借书存储过程。

```
use Library;
go

/* ********************************************************************
存储过程：根据提供的参数完成借书
参数：共 6 个参数，前 3 个传入型，后 3 个输出型
@userId：借书证号（用户主键）
@staffId：借出经办人 ID
@barCode：图书条码
@code：返回 4 种信息：OK；Fails;借书证号错误；图书不可借出
@account：读者登录名
@title：书名
功能：首先检查借书证号是否有效，然后检查图书条码对应的图书是否可出借
    检查通过后，则使用前 3 个参数和当前时间向借还表插入一条借书记录
    并返回所借图书的书名以及借书人的名字
******************************************************************** */
Create procedure p_lending(@userId int, @staffId int, @barCode varChar(20),
    @code varChar(20) output, @account varChar(20) output,
    @title varChar(50) output)
as
    declare @type int;
    select @account = col_name
```

```
        from lib_user
        where id_lib_user = @userId;
    if (@@ROWCOUNT<>1)
    begin
        set @code='借书证号错误';
        return;
    end
    declare @copyId int;  -- 图书副本的主键
    select @title = col_title,@copyId = id_lib_copy
        from v_book_copy   -- 使用视图
        where col_bar_code = @barCode
            and col_status=1;
    if (@@ROWCOUNT<>1)
    begin
        set @code = '图书不可借出';
        return;
    end
    -- 可以借出
    insert into lib_lending (col_lending_date, id_lib_copy,
              id_lib_user_ reader, id_lib_user_lent)
        values (getDate(), @copyId, @userId, @staffId);
    set @code = 'OK';
go
```

（3）还书

在本项目中还书功能只用于满足 C/S 客户端的需求，如果 B/S 客户端有这个需求，也可以使用这个存储过程。

【例 8-11】 还书存储过程。

```
use Library;
go

/* **********************************************************************
存储过程：根据提供的参数完成还书
参数：共 3 个参数，前 2 个传入型，后 1 个输出型
@barCode：图书条码
@staffId：归还经办人 ID
@code：返回两种信息：还书成功返回 OK；只有图书条码错误时返回失败的信息
功能：首先检查图书条码是否正确，不正确则返回“图书条码错误”
    检查通过后，则是无条件还书，更新该副本在借还表中归还日期为空的行
    具体做法是更新归还日期（原来为空）为当前时间，归还经办人 ID 为传入的 ID
******************************************************************** */
Create procedure p_returning(@barCode varChar(20),
     @staffId int, @code varChar(20) output)
as
```

```
    declare @copyId int;  -- 图书副本的主键
    select @copyId = id_lib_copy
        from lib_copy
    where col_bar_code = @barCode
    if (@@ROWCOUNT<>1)
    begin
        set @code = '图书条码错误';
    end
    else
    begin
        -- 直接归还，无需确认借书的读者编号
        update lib_lending set col_returned_date=getDate(),
                id_lib_user_ returned = @staffId
            where id_lib_copy=@copyId
                and col_returned_date is null;
        set @code = 'OK';
    end
go
```

（4）列出借书记录

在本项目中列出借书记录功能用于满足B/S客户端的需求，如果C/S客户端有这个需求，也同样可以使用这个存储过程。

【例 8-12】 列出借书记录存储过程。

```
use Library;
go

/* ********************************************************************
存储过程：列出借书记录
参数：
@id：登录用户 ID，即读者本人的 ID
功能：查询@id 所代表的用户的借书记录，包括已归还和未归还的图书信息
    列名用中文，以便于在客户端上正确显示合适的列名（B/S 和 C/S 客户端通用）
******************************************************************* */
Create procedure p_list(@id int)
as
begin
    select col_title 书名, col_author 作者, col_bar_code 条码,
        col_lending_ date 借书日期,
        dbo.f_due_date(col_lending_date, col_returned_date) as 应还日期
        from lib_lending
            join lib_copy on lib_lending.id_lib_copy = lib_copy.id_lib_copy
            join lib_book on lib_copy.id_lib_book = lib_book.id_lib_book
        where id_lib_user_reader =@id
end
```

```
go

-- 测试列出借书记录
Exec p_list 4;
```

4. 触发器

触发器可以实现常规方法无法实现的功能。

根据借还书时对 lib_lending 表的操作，动态更新图书副本的状态：0=内部用，1=可借出，2=未归还，3=损坏。下述触发器是根据借还的情况，更新状态为 1 或 2，未考虑图书损坏（状态 3）的处理。

【例 8-13】 借还书触发器。

```
use Library;
go

/* *****************************************************************
触发器：借还书
触发器类型：after
触发动作：插入、更新
基础表：借还表（lib_lending）
功能：当插入行（借书时），更新副本表中的副本状态为 2（已借出）
    当修改行（还书时），更新副本表中的副本状态为 1（可借出）
***************************************************************** */
Create trigger t_copy_status
    on lib_lending
    after insert, update
as
begin
    declare @date datetime;
    declare @id int;
    select @id=id_lib_copy, @date = col_returned_date
        from inserted;
    if(@date is null)
    begin
        -- 还书时间为空,表示是借书,改为已借出
        update lib_copy set col_status = 2
            where id_lib_copy=@id;
    end
    else
    begin
        -- 改为已归还
        update lib_copy set col_status = 1
            where id_lib_copy=@id;
    end
end
```

```
go
```

5．数据库安全设置

为应用程序创建一个名为 libadmin 的登录名，密码为 123456，授予该登录名访问 Library 数据库的全部权限。

【例 8-14】 创建访问 Library 数据库的登录名和用户，并授予全部权限。

```
use Library;
go

/* *********************************************************************
服务器安全：用于客户端登录（C/S 和 B/S）
功能：创建名为 libadmin 的登录名
    映射到 Library 数据库的同名用户
    将用户加入到 db_owner 角色
******************************************************************* */
Create login libadmin
    with password = '123456';

Create user libadmin
    for login libadmin;

Exec sp_addrolemember
    @rolename = 'db_owner', @membername ='libadmin';
go
```

8.4　实操任务 3：C/S 客户端应用开发

8.4.1　安装 Visual Studio C#

微课 8-6
安装 Visual Studio C #

Visual Studio C# Express 2008 是一个免费软件，从微软网站下载并安装，安装过程十分简单，不再赘述。

8.4.2　客户端界面编程

实验 8-3
C/S 客户端应用开发

1．创建项目（命名为 Library）

打开 Visual Studio C# Express 2008，从主菜单中选择“文件”→“新建项目”命令，在打开的“新建项目”对话框中选择“Windows 窗体应用程序”选项，并在“名称”框中将新项目命名为 Library，如图 8-7 所示，单击“确定”按钮后，进入 Visual Studio C# Express 2008 主界面。

2．设计主界面

（1）修改窗体标题

项目第 1 个窗体的默认窗体标题是 Form1，修改窗体标题为“图书借阅系统”。方法是在窗体 Form1 的 Text 属性中修改窗体标题，如图 8-8 所示。

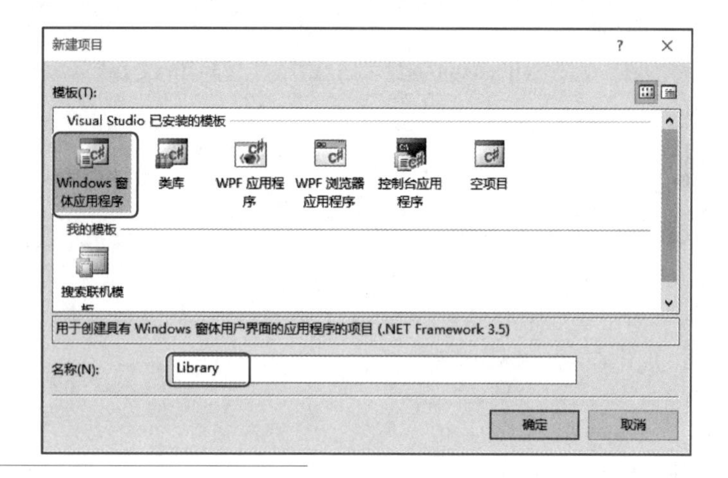

图 8-7
创建 “Windows 窗体应用程序” 项目

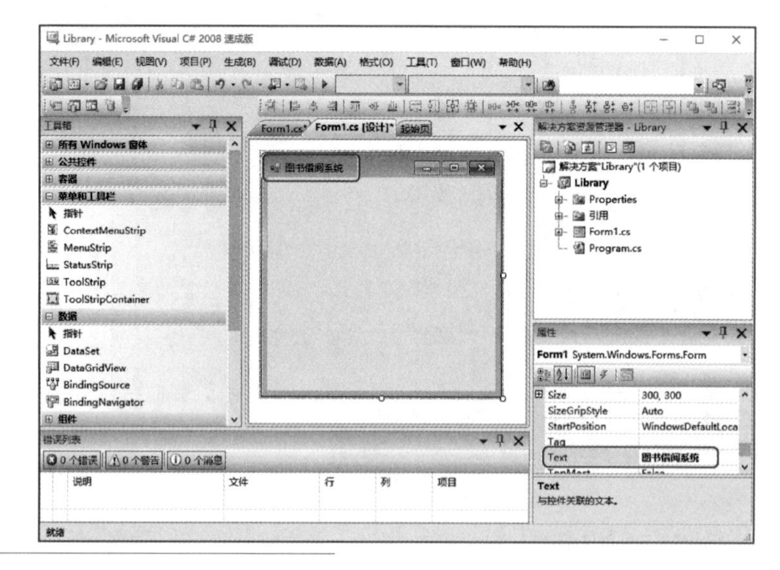

图 8-8
修改窗体标题

（2）添加主菜单

向主界面添加主菜单，方法是从 “菜单和工具栏” 中将菜单条 MenuStrip 拖到 Form1 窗体中，然后按图 8-2 中的功能设计的要求输入一级和二级菜单项，如图 8-9 和图 8-10（a）所示。

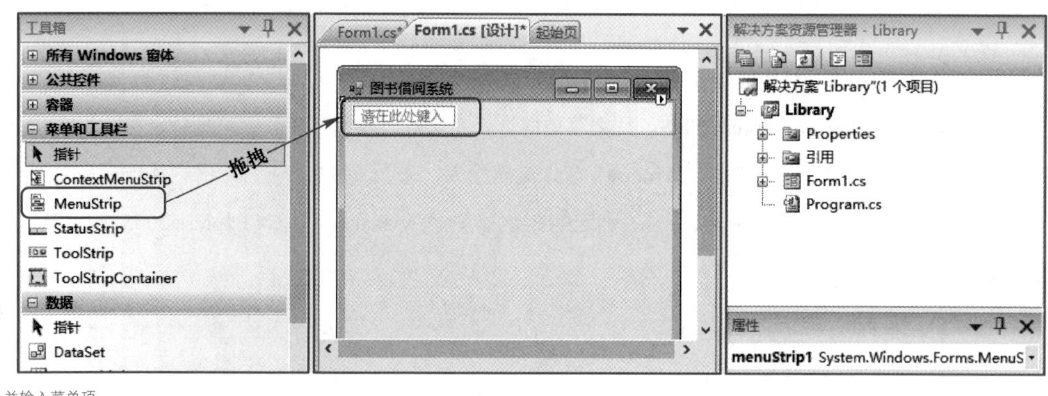

图 8-9
添加主菜单，并输入菜单项

3．运行项目

菜单项输入完成后，在工具栏上单击“运行”（绿色三角形）按钮，这时将显示主界面窗体，并能够显示主菜单，如图 8-10（b）所示。

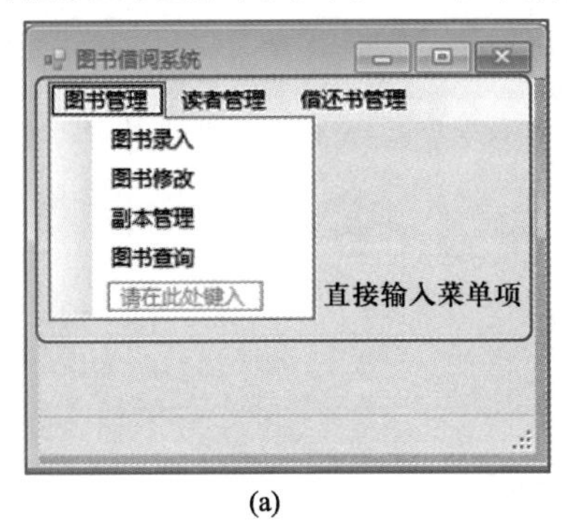

(a)

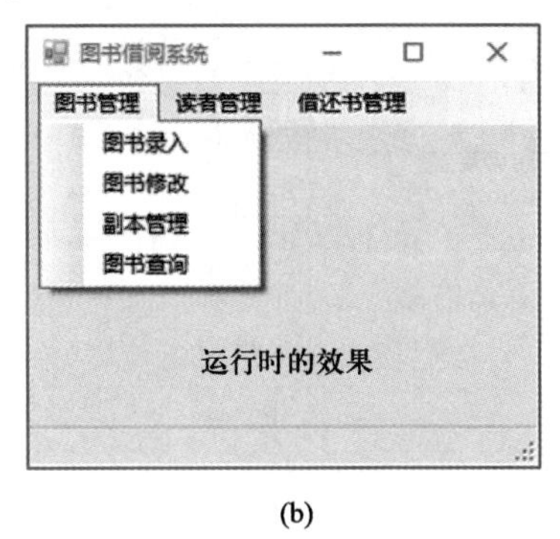

(b)

图 8-10
编辑中和运行中的菜单

8.4.3　功能实现

微课 8-7
C/S 客户端应用开发
——编程实现

上一节实现了一个简单的项目，本节将要向该项目添加登录、借书和还书的功能。

1．实现登录功能

在主界面上添加一个登录界面，方法是从“公共控件”中拖拽合适的控件到主界面的窗体上，需要的控件有 3 种：3 个 Label（账号、密码、出错信息）、2 个 TextBox（账号、密码）和 1 个 Button，如图 8-11 所示，将 2 个 TextBox 分别命名为 tbAccount 和 tbPassword，方法是修改控件的 Name 属性，并设置其内容（Text 属性）为管理员的账号 admin 和密码 123456，目的是方便今后的调试。将按钮的文本设置为“登录”，并命名为 btnLogin。将提示标签命名为 lblMsg，用于显示运行信息，如出错信息、登录成功或失败等。

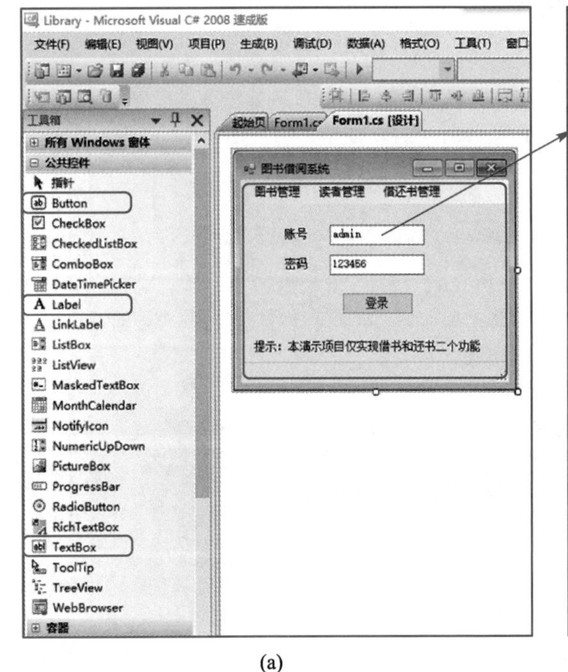

(a)

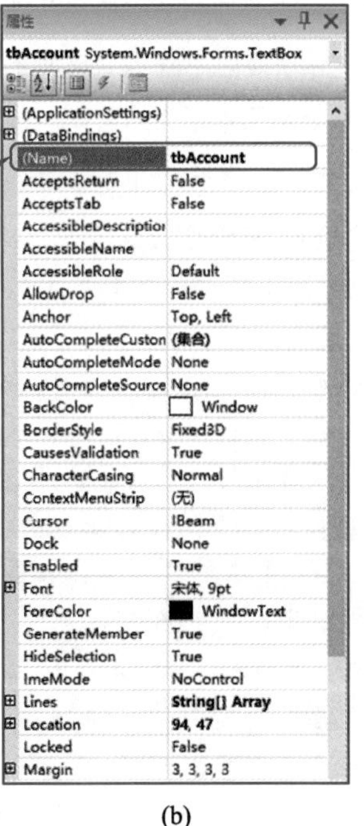

(b)

图 8-11
登录界面的设计及控件命名

双击“登录”按钮，这时打开代码编辑窗口，光标自动定位于“登录”按钮的事件处理方法上，如图 8-12 所示。

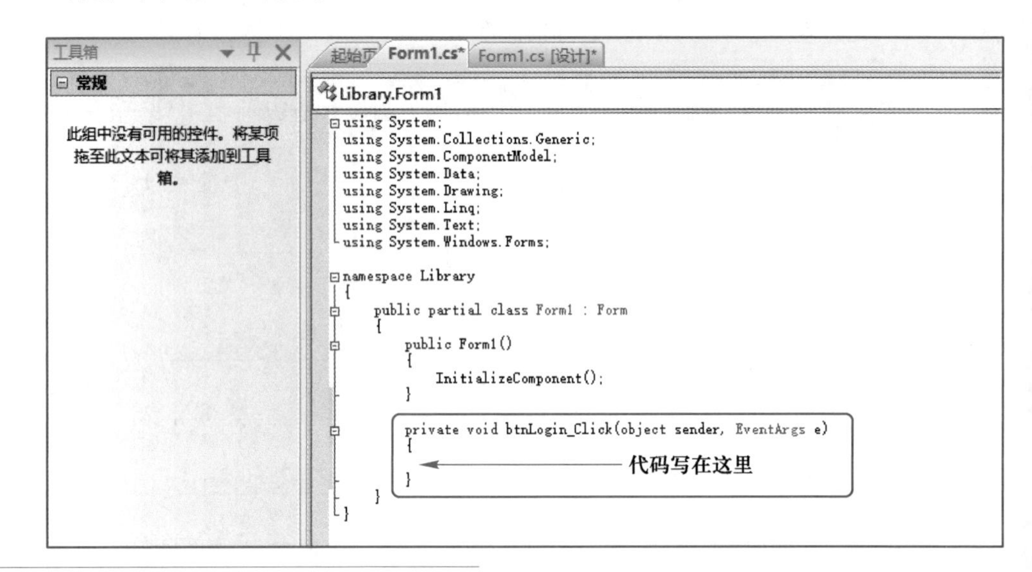

图 8-12
登录事件处理程序

这个窗体是主窗体，除了处理登录事件外，还需要一些全局的参数以及方法，还有与菜单处理有关的事件处理，以下是该窗体的功能。

- 数据库连接字符串：其中包括服务器名、数据库名、登录名、和密码 4 个参数，由这 4 个参数按一定的格式组成数据库连接字符串。
- 建立数据库连接：启动时建立与数据库的连接，该连接在应用程序活动期间一直有效，并被借书和还书时调用存储过程时使用。
- 登录事件处理：在 btnLogin_Click()方法中，详见代码中的注释。
- 关闭数据库连接：数据库连接是在整个应用程序结束时关闭的。
- 显示菜单相关的窗体：这也是事件处理程序，功能是创建窗体的实例并显示。

主窗体完整代码如下。

【例 8-15】 主窗体代码。

```
/* *******************************************************************
C#项目代码
文件名：Form1.cs
功能：项目初始化设置（数据库连接字符串）
    启动时建立数据库连接（在构造方法中）
    登录过程的后台处理（在 btnLogin_Click()）中
    结束时关闭数据库连接
    菜单项借书窗体的打开
    菜单项还书窗体的打开
****************************************************************** */
using System;
using System.Collections.Generic;
```

```
using System.ComponentModel;
using System.Data;
using System.Drawing;
using System.Linq;
using System.Text;
using System.Windows.Forms;
using System.Data.SqlClient;

namespace Library
{
    public partial class Form1 : Form
    {
        // 服务器名字，根据需要修改
        public static string dataSource = "LOCALHOST\\SQLEXPRESS";
        // 登录名，根据需要修改
        public static string user = "libadmin";
        // 登录的密码，根据需要修改
        public static string password = "123456";
        // 数据库，根据需要修改
        public static string database = "Library";

        public static string getConnString(){
            // 根据前面 4 个参数值，返回数据库连接字符串
            return "Integrated Security=False;Initial Catalog="
                + database + ";Data Source="
                + dataSource + ";User ID=" + user + ";Password=" + password;
        }

        // 公用的静态的数据库连接，将被其他窗体引用
        public static SqlConnection conn;

        // 保存登录账号的主键值，如果为 0 表示还未登录或登录失败
        private static int accountId = 0;
        public static int getAccountId()
        {
            // 根据返回值可以判断是否已经登录，如果为 0 表示还未登录或登录失败
            return accountId;
        }

        public Form1()  // 构造方法，窗体加载时运行
        {
            InitializeComponent();

            // 禁用菜单，登录成功后才启用
            menuStrip1.Enabled = false;
```

```
        try
        {
            // 启动程序时首先建立数据库连接，在程序结束时关闭该连接
            conn = new SqlConnection(getConnString());
            conn.Open();
            lblMsg.Text="提示：数据库连接成功！";
        }
        catch (Exception e)
        {
            lblMsg.Text = "提示：数据库连接失败！";
        }
    }

    // 单击“登录”按钮的事件处理程序
    private void btnLogin_Click(object sender, EventArgs e)
    {
        // 获取用户输入的账号和密码
        string account = tbAccount.Text;
        string password = tbPassword.Text;

        // 调用登录存储过程，进行登录验证
        SqlCommand cmd = new SqlCommand("p_login", conn); // 存储过程名
        cmd.CommandType = CommandType.StoredProcedure; //类型为存储过程
        cmd.Parameters.Add("@account", SqlDbType.VarChar); // 指定参数
        cmd.Parameters.Add("@password", SqlDbType.VarChar);
        cmd.Parameters.Add("@type", SqlDbType.Int);

        cmd.Parameters["@account"].Value = account; // 传入参数值
        cmd.Parameters["@password"].Value = password;
        cmd.Parameters["@id"].Direction = ParameterDirection.Output;
            // 输出型参数
        cmd.Parameters["@type"].Value = 1;  // 1 表示只有管理人员可以登录

        // 禁用菜单，登录成功后再启用
        menuStrip1.Enabled = false;
        try
        {
            cmd.ExecuteNonQuery(); // 执行存储过程调用
            string id = cmd.Parameters["@id"].Value.ToString();
                // 获得返回信息
            accountId = int.Parse(id);
            if (accountId==0)
            {
                lblMsg.Text = "提示：登录失败！";
```

```
                }
                else
                {
                    // 登录成功后启用菜单
                    menuStrip1.Enabled = true;
                    lblMsg.Text = "提示：登录成功！ID=" + id;
                }
            }
            catch (Exception e1)
            {
                lblMsg.Text = "提示：服务器异常";
                MessageBox.Show(e1.Message);
            }
        }

        private void Form1_FormClosing(object sender,
              System.Windows.Forms. FormClosingEventArgs e)
        {
            // 程序结束时，关闭数据库连接
            conn.Close();
        }

        private void 借书ToolStripMenuItem_Click(object sender, EventArgs e)
        {
            // 单击借书菜单时的事件处理程序，显示借书窗体
            new Lending().Show();
        }

        private void 还书ToolStripMenuItem_Click(object sender, EventArgs e)
        {
            // 单击还书菜单时的事件处理程序，显示还书窗体
            new Returning().Show();
        }

    }
}
```

2．实现借书功能

借书功能在一个新的窗体中实现，新建一个名为 Lending 的窗体，方法是从右侧的“解决方案”下方的项目名“Library”的右键菜单中选择“添加”→“新建项”命令，在弹出的对话框中选择 Windows 窗体，如图 8-13 所示，然后输入名称“Lending.cs”，单击“添加”按钮完成窗体的创建。

(a)

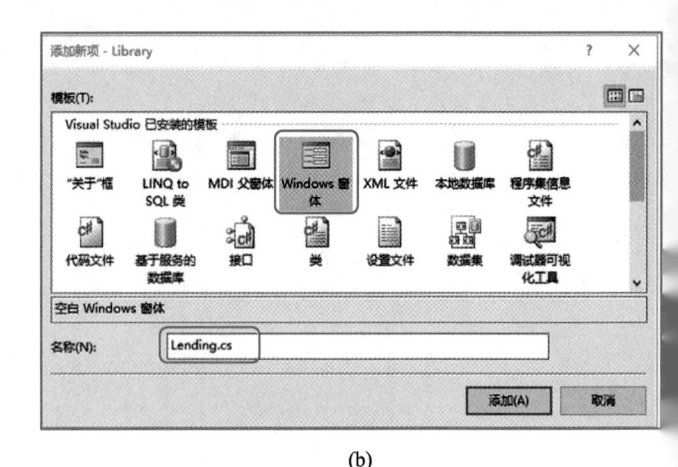

(b)

图 8-13
添加“Windows 窗体”

然后修改窗体的标题为“借书”。从第 8.2.1 节的需求分析中得知，借书的实现是通过把借书卡号、副本序列号、经办管理员账号、借书日期 4 项信息保存到数据库的借还表来实现的。

按图 8-14 的要求设计“借书”窗体，并按图中的要求命名有关控件的名字（Name 属性）。然后双击“借书”按钮，打开 Lending.cs 代码编辑窗口，编写“借书”按钮事件处理代码。完整代码如下。

图 8-14
借书窗体的设计及控件命名

【例 8-16】“借书”窗体代码。

```
/* ******************************************************************
C#项目代码
文件名：Lending.cs
功能：借书
    获得管理员输入的借书卡号和图书条码
    调用数据库的存储过程 p_lending 实现借书功能
    显示存储过程返回的成功或失败信息
****************************************************************** */
using System;
// 更多 using …，见【例 8-15】
using System.Data.SqlClient;          // 加上这一行
```

```
namespace Library
{
    public partial class Lending : Form
    {
        public Lending()
        {
            InitializeComponent();
        }

        private void btnLending_Click(object sender, EventArgs e)
        {
            // 借书时，管理员输入的借书卡号和借出的图书的条码
            string userId = tbUserId.Text;
            string barcode = tbBarcode.Text;

            // 调用借书存储过程
            SqlCommand cmd = new SqlCommand("p_lending", Form1.conn);
               // 存储过程名

            cmd.CommandType = CommandType.StoredProcedure;
               // 调用类型为存储过程
            cmd.Parameters.Add("@userId", SqlDbType.Int); // 指定参数
            cmd.Parameters.Add("@staffId", SqlDbType.Int);
            cmd.Parameters.Add("@barCode", SqlDbType.VarChar);

            cmd.Parameters.Add("@code", SqlDbType.VarChar, 20);
                // 以下 3 个输出型，必须加上长度
            cmd.Parameters.Add("@account", SqlDbType.VarChar, 20);
            cmd.Parameters.Add("@title", SqlDbType.VarChar, 50);

            cmd.Parameters["@userId"].Value = int.Parse(userId); // 传入值
            cmd.Parameters["@staffId"].Value = Form1.getAccountId();
                // 管理员（经手人）ID
            cmd.Parameters["@barCode"].Value = barcode;

            cmd.Parameters["@code"].Direction = ParameterDirection.Output;
               // 以下 3 个输出型参数
            cmd.Parameters["@account"].Direction = ParameterDirection.Output;
          cmd.Parameters["@title"].Direction = ParameterDirection.Output;

            try
            {
                cmd.ExecuteNonQuery(); // 执行存储过程调用
                string code = cmd.Parameters["@code"].Value.ToString();
                    // 获得返回信息
```

```
                string account = cmd.Parameters["@account"].Value.ToString();
                string title = cmd.Parameters["@title"].Value.ToString();
                if ("OK".Equals(code))
                {
                    lblMsg.Text = "提示: "+account+"成功借阅图书"+title;
                }
                else
                {
                    lblMsg.Text = "提示: "+code;
                }
            }
            catch (Exception e1)
            {
                lblMsg.Text = "提示: 服务器异常";
                MessageBox.Show(e1.Message);
            }
        }
    }
}
```

"借书"窗体完成后，还要在主窗体上将菜单项"借书"与 Lending 窗体关联起来，运行时用户选择"借书"菜单时将显示借书窗体。方法是在 Form1.cs 的设计器中双击"借书"菜单项，这时将打开 Form1.cs 代码编辑器，并将光标定位在"借书"菜单项的事件处理程序上，如图 8-15 所示，代码很简单，只有一行，其作用是显示 Lending 窗体。

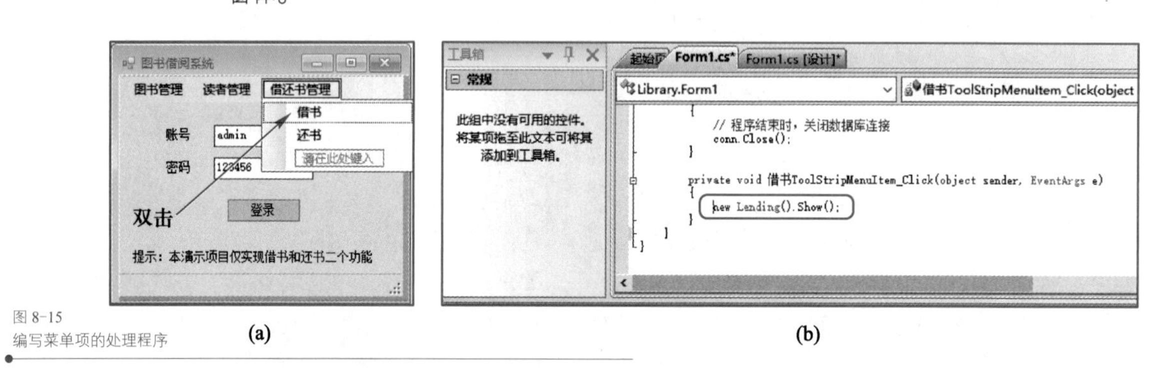

图 8-15
编写菜单项的处理程序

【例 8-17】 设置借书菜单项的动作。

```
private void 借书ToolStripMenuItem_Click(object sender, EventArgs e)
{
    new Lending().Show();
}
```

3. 实现还书功能

还书功能在"还书"窗体中实现，新建一个名为 Returning 的窗体，如图 8-16 所示。

图 8-16
还书窗体及控件命名

按图 8-16 的要求设计完成后，双击“还书”按钮，打开 Returning.cs 代码编辑窗口，编写“还书”按钮事件处理代码。完整代码如下。

【例 8-18】 “还书”窗体代码。

```
/* *******************************************************************
C#项目代码
文件名：Returning.cs
功能：还书
    获得管理员输入的图书条码
    调用数据库的存储过程 p_returning 实现还书功能
    显示存储过程返回的成功或失败信息
****************************************************************** */
using System;
// 更多 using …，见【例 8-15】
using System.Data.SqlClient;          // 加上这一行

namespace Library
{
    public partial class Returning : Form
    {
        public Returning()
        {
            InitializeComponent();
        }

        private void btnReturn_Click(object sender, EventArgs e)
        {
            // 还书时，管理员输入的图书条码
            string barcode = tbBarcode.Text;

            // 调用还书存储过程
            SqlCommand cmd = new SqlCommand("p_returning", Form1.conn);
                // 存储过程名
```

```
            cmd.CommandType = CommandType.StoredProcedure;
                // 调用类型为存储过程
            cmd.Parameters.Add("@barCode", SqlDbType.VarChar);
            cmd.Parameters.Add("@staffId", SqlDbType.Int);

            cmd.Parameters.Add("@code", SqlDbType.VarChar, 20);
                // 输出型，加上长度

            cmd.Parameters["@barCode"].Value = barcode;
            cmd.Parameters["@staffId"].Value = Form1.getAccountId();
               // 管理员（经手人）ID

            cmd.Parameters["@code"].Direction = ParameterDirection.Output;
               // 输出型参数

            try
            {
                cmd.ExecuteNonQuery(); // 执行存储过程调用
                string code = cmd.Parameters["@code"].Value.ToString();
                   // 获得返回信息
                if ("OK".Equals(code))
                {
                    lblMsg.Text = "提示：成功归还图书";
                }
                else
                {
                    lblMsg.Text = "提示：" + code;
                }
            }
            catch (Exception e1)
            {
                lblMsg.Text = "提示：服务器异常";
                MessageBox.Show(e1.Message);
            }
        }
    }
}
```

与“借书”窗体一样，要在 Form1.cs 中设置“还书”菜单项与 Returning 窗体的关联，选择还书菜单后显示 Returning 窗体，然后编写事件处理程序，也是只有一行代码。

【例 8-19】 设置还书菜单项的动作。

```
private void 还书ToolStripMenuItem_Click(object sender, EventArgs e)
{
    new Returning().Show();
}
```

8.4.4　测试运行

微课 8-8
CS 客户端应用开发
——测试运行

完成了 C#项目的基本功能后，运行结果如图 8-17 所示，演示了借书和还书的过程。在本例子中，借书卡号和图书条码都是手工直接输入，而不是采用读卡器和条码扫描枪等设备输入。

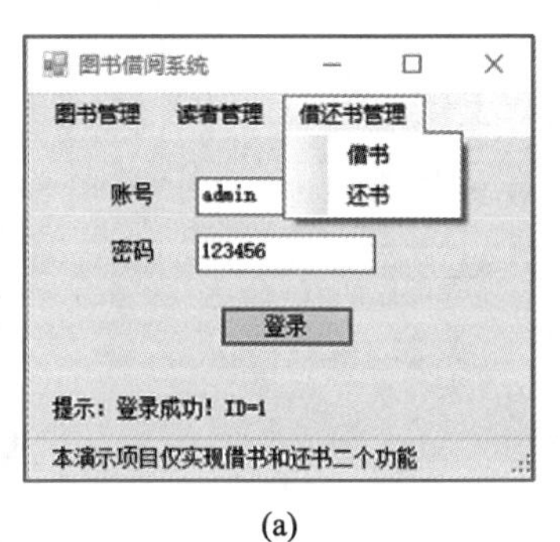

(a)

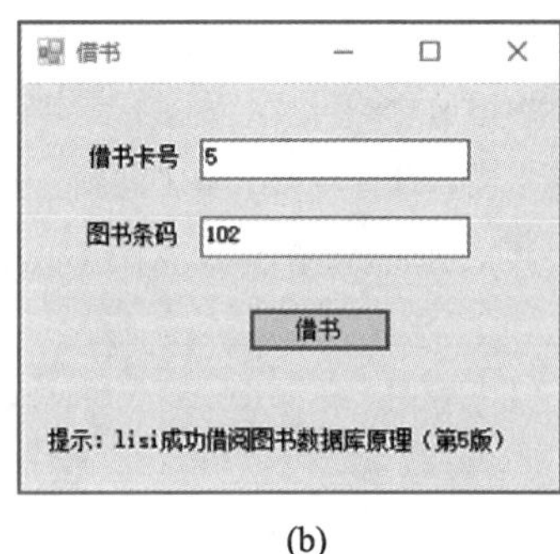

(b)

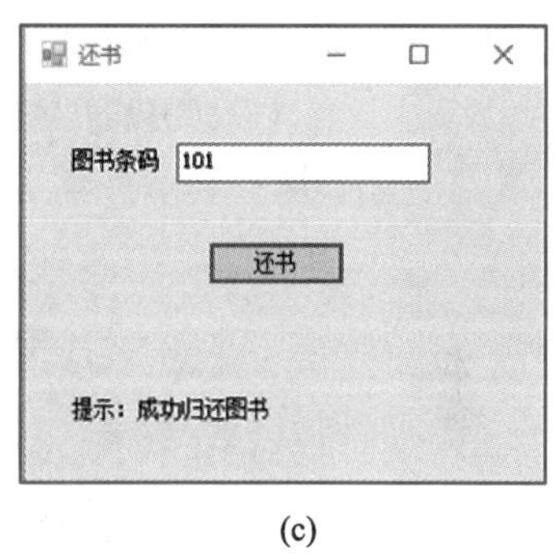

(c)

图 8-17
C#项目运行结果

查看数据库内部的记录，结果如图 8-18 所示，从图中可以看到副本 101（主键为 1）曾被借出并已归还，而副本 102（主键为 2）还没有归还。

【例 8-20】 查询借还书的内部记录。

```
use Library;
go

select *
   from lib_copy;

select *
   from lib_lending;
```

运行结果如图 8-18 所示。

结果　消息

	id_lib_copy	col_bar_code	col_status	id_lib_book
1	1	101	1	1
2	2	102	2	2
3	3	103	1	2
4	4	104	1	3
5	5	105	1	3

	id_lib_lending	col_lending_date	col_returned_date	id_lib_copy	id_lib_user_reader	id_lib_user_lent	id_lib_user_returned
1	1	2016-10-03 21:09:07.000	2016-10-03 21:28:53.963	1	5	1	1
2	2	2016-10-03 21:09:18.560	NULL	2	5	1	NULL

图 8-18
借还书的内部记录

*8.5　实操任务 4：B/S 网站应用开发

微课 8-9
安装 Visual Web Developer

8.5.1　安装 Visual Web Developer

Visual Web Developer Express 2008 是一个免费软件，从微软网站下载并安装，安装过程十分简单，不再赘述。

实验 8-4
B/S 网站应用开发

8.5.2　网站界面编程

1．创建项目（命名为 book）

打开 Visual Web Developer Express 2008，从主菜单中选择“文件”→“新建网站”命令，在打开的“新建网站”对话框中，选择“ASP.NET 网站”选项，并命名为 book，如图 8-19 所示，单击“确定”按钮后，进入 Visual Web Developer Express 2008 主界面，如图 8-20 所示。

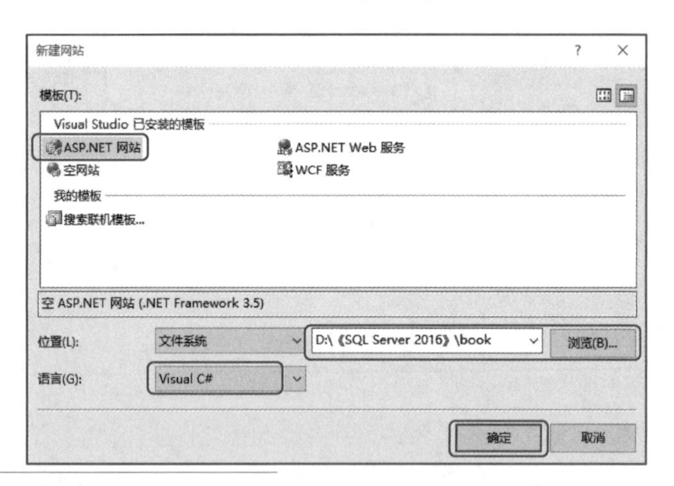

图 8-19
新建“ASP.NET 网站”项目

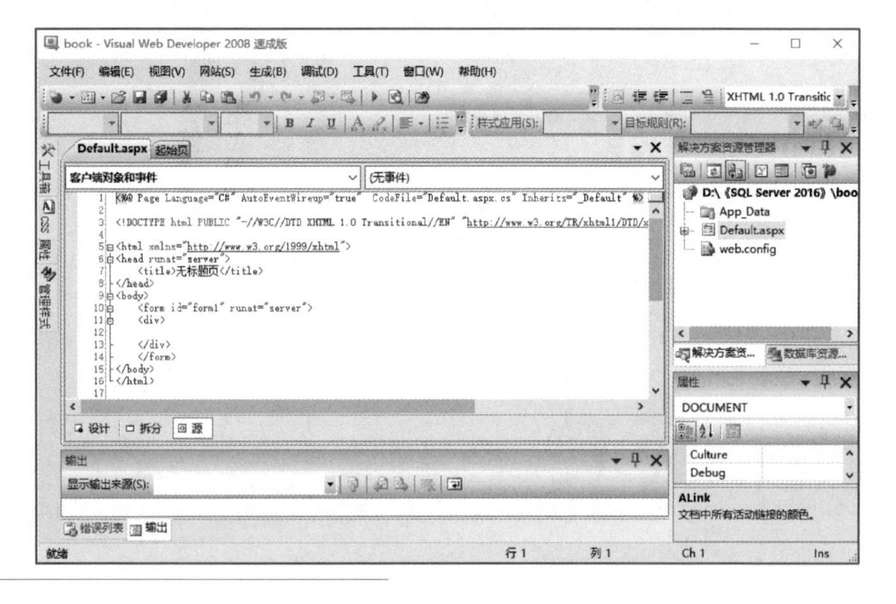

图 8-20
Visual Web Developer Express 2008 主界面

2．设计主界面

网站界面的设计比较复杂，可用的技术也比较多，为简单起见，本书采用最传统、最经典的设计技术，即用表格设计界面的外观布局。

为避免重复书写大量的 HTML 代码，将一些共用的代码保存在两个文件中，这两个文件分别是 header.inc 和 footer.inc，都是文本文件，因此在项目中添加两个文本文件，如图 8-21 所示，并输入这两个文件的内容（【例 8-21】和【例 8-22】）。

(a)

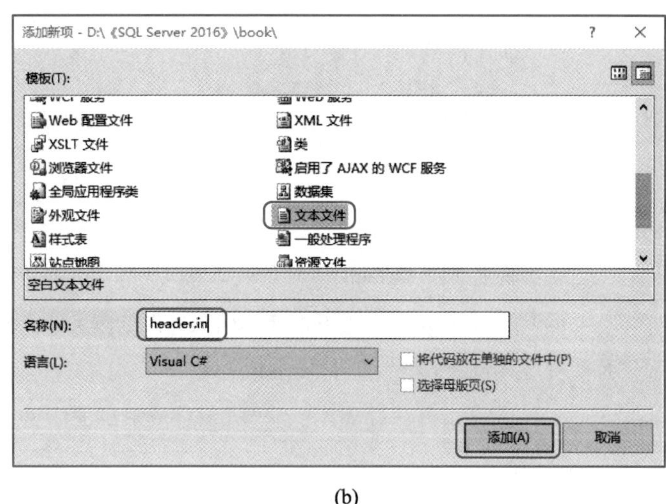

(b)

图 8-21
添加文本文件

【例 8-21】 header.inc 文件中的代码。

```
<!DOCTYPE html PUBLIC "-//W3C//DTD XHTML 1.0 Transitional//EN" "http://www.w3.org/TR/xhtml1/DTD/xhtml1-transitional.dtd">

<html xmlns="http://www.w3.org/1999/xhtml">
<head runat="server">
   <title>图书借阅系统 Web 端</title>
</head>
<body>
  <div align="center">
    <table border="0" width="800" id="table1" height="429">
      <tr>
        <td colspan="2" height="90" bgcolor="#CCFFFF">
          <p align="center">
            <font size="5">图书借阅</font></p>
          <p>
        </td>
      </tr>
      <tr>
        <td width="18%" valign="top" bgcolor="#99CCFF">
          <p><a href="Default.aspx">登录</a></p>
          <p><a href="List.aspx">借书记录</a></p>
```

```
        <p><a href="Default.aspx?op=logout" onclick="return confirm('
确认注销吗？')">注销</a></p>
        <p></p>
        <p>
      </td>
      <td width="80%" bgcolor="#CCFFCC" valign="top">
```

【例 8-22】 footer.inc 文件中的代码。

```
      </td>
    </tr>
  </table>
  《SQL Server 数据库应用开发》第 8 章实例
  </div>
</body>
</html>
```

将主文件 Default.aspx 的代码修改为如下。其中引用了前述的两个文件 header.inc 和 footer.inc。<!--#include file="header.inc"-->的作用是将指定的文件的内容引入到当前文件中。

【例 8-23】 主文件 Default.aspx。

```
<%@ Page Language="C#" AutoEventWireup="true"  CodeFile="Default.aspx.cs"
Inherits="_Default" %>
<!--#include file="header.inc"-->
  <p>请登录</p>
  <form id="form1" runat="server">
  <div>
    <p>读者编号：<asp:TextBox ID="fldAccount" runat="server" Text="lisi"
/></p>
    <p>密码：<asp:TextBox ID="fldPassword" runat="server" Text="123456"
/></p>
    <p><asp:Button ID="btnSubmit" Text="登录" /></p>
    <p><asp:Label ID="lblMsg" runat="server" /></p>
  </div>
  </form>
<!--#include file="footer.inc"-->
```

再添加一个名为 List.aspx 的 aspx 文件，方法与添加 header.inc 相似，但是选择的文件类型是“Web 窗体”，其内容如下。其中也引用了文件 header.inc 和 footer.inc。

【例 8-24】 借书记录 List.aspx。

```
<%@ Page Language="C#" AutoEventWireup="true" CodeFile="List.aspx.cs"
Inherits="List" %>
<!--#include file="header.inc"-->
<div align="center">
  <h2>借书记录</h2>
</div>
<p><asp:Label ID="lblMsg" runat="server" /></p>
```

```
<form id="form1" runat="server">
   <asp:GridView id="gridView" runat="server"></asp:GridView>
</form>
<!--#include file="footer.inc"-->
</html>
```

3．运行项目

项目的外观界面已经完成，在工具栏上单击“运行”按钮，这时将自动打开一个浏览器，并将运行的结果界面显示在浏览器中，如图 8-22 所示。

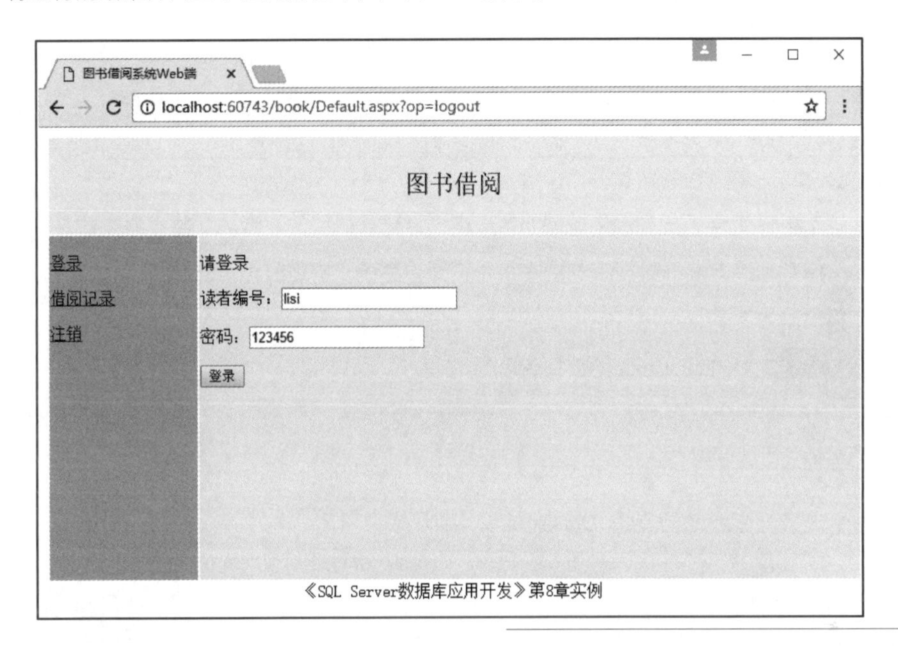

图 8-22
B/S 项目的主界面

在登录界面上，登录信息已预先输入，以方便程序的调试。

8.5.3　功能实现

微课 8-10
B/S 网站应用开发
——编程实现

完成了 B/S 项目的界面设计后，本节完成登录、借书记录显示 2 个功能，分别对应 Default 页面和 List 页面。

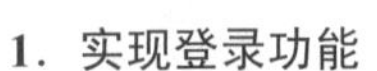

1．实现登录功能

每个页面包含两个文件，一个文件的后缀是 aspx 文件，其作用是设计界面的外观，另一个文件的后缀是 aspx.cs 文件，其作用是编写相关的 C#代码，执行后台处理。

打开 Default 页面的 Default.aspx.cs 的文件，开始编写 C#后台处理代码，方法是在“解决方案资源管理器”中双击 Default.aspx.cs 文件，如图 8-23 所示。

与前面讨论的 C/S 项目类似，主界面 Default.aspx.cs 的代码中包含了一些项目所需的代码。

- 数据库连接字符串：其中包括服务器名、数据库名、登录名、和密码 4 个参数，由这 4 个参数按一定的格式组成数据库连接字符串。
- 建立数据库连接：需要时临时建立与数据库的连接，与 C/S 项目不同，该连接使用完立即关闭。

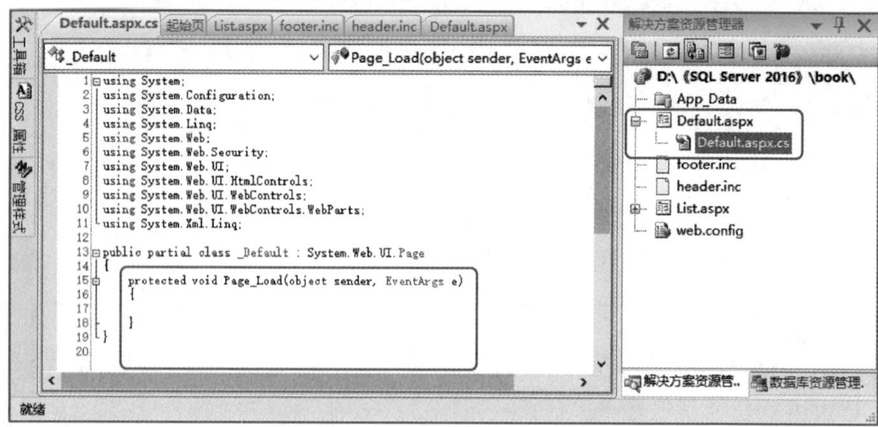

图 8-23
ASP.NET 代码编写（Default.cs 文件）

- 登录事件处理：在 Login_Click()方法中，详见代码中的注释。
- 关闭数据库连接：数据库连接在每个页面中关闭，需要时再重新建立。

完整代码如下。

【例 8-25】 Default.aspx.cs 文件代码。

```
/* ******************************************************************
ASP.NET 项目代码
文件名：Default.aspx.cs
功能：项目初始化设置（数据库连接字符串）
    登录功能
    退出功能
****************************************************************** */
using System;
using System.Configuration;
using System.Data;
using System.Linq;
using System.Web;
using System.Web.Security;
using System.Web.UI;
using System.Web.UI.HtmlControls;
using System.Web.UI.WebControls;
using System.Web.UI.WebControls.WebParts;
using System.Xml.Linq;
using System.Data.SqlClient;         // 加上这一行

public partial class _Default : System.Web.UI.Page
{
    // 服务器名字，根据需要修改
    public static string dataSource = "LOCALHOST\\SQLEXPRESS";
    // 登录名，根据需要修改
```

```
    public static string user = " libadmin ";
    // 登录名的密码，根据需要修改
    public static string password = "123456";
    // 数据库，根据需要修改
    public static string database = "Library";

    public static string getConnString()
    {
        // 根据前面 4 个参数值，返回数据库连接字符串
        return "Integrated Security=False;Initial Catalog="
            + database + ";Data Source="
           + dataSource + ";User ID=" + user + ";Password=" + password;
    }

    private SqlConnection conn; // 数据库连接

    protected void Page_Load(object sender, EventArgs e)
    {
        // 页面装载时运行
        if (Request["op"] == "logout")        // 退出功能
        {
            // 如果是退出，则清除会话中的登录凭证
            Session["userId"] = null;
        }
        else if (Session["userId"] != null)
        {
            // 如果已经登录，则跳转到借书记录页面
            Response.Redirect("List.aspx");
        }
    }

    protected void Login_Click(object sender, EventArgs e)
    {
        // 用户提交的账号和密码值
        string account = fldAccount.Text;
        string password = fldPassword.Text;

        if (account != null && password != null)
        {
            conn = new SqlConnection(getConnString());
            conn.Open(); // 打开数据库连接

            // 调用登录存储过程，进行登录验证
            SqlCommand cmd = new SqlCommand("p_login", conn); // 存储过程名
```

```
        cmd.CommandType = CommandType.StoredProcedure;
            // 调用类型为存储过程

        cmd.Parameters.Add("@account", SqlDbType.VarChar); // 指定参数
        cmd.Parameters.Add("@password", SqlDbType.VarChar);
        cmd.Parameters.Add("@type", SqlDbType.Int);

        cmd.Parameters["@account"].Value = account; // 传入值
        cmd.Parameters["@password"].Value = password;
        cmd.Parameters["@id"].Direction = ParameterDirection.Output;
            // 输出型参数
        cmd.Parameters["@type"].Value = 0;  // 0 表示所有人可以登录

        try
        {
            cmd.ExecuteNonQuery(); // 执行存储过程调用
            string id = cmd.Parameters["@id"].Value.ToString();
               // 获得返回值
            int accountId = int.Parse(id);  // 转换为整型

            if (accountId == 0)
            {
                lblMsg.Text = "提示：登录失败！";
            }
            else
            {
                // 登录成功，将登录凭证保存到会话中，需要时再取出
                Session["account"] = account;    // 用户姓名，如 lisi
                Session["userId"] = id;          // 用户 id、如 5
                // 登录成功后跳转到借书记录页面
                Response.Redirect("List.aspx");
            }
        }
        catch (Exception e1)
        {
            lblMsg.Text = "提示：服务器异常";
            Response.Write(e1.Message);
        }
        conn.Close();
    }
    else
    {
        lblMsg.Text = "提示：请输入用户名和密码！";
    }
}
```

```
    }
```

另外，还要修改 Default.aspx 中的一处代码，目的是指定“登录”按钮的事件处理程序为 Default.aspx.cs 文件中的 Login_Click，该代码是在服务器端运行的，代码如下。

【例 8-26】 指定 Default.aspx 中的“登录”按钮的事件处理程序。

```
    <p><asp:Button  ID="btnSubmit"  Text=" 登 录 "  OnClick="Login_Click"
runat="server"/></p>
```

2．显示借书记录

借书记录是显示在 List.aspx 页面中的，所有代码编写在文件 List.aspx.cs 中的 Page_Load() 方法里，在该方法里需要打开数据库连接，结束时再关闭这个连接。完整代码如下。

【例 8-27】 List.aspx.cs 代码。

```
/* **********************************************************************
ASP.NET 项目代码
文件名：List.aspx.cs
功能：显示借书记录
********************************************************************* */
using System;
// 更多 using …，见【例 8-25】
using System.Data.SqlClient;        // 加上这一行

public partial class List : System.Web.UI.Page
{
    private SqlConnection conn;

    protected void Page_Load(object sender, EventArgs e)
    {
        // 取出会话中保存的登录凭证
        string account = (string)Session["userId"];
        if (account == null)
        {
            Response.Redirect("Default.aspx"); // 如果没有登录，则跳转到登录页
        }
        lblMsg.Text = "读者 " + Session["account"] + "，您好，您的借书记录如下：";

        // 连接数据库，连接字符串从 Default.aspx.cs 取得
        conn = new SqlConnection(_Default.getConnString());
        conn.Open();

        // 调用存储过程：
        SqlCommand cmd = new SqlCommand("p_list", conn); // 存储过程名
        cmd.CommandType = CommandType.StoredProcedure;  // 调用类型为存储过程
        cmd.Parameters.Add("@id", SqlDbType.Int);
        cmd.Parameters["@id"].Value = int.Parse(account); // 传入值，转换为整型
```

```
            // 将存储过程的结果梆定到 GridView，并显示
            SqlDataAdapter adapter = new SqlDataAdapter(cmd);
            DataSet dataSet = new DataSet();
            adapter.Fill(dataSet, "图书");
            gridView.DataSource = dataSet;
            gridView.DataBind();

            conn.Close(); // 关闭数据库连接
        }
    }
```

8.5.4　测试运行

微课 8-11
BS 网站应用开发——测试运行

完成了 ASP.NET 项目的基本功能后，运行结果如图 8-24 所示，显示了登录者本人的借书记录。

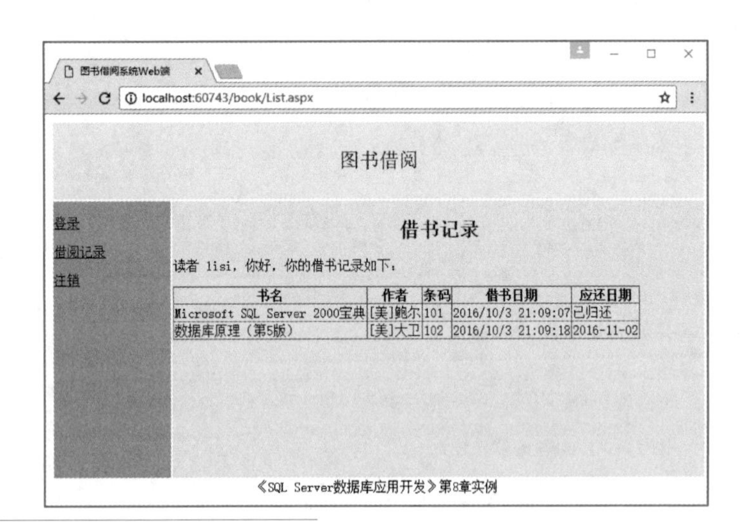

图 8-24
ASP.NET 项目运行结果

其中的数据与 C#项目中的图 8-17 和图 8-18 的数据是一致的，由此可见，C/S 架构和 B/S 架构的应用程序可以基于同一个数据库，但有各自的特点，有不同的适用场景。

8.6　数据库应用开发总结

本章采用 C/S 结构和 B/S 结构开发了两个图书管理系统的应用程序，它们都是基于数据库的，如图 8-25 所示。

整个系统的所有数据都保存在数据库的二维表中，在数据库中还有一些用 SQL 语言编写的视图、函数、存储过程和触发器等。在 8.4 节，用 C#语言开发了一个 C/S 应用程序，这个程序在客户机上安装和运行，C#程序将用户的操作请求，如登录、借书和还书，翻译为对表和视图的查询或对存储过程的调用，访问数据库中的数据，再把结果显示在用户的屏幕上。

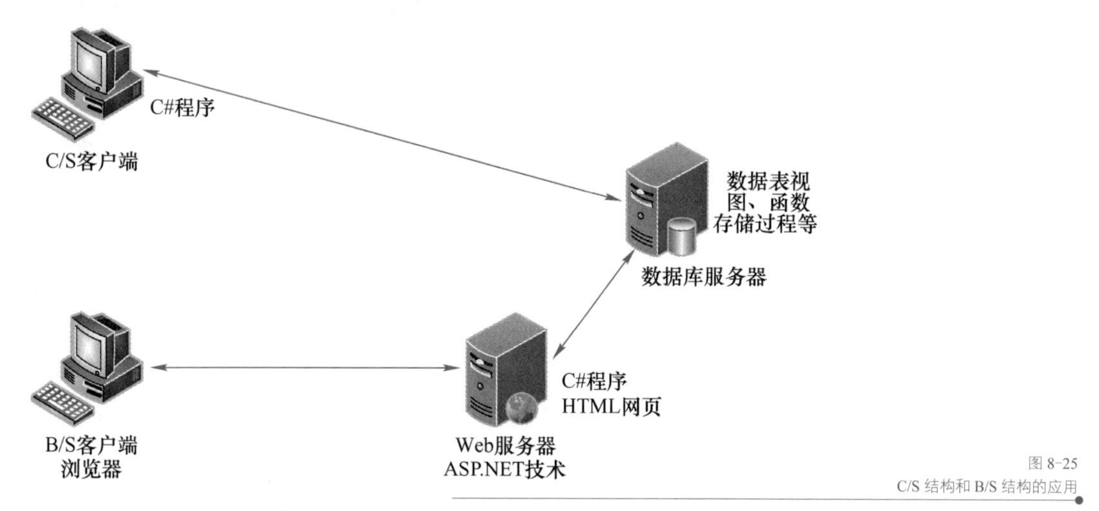

图 8-25
C/S 结构和 B/S 结构的应用

在 8.5 节，采用 ASP.NET 技术开发了一个 Web 网站，客户机上不需要安装任何软件，用户直接通过游览器访问 Web 服务器，Web 服务器上的 C#程序访问数据库的中表、视图和存储过程，再把结果以 HTML 网页的形式返回给用户，显示在用户的浏览器上。

8.7 实训任务：商店管理系统的开发

在第 3.4 节完成的小型商店管理系统数据库的基础上，利用第 4～7 章的实训结果，设计并完成一个应用系统，至少要实现登录功能和一项其他功能。服务器端的要求如下。

- 按第 3 章实训的要求创建数据库和数据表。
- 按第 5 章实训的要求设计和编写相关的视图、函数、存储过程以及触发器，并根据客户端设计的需求，设计和编写更多的视图、函数、存储过程以及触发器。
- 按第 6 章实训要求创建登录名并授予适当的权限。

基本要求是完成至少两项功能：第一项功能是员工登录功能；第二项可以是任何功能，如显示员工列表，或显示客户列表，或显示商品列表，或显示订单列表等。除此之外，不限定功能的完善程度和界面的美观程度，也不限定应用程序的形式（可以是 C/S 结构，也可以是 B/S 结构，也可以两种都实现）。同样也不限定客户端所采用的技术，可以使用 C#、ASP.NET 或其他技术实现。

微课 8-12
数据库应用开发总结

8.8 习题

1．数据库应用系统开发的两种网络应用模式是什么？它们各自有什么特点？

2．数据库应用系统的开发有哪几个阶段？各个阶段的主要内容是什么？

3．数据库应用系统开发中数据库 SQL 编程的主要内容是什么？

4．存储过程在项目开发中的作用是什么？

5．触发器在项目开发中的作用是什么？

6．分析本章图书借阅系统项目的缺点，包括数据结构设计、服务器端编程、C#项目和 ASP.NET 项目等方面，并提出改进的方法。

附录A Transact-SQL 常用数据类型

分　类	数据类型	含　义	字节数/B	说明（范围）
精确数字	tinyint	微整型	1	0~255
	int	整型	4	-2^{23}~2^{23}
	bigint	长整型	8	-2^{63}~2^{63}
	decimal(p,s) numeric(p,s)	固定精度数	5~17	-10^{38}~10^{38}
	money	货币型	8	−922,337,203,685,477.5808 ~ 922,337,203,685,477.5807
近似数字	float(n)	双精度数	4 或 8	-1.79×10^{308}~1.79×10^{308}
	real	单精度数	4	-3.40×10^{38}~3.40×10^{38}
日期和时间	datetime	日期时间	8	公元 1753–01–01 00:00:00 ~ 9999–12–31 23:59:59.997
	date	日期[注 2]	3	公元 0001-01-01 ~ 9999-12-31
	time	时间	3~5	00:00:00.0000000 ~ 23:59:59.9999999
字符串	char(n)	定长字符串	1 ~ 8000	
	varchar(n)	变长字符串	1 ~ 8000	
	text	文本	最长 2G	
	nchar(n)	双字节定长字符串	1 ~ 4000	
	nvarchar(n)	双字节变长字符串	1 ~ 4000	
	ntext	双字节文本	最长 1G	
二进制数据	binary(n)	定长二进制数据	1 ~ 8000	
	image	图像数据	最长 2G	
其他	timestamp rowversion	时间戳 （行版本）	8	自动维护行的版本号，用于防止第二类更新丢失
	table	表类型		存储结果集，用于函数和变量声明
	uniqueidentifier	GUID 类型	16	全球唯一标识符

注 1：对数据类型的讨论详见第 2.2.4 节。

注 2：SQL Server 2005 不支持 date 类型，这时可以用 datetime 类型。

附录 B Transact-SQL 常用系统函数

分类	函数名	功　能
聚合函数	avg(expression)	返回表达式中各值的平均值，忽略 null 值
	sum(expression)	返回表达式中所有值的和，只用于数字列
	min(expression)	返回表达式的最小值
	max(expression)	返回表达式的最大值
	count(expression)	返回结果的行数，忽略 expression 为 null 值的行
	count(*)	返回结果的行数，包括 null 值
数学函数	abs(numeric_expression)	返回指定数值表达式的绝对值（正值）
	sqrt(float_expression)	返回指定浮点值的平方根
	square(float_expression)	返回指定浮点值的平方
	power(float_expression, y)	返回指定表达式的指定幂的值
	exp(float_expression)	返回指定的 float 表达式的指数值
	log(float_expression)	返回指定 float 表达式的自然对数
	log10(float_expression)	返回指定 float 表达式的常用对数（以 10 为底）
	floor(numeric_expression)	返回小于或等于指定数值表达式的最大整数
	ceiling(numeric_expression)	返回大于或等于指定数值表达式的最小整数
	round(numeric_expression, length[, function])	返回一个数值，舍入到指定的长度或精度
	rand([seed])	返回介于 0～1 之间的伪随机 float 值
	sin(float_expression)	三角函数（正弦、余弦等）
字符串函数	len(string_expression)	返回指定字符串表达式的字符数，不包含尾随空格
	substring(expression, start, length)	返回字符、二进制、文本或图像表达式的一部分
	charindex(tofind, tosearch[, start_location])	在一个表达式中搜索另一个表达式并返回其起始位置（如果找到）
	left(character_expression, integer_expression)	返回字符串中从左边开始指定个数的字符
	right(character_expression, integer_expression)	返回字符串中从右边开始指定个数的字符
	replace(string_expression, pattern, replacement)	用另一个字符串值替换出现的所有指定字符串值
	str(float_expression[, length[, decimal]])	返回由数字数据转换来的字符数据
	ascii(character_expression)	返回字符表达式中最左侧的字符的 ASCII 代码值

续表

分类	函数名	功　能
字符串函数	char(integer_expression)	将 int ASCII 代码转换为字符
	ltrim(character_expression)	返回删除了前导空格之后的字符表达式
	rtrim(character_expression)	截断所有尾随空格后返回一个字符串
	upper(character_expression)	返回大写的字符表达式
	lower(character_expression)	返回小写的字符表达式
日期和时间函数	getdate()	返回包含计算机的日期和时间的 datetime 值。时区偏移量未包含在内
	datename(datepart, date)	返回表示指定日期的指定 datepart 的字符串
	datepart(datepart, date)	返回表示指定 date 的指定 datepart 的整数
	day(date)	返回表示指定 date 的“日”部分的整数
	month(date)	返回表示指定 date 的“月”部分的整数
	year(date)	返回表示指定 date 的“年”部分的整数
	datediff(datepart, startdate, enddate)	返回两个指定日期之间所跨的 datepart 边界的数目
	dateadd(datepart, number, date)	将一个时间间隔与指定 date 的指定 datepart 相加，返回一个新的 datetime 值
	isdate(expression)	确定输入表达式是否为有效的日期或时间值
其他函数	@@error	返回执行的上一个 Transact-SQL 语句的错误号
	error_message()	返回导致 try…catch 运行时错误的消息文本
	error_number()	返回导致 try…catch 运行时错误的错误号
	@@rowcount	返回受上一语句影响的行数
	newid()	创建 uniqueidentifier 类型的唯一值
	@@identity	返回最后插入的标识值的其他函数
	isnull(check_expression, replacement_value)	当值为空时使用指定的替换值替换 null
	isnumeric(expression)	确定表达式是否为有效的数值类型
	@@version	返回 SQL Server 的当前安装的系统和生成信息
	@@servername	返回运行 SQL Server 的本地服务器的名称
转换函数	cast(expression as data_type[(length)])	将表达式的值转换为另一种数据类型
	convert(data_type[(length)], expression[, style])	将表达式的值转换为另一种数据类型

注：对系统函数的讨论和例子详见第 5.3.1 节。

附录 C　小型成绩管理系统的表结构文档

表 C-1　班级表（tbl_class）

序号	列　名	类　型	完整性约束	中文列名（说明）
1	id_tbl_class	int	非空，主键（自增量）	主键
2	col_name	varchar(50)	非空，唯一性约束	班级名

表 C-2　学生表（tbl_student）

序号	列　名	类　型	完整性约束	中文列名（说明）
1	id_tbl_student	int	非空，主键（自增量）	主键
2	col_student_no	varchar(12)	非空，唯一性约束	学号
3	col_name	varchar(50)	非空，普通索引	姓名
4	col_sex	char(1)	允许空	性别
5	col_status	tinyint	允许空	学籍（1=在学，2=休学，3=毕业）
6	col_birthday	date	允许空	出生日期
7	col_id_no	varchar(18)	允许空，唯一性约束	身份证号
8	col_mobile	varchar(16)	允许空，唯一性约束	手机号
9	id_tbl_class	int	非空，外键	外键（参照班级表）

表 C-3　教师表（tbl_faculty）

序号	列　名	类　型	完整性约束	中文列名（说明）
1	id_tbl_faculty	int	非空，主键（自增量）	主键
2	col_name	varchar(50)	非空	姓名
3	col_mobile	varchar(50)	允许空	电话

表 C-4　课程表（tbl_course）

序号	列　名	类　型	完整性约束	中文列名（说明）
1	id_tbl_course	int	非空，主键（自增量）	主键
2	col_name	varchar(50)	非空，唯一性约束	课程名
3	col_hours	int	允许空，默认值 64	课时
4	id_tbl_faculty	int	非空，外键	外键（参照教师表）

表 C-5　成绩表（tbl_score）

<table>
<tr><th>序号</th><th>列名</th><th>类型</th><th colspan="2">完整性约束</th><th>中文列名（说明）</th></tr>
<tr><td>1</td><td>id_tbl_score</td><td>int</td><td colspan="2">非空，主键（自增量）</td><td>主键</td></tr>
<tr><td>2</td><td>col_score</td><td>int</td><td colspan="2">允许空，0～100 分之间</td><td>成绩</td></tr>
<tr><td>3</td><td>id_tbl_course</td><td>int</td><td>非空，外键</td><td rowspan="2">组合唯一性约束</td><td>外键（参照课程表）</td></tr>
<tr><td>4</td><td>id_tbl_student</td><td>int</td><td>非空，外键</td><td>外键（参照学生表）</td></tr>
</table>

附录 D　Jitor 实训指导软件使用说明

“Jitor 实训指导软件”是本书的配套软件，目的是向学生提供实验实训操作指导，并检查操作的完成情况，实时反馈给学生，并将实验实训的结果上传到云端，便于教师实时掌握全班学生的操作进度和成效，同时还提供了在线作业和在线考试功能。

1. 学生使用说明

从本书主页（http://www.ngweb.org/sql）下载“Jitor 实训指导软件”客户端，按照主页上的说明安装好客户端。运行后将显示主界面，如图 D-1 所示，登录后显示实验列表。

微课 D-1
Jitor 实训的安装

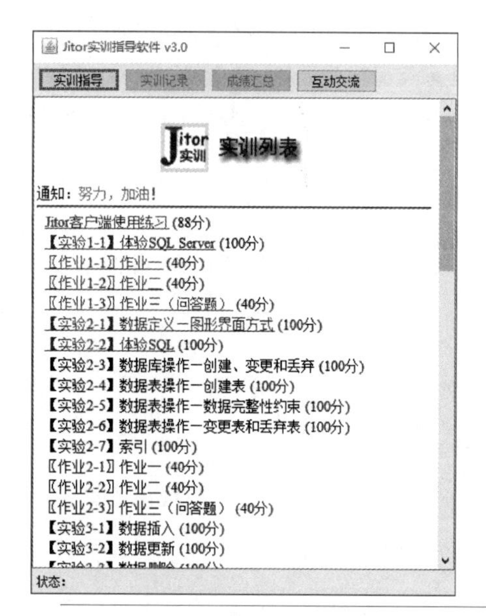

图 D-1
Jitor 主界面和列表界面

单击某个实验，进入指导界面，按照指导的要求进行操作，完成后单击“完成后检查第 1 步”，Jitor 将会检查这一步操作的结果是否正确，如果正确则将成绩上传到服务器，并提示成功过关的信息，如图 D-2 所示，如果不正确则倒扣 1 分。

微课 D-2
Jitor 实训的使用

2. 教师使用说明

“Jitor 实训指导软件”为教师提供了下述功能。

● 管理学生：先创建一个班级，然后将学生名单批量导入到班级，将生成的学生账号和密码告诉学生，学生就可以登录，作为教师的学生进行实验操作。本系统的其他功能都是以班级为单位进行操作和管理的。在学生列表界面，可以重置学生的密码。

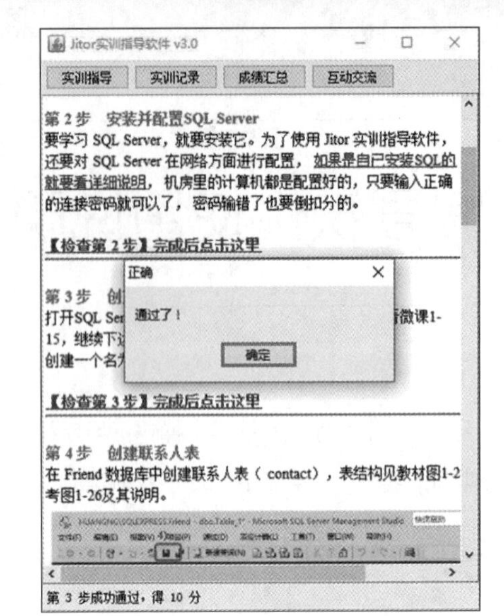

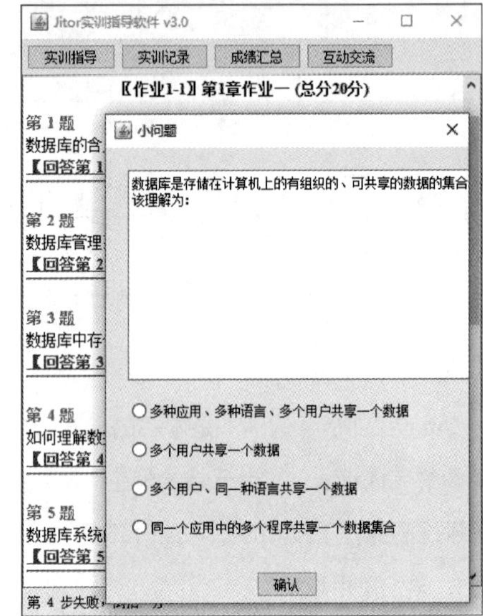

图 D-2
Jitor 实训操作和作业试题界面

● 安排实验：可以针对不同的班级，根据授课计划安排实验的进度。对同一个实验，不同的班级有不同的开始时间和结束时间，学生只能做教师指定的实验。

● 实时查看进度：在实验进行的过程中，教师可以实时查看全班学生的进度，以及每位学生的进度。根据学生完成的情况，进行全班或个别辅导。

● 统计学生成绩：还可以按每个实验或所有实验统计学生的实验成绩，也可以将成绩以 Excel 的格式下载到本地。

Jitor 服务器的访问地址是：http://jit.ngweb.org:8092/sql，本系统完全免费，请教师自行注册账号，登录后即可使用。

附录 E 微课和实验清单

表 E-1 微 课 清 单

序号	微课名称	序号	微课名称	序号	微课名称
1	1-0.课程介绍和第 1 章导读	24	1-23.体验 SQL Server 2014	47	2-19.数据表操作——用户定义约束
2	1-1.数据库概述	25	1-24.体验 SQL Server 2016	48	2-20.数据表操作——变更表
3	1-2.数据模型	26	1-25.用 Jitor 软件做实验	49	2-21.数据表操作——丢弃表
4	1-3.关系模型	27	1-26.数据库的发展	50	2-22.索引
5	1-4.关系模型的基本特征	28	2-0.第 2 章导读	51	3-0.第 3 章导读
6	1-5.ER 模型向关系模型的转换	29	2-1.数据结构设计概述	52	3-1.数据插入
7	1-6.规范化设计——关系中的异常	30	2-2.扩展 ER 图和表结构文档	53	3-2.数据插入时的数据完整性约束
8	1-7.规范化设计——范式理论	31	2-3.联系人系统的设计	54	3-3.数据更新
9	1-8.规范化设计——关系中异常的消除	32	2-4.成绩管理系统的设计——规范化设计	55	3-4.数据删除
10	1-9.规范化设计的实施——实施步骤	33	2-5.成绩管理系统的设计——扩展 ER 图	56	3-5.数据操纵与数据完整性约束
11	1-10.规范化设计的实施——实施实例	34	2-6.结构设计注意事项——规范化、完整性约束	57	4-0.第 4 章导读
12	1-11.安装 SQL Server 概述	35	2-7.结构设计注意事项——主键形式、数据类型	58	4-1.简单查询——选择列
13	1-12.安装 SQL Server 2008	36	2-8.结构设计注意事项——其他	59	4-2.简单查询——选择行
14	1-13.安装 SQL Server 2012	37	2-9.数据库的构成	60	4-3.简单查询——排序
15	1-14.安装 SQL Server 2014	38	2-10.数据定义——SQL Server 2008	61	4-4.内连接
16	1-15.安装 SQL Server 2016	39	2-11.数据定义——SQL Server 2012	62	4-5.外连接
17	1-16.SQL Server 2008 入门	40	2-12.数据定义——SQL Server 2014	63	4-6.自连接
18	1-17.SQL Server 2012 入门	41	2-13.数据定义——SQL Server 2016	64	4-7.分组统计
19	1-18.SQL Server 2014 入门	42	2-14.SQL 语言基础	65	4-8.子查询——嵌套子查询
20	1-19.SQL Server 2016 入门	43	2-15.体验 SQL	66	4-9.子查询——相关子查询
21	1-20.联系人数据库的设计	44	2-16.数据库操作——创建、变更和丢弃	67	4-10.子查询——分页查询
22	1-21.体验 SQL Server 2008	45	2-17.数据表操作——创建表	68	4-11.联合查询
23	1-22.体验 SQL Server 2012	46	2-18.数据表操作——主键和外键约束	69	4-12.基于查询的数据操纵

续表

序号	微课名称	序号	微课名称	序号	微课名称
70	4-13.视图	87	5-16.Instead of 触发器	104	7-6.备份策略的实施
71	5-0.第 5 章导读	88	5-17.事务入门	105	7-7.日常维护
72	5-1.编程基础——脚本和批	89	5-18.事务实例	106	8-0.第 8 章导读
73	5-2.编程基础——变量和运算符	90	5-19.DML 语句执行流程	107	8-1.应用系统开发概述
74	5-3.编程基础——流程控制	91	5-20.锁机制	108	8-2.图书借阅系统设计——需求分析
75	5-4.游标	92	5-21.更新丢失	109	8-3.图书借阅系统设计——数据结构设计
76	5-5.函数和系统函数	93	6-0.第 6 章导读	110	8-4.数据库实施——数据定义和操纵
77	5-6.自定义函数	94	6-1.数据库安全概述	111	8-5.数据库实施——数据库编程
78	5-7.管理自定义函数	95	6-2.身份验证和身份验证模式	112	8-6.安装 Visual Studio C #
79	5-8.存储过程和系统存储过程	96	6-3.安全配置实例	113	8-7.CS 客户端应用开发——编程实现
80	5-9.自定义存储过程	97	6-4.四级安全机制	114	8-8.CS 客户端应用开发——测试运行
81	5-10.影响行数和错误号	98	7-0.第 7 章导读	115	8-9.安装 Visual Web Developer
82	5-11.存储过程实例	99	7-1.数据备份与恢复	116	8-10.BS 网站应用开发——编程实现
83	5-12.管理自定义存储过程	100	7-2.备份和恢复策略	117	8-11.BS 网站应用开发——测试运行
84	5-13.触发器概述	101	7-3.数据库的备份和恢复	118	8-12.数据库应用开发总结
85	5-14.Inserted 表和 Deleted 表	102	7-4.安装 SQL Server 2014 评估版	119	D-1.Jitor 实训的安装
86	5-15.After 触发器	103	7-5.连接两个不同实例	120	D-2.Jitor 实训的使用

表 E-2　Jitor 实验清单

序号	实验名称	序号	实验名称
1	1-1 体验 SQL Server	13	4-2 简单查询——选择行
2	2-1 数据定义——图形界面方式	14	4-3 简单查询——排序
3	2-2 体验 SQL	15	4-4 内连接与等值连接
4	2-3 数据库操作——创建、变更和丢弃	16	4-5 外连接
5	2-4 数据表操作——创建表	17	4-6 自连接
6	2-5 数据表操作——数据完整性约束	18	4-7 分组统计
7	2-6 数据表操作——变更表和丢弃表	19	4-8 子查询
8	2-7 索引	20	4-9 联合查询
9	3-1 数据插入	21	4-10 基于查询的数据操纵
10	3-2 数据更新	22	4-11 视图
11	3-3 数据删除	23	5-1 编程基础
12	4-1 简单查询——选择列	24	5-2 游标

续表

序号	实验名称	序号	实验名称
25	5-3 自定义函数	34	5-12 更新丢失
26	5-4 自定义存储过程	35	6-1 身份验证模式
27	5-5 存储过程实例	36	6-1 安全配置实例
28	5-6 体验触发器	37	7-1 数据库的备份与恢复
29	5-7 Inserted 表和 Deleted 表	38	7-2 日志检查
30	5-8 After 触发器	39	8-1 数据库实施——数据定义和操纵
31	5-9 Instead of 触发器	40	8-2 数据库实施——数据库编程
32	5-10 事务实例	41	8-3 C/S 客户端应用开发
33	5-11 体验锁	42	8-4 B/S 网站应用开发

注：实验内容需要与“Jitor 实训”配合使用，另有十多个在线作业及在线试卷，供教师选用。

参考文献

[1] Jorgensen A. SQL Server 2012 宝典[M]. 张慧娟，译. 4 版. 北京：清华大学出版社，2014.

[2] Kroenke D M, Auer D J. 数据库原理[M]. 赵艳铎，葛萌萌，译. 5 版. 北京：清华大学出版社，2011.

[3] 李萍，等. SQL Server 2012 数据库应用与实训[M]. 北京：机械工业出版社， 2015.

[4] SQL Server 在线文档（英文）[EB/OL]. https://msdn.microsoft.com/en-us/library/mt590198(v=sql.1).aspx.

[5] SQL Server 在线文档（中文）[EB/OL]. https://msdn.microsoft.com/zh-cn/library/mt590198(v=sql.1).aspx.

[6] SQL Server 2008 R2 联机丛书 [EB/OL]. https://www.microsoft.com/zh-cn/download/details.aspx?id=9071.

郑重声明

资源服务提示

欢迎访问职业教育数字化学习中心——“智慧职教”（www.icve.com.cn），以前未在本网站注册的用户，请先注册。用户登录后，在首页或“课程”频道搜索本书对应课程“SQL Server 2016数据库应用与开发”进行在线学习。注册用户也可以在“智慧职教”首页或扫描本页右侧提供的二维码下载“智慧职教”移动客户端，通过该客户端选择本课程进行在线学习。